——普通高等院校数据科学与大数据技术专业"十三五"规划教材

数据仓库

SHUJU
CANGKU

与

SHUJU
WAJUE

数据挖掘

龙　军　章成源 ⊙ 编著

中南大学出版社
www.csupress.com.cn
·长沙·

总 序
Preface

随着移动互联网的兴起，全球数据呈爆炸性增长，目前90%以上的数据是近年产生的，数据规模大约每两年翻一番；而随着人工智能下物联网生态圈的形成，数据的采集、存储及分析处理、融合共享等技术需求都能得到响应，各行各业都在体验大数据带来的革命，"大数据时代"真正来临。这是一个产生大数据的时代，更是需要大数据力量的时代。

大数据具有体量巨大、速度极快、类型众多、价值巨大的特点，对数据从产生、分析到利用提出了前所未有的新要求。高等教育只有转变观念，更新方法与手段，寻求变革与突破，才能在大数据与人工智能的信息大潮面前立于不败之地。据预测，中国近年来大数据相关人才缺口达200万人，全世界相关人才缺口更超过1000万人之多。我国教育部门为了响应社会发展需要，率先于2016年开始正式开设"数据科学与大数据技术"本科专业及"大数据技术与应用"专科专业，近几年，全国形成了申报与建设大数据相关专业的热潮。随着专业建设的深入，大家发现一个共同的难题：没有成系列的大数据相关教材。

中南大学作为首批申报大数据专业的学校，2015年在我校计算机科学与技术专业设立大数据方向时，信息科学与工程学院院领导便意识到系列教材缺失的严重问题，因此院领导规划由课程团队在教学的同时积累素材，形成面向大数据专业知识体系与能力体系、老师自己愿意用、同学觉得买得值、关联性强的系列教材。经过两年的准备，针对2017年《教育部办公厅关于推荐新工科研究与实践项目的通知》的精神，中南大学出版社组织对系列教材文稿进行相应的打磨，最终于2018年底出版"高等院校数据科学与大数据技术专业'十三五'规划教材"。

该套系列教材具有如下特点：

1. 本套教材主要参照"数据科学与大数据技术"本科专业的培养方案，综合考虑专业的来源，如从计算机类专业、数学统计类专业以及经济类专业发展而来；同时适当兼顾了专科类偏向实际应用的特点。

2. 注重理论联系实际，注重能力培养。该系列教材中既有理论教材也有配套的实践教程。力图通过理论或原理教学、案例教学、课堂讨论、课程实验与实训实习等多个环节，训练学生掌握知识、运用知识分析并解决实际问题的能力，以满足学生今后就业或科研的需求；同时兼顾"全国工程教育专业认证"对学生基本能力的培养要求与复杂问题求解能力的要求。

3. 在规范教材编写体例的同时，注重写作风格的灵活性。本套系列教材中每本书的内容都由教学目的、本章小结、思考题或练习题、实验要求等组成。每本教材都配有 PPT 电子教案及相关的电子资源，如实验要求及 DEMO、配套的实验资源管理与服务平台等。本套系列教材的文本层次分明、逻辑性强、概念清晰、图文并茂、表达准确、可读性强，同时相关配套电子资源与教材的相关性强，形成了新媒体式的立体型系列教材。

4. 响应了教育部"新工科"研究与实践项目的要求。本套教材从专业导论课开始设立相关的实验环节，作为知识主线与技术主线把相关课程串接起来，力争让学生尽早具有培养自己动手能力的意识、综合利用各种技术与平台的能力。同时为了避免新技术发展太快、教材纸质文字内容容易过时的问题，在相关技术及平台的叙述与实践中，融合了网络电子资源容易更新的特点，使新技术保持时效性。

5. 本套丛书配有丰富的多媒体教学资源，将扩展知识、习题解析思路等内容做成二维码放在书中，丰富了教材内容，增强了教学互动，增加了学生的学习积极性与主动性。

本套丛书吸纳了数据科学与大数据技术教育工作者多年的教学与科研成果，凝聚了作者们的辛勤劳动，同时也得到了中南大学等院校领导和专家的大力支持。我相信本套教材的出版，对我国数据科学与大数据技术专业本科、专科教学质量的提高将有很好的促进作用。

桂卫华

2018 年 11 月

随着计算机、网络和通信等信息技术的发展，数据采集的方法越来越丰富，人类收集、存储和访问数据的能力大大增强。存储设备的容量不断提升而成本逐年下降，特别是数据库技术在各行各业的普及应用，使人类积累了海量的数据。快速增长的海量数据集已经远远超出了人类的理解能力，人类步入了大数据时代却陷入了"数据丰富、知识贫乏"的困境。人们迫切希望从所拥有的数据中获取有用的知识，以帮助其更好地进行决策。针对这一问题，数据仓库和数据挖掘技术应运而生，并且显示出强大的生命力。要将海量数据转换为有用的信息和知识，首先要有效地收集和组织数据。数据仓库是良好的数据收集和组织工具，它的任务是搜集来自各个业务系统的有用数据，存放在一个集成的储存区内。在数据仓库丰富完整的数据基础上，数据挖掘技术可以从中挖掘出有价值的知识，从而帮助决策者做出正确决策。"数据仓库与数据挖掘"已成为普通高等院校计算机、经贸管理和信息类相关专业研究生和高年级本科生的学位课程或选修科目。

按照教育部关于高等学校本科教育以培养更多应用型人才为目标的教学改革方向，以及全日制研究生以学术型和专业型两大类进行有差别培养的要求，我们迫切需要一本在教学课时限制严格的条件下，理论叙述深入浅出、实际应用具体完整、算法描述自然易懂、计算实例详略得当的数据仓库与数据挖掘方面的教材。

本书正是在这种社会需求背景和实际教学需要的情况下，在笔者总结多年教学改革与实践经验所编写的讲义基础上修改而成的。本书兼顾了应用型人才与学术型人才培养的需求，介绍了数据仓库原理、数据仓库设计和实现方法，为读者真正架起了理论与实践的桥梁。本书还以大量的计算实例来增加读者对数据挖掘原理及各种挖掘算法的理解深度。

本书主要介绍数据仓库和数据挖掘技术的基本原理和应用方法。全书共分为 13 章，主要内容包括数据仓库的概念与体系结构、数据、数据存储、OLAP 与数据立方体、数据挖掘基础、关联挖掘、聚类分析、分类、神经网络、统计分析、非结构化数据挖掘、知识图谱、大数据挖掘算法。其中，第 1 章为数据仓库的概念与体系结构，内容包括数据挖掘的兴起、数据仓库的基本概念及数据仓库的特点与组成等。第 2 ~ 4 章主要介绍数据仓库的基本原理和数据仓库系统的组建方法。第 5 ~ 12 章介绍当前流行的数据挖掘算法的主要思想和理论基础，并且给出丰富的应用实例。第 13 章为数据挖掘创新篇，内容主要为基于 MapReduce 的数据挖掘算法及 Hadoop 的介绍等。

本书紧跟数据仓库和数据挖掘技术的发展和人才培养的目标,有以下几个特点:

(1)可读性强,文字叙述深入浅出,易读易用。

(2)概念清晰,条理清楚,内容取舍合理。

(3)本书强调基础,重视实例,各章节都以经典算法为主,介绍其主要思想和基本原理,并且给出恰当和丰富的实例。

(4)书中实例和课后习题实用、丰富,通过练习,读者可以对各个知识点从不同角度得到训练,掌握和巩固所学知识。

(5)本书教学资源丰富,提供了多媒体教学课件及实验平台,方便教学。

本书各章节之间衔接自然,同时各章节又有一定的独立性,读者可按本书的自然顺序学习,也可以根据实际情况挑选需要的章节学习。

限于作者水平,加之数据仓库与数据挖掘理论技术的内容十分丰富,且发展非常迅速,疏漏和不当之处在所难免,殷切希望广大师生和读者批评指正。

编 者

2018 年 10 月

目 录

Contents

第1章 数据仓库的概念与体系结构 ································ (1)

1.1 数据仓库的兴起 ·· (1)

    1.1.1 数据管理技术的发展 ································ (1)

    1.1.2 数据仓库的萌芽 ···································· (3)

1.2 数据仓库的基本概念 ······································ (4)

    1.2.1 元数据 ·· (4)

    1.2.2 数据粒度 ·· (5)

    1.2.3 数据模型 ·· (5)

    1.2.4 ETL ··· (6)

    1.2.5 数据集市 ·· (7)

1.3 数据仓库的特点与组成 ···································· (8)

    1.3.1 数据仓库的特点 ···································· (8)

    1.3.2 数据仓库的组成 ··································· (11)

1.4 数据仓库的体系结构 ····································· (15)

    1.4.1 传统的数据仓库体系结构 ·························· (15)

    1.4.2 传统数据仓库系统在大数据时代所面临的挑战 ······ (16)

    1.4.3 大数据时代的数据仓库 ···························· (20)

习 题 ··· (23)

第2章 数 据 ·· (24)

2.1 数据的概念与内容 ······································· (24)

2.2 数据属性与数据集 ······································· (28)

2.3 数据预处理 ··· (29)

    2.3.1 数据预处理概述 ··································· (30)

    2.3.2 数据清洗 ··· (31)

    2.3.3 数据集成 ··· (35)

2.3.4 数据变换 ………………………………………………………… (38)

2.3.5 数据归约 ………………………………………………………… (39)

习 题 ……………………………………………………………………… (47)

第3章 数据存储 ……………………………………………………………… (49)

3.1 数据仓库的数据模型 ……………………………………………… (49)

3.1.1 数据仓库的概念模型 ………………………………………… (50)

3.1.2 数据仓库的逻辑模型 ………………………………………… (52)

3.1.3 数据仓库的物理模型 ………………………………………… (54)

3.2 元数据存储 ………………………………………………………… (55)

3.2.1 元数据的概念 ………………………………………………… (55)

3.2.2 元数据的分类方法 …………………………………………… (55)

3.2.3 元数据的管理 ………………………………………………… (57)

3.2.4 元数据的作用 ………………………………………………… (58)

3.3 数据集市 …………………………………………………………… (59)

3.3.1 数据集市的概念 ……………………………………………… (59)

3.3.2 数据集市的类型 ……………………………………………… (60)

3.3.3 数据集市的建立 ……………………………………………… (60)

3.4 大数据存储技术 …………………………………………………… (61)

3.4.1 大数据的概念 ………………………………………………… (61)

3.4.2 传统数据库的局限 …………………………………………… (62)

3.4.3 NoSQL 数据库 ………………………………………………… (63)

3.4.4 几种主流的 NoSQL 数据库 …………………………………… (64)

习 题 ……………………………………………………………………… (64)

第4章 OLAP 与数据立方体 ………………………………………………… (65)

4.1 OLAP 的概念 ……………………………………………………… (65)

4.1.1 OLAP 的定义 ………………………………………………… (65)

4.1.2 OLAP 的准则 ………………………………………………… (66)

4.1.3 OLAP 的特征 ………………………………………………… (69)

4.2 多维分析的基本分析动作 ………………………………………… (70)

4.2.1 切片 …………………………………………………………… (70)

4.2.2 切块 …………………………………………………………… (71)

4.2.3 钻取 …………………………………………………………… (72)

4.2.4 旋转 …………………………………………………………… (72)

4.3 OLAP 的数据模型 ⋯⋯⋯⋯⋯⋯⋯⋯⋯⋯⋯⋯⋯⋯⋯⋯⋯⋯ (73)

 4.3.1 ROLAP 数据模型 ⋯⋯⋯⋯⋯⋯⋯⋯⋯⋯⋯⋯⋯⋯⋯⋯ (73)

 4.3.2 MOLAP 数据模型 ⋯⋯⋯⋯⋯⋯⋯⋯⋯⋯⋯⋯⋯⋯⋯⋯ (75)

 4.3.3 MOLAP 和 ROLAP 的数据组织与应用比较 ⋯⋯⋯⋯⋯ (76)

 4.3.4 HOLAP 数据模型 ⋯⋯⋯⋯⋯⋯⋯⋯⋯⋯⋯⋯⋯⋯⋯⋯ (77)

4.4 数据立方体的基本概念 ⋯⋯⋯⋯⋯⋯⋯⋯⋯⋯⋯⋯⋯⋯⋯⋯⋯ (78)

 4.4.1 数据立方体中的一些概念 ⋯⋯⋯⋯⋯⋯⋯⋯⋯⋯⋯⋯ (78)

 4.4.2 数据立方体计算的一般策略 ⋯⋯⋯⋯⋯⋯⋯⋯⋯⋯⋯ (79)

4.5 数据立方体的计算方法 ⋯⋯⋯⋯⋯⋯⋯⋯⋯⋯⋯⋯⋯⋯⋯⋯⋯ (80)

 4.5.1 多路数组策略计算完全立方体 ⋯⋯⋯⋯⋯⋯⋯⋯⋯⋯ (80)

 4.5.2 从顶点方体向下计算冰山立方体 ⋯⋯⋯⋯⋯⋯⋯⋯⋯ (80)

 4.5.3 使用动态星树结构计算冰山立方体 ⋯⋯⋯⋯⋯⋯⋯⋯ (81)

 4.5.4 快速高维 OLAP 预计算壳片段 ⋯⋯⋯⋯⋯⋯⋯⋯⋯⋯ (82)

习 题 ⋯⋯⋯⋯⋯⋯⋯⋯⋯⋯⋯⋯⋯⋯⋯⋯⋯⋯⋯⋯⋯⋯⋯⋯⋯ (83)

第 5 章 数据挖掘基础 ⋯⋯⋯⋯⋯⋯⋯⋯⋯⋯⋯⋯⋯⋯⋯⋯⋯⋯⋯⋯⋯ (84)

5.1 数据挖掘的兴起 ⋯⋯⋯⋯⋯⋯⋯⋯⋯⋯⋯⋯⋯⋯⋯⋯⋯⋯⋯⋯ (84)

 5.1.1 数据挖掘的发展历程 ⋯⋯⋯⋯⋯⋯⋯⋯⋯⋯⋯⋯⋯⋯ (84)

 5.1.2 数据挖掘的概述 ⋯⋯⋯⋯⋯⋯⋯⋯⋯⋯⋯⋯⋯⋯⋯⋯ (85)

 5.1.3 大规模数据挖掘 ⋯⋯⋯⋯⋯⋯⋯⋯⋯⋯⋯⋯⋯⋯⋯⋯ (86)

5.2 数据挖掘的任务 ⋯⋯⋯⋯⋯⋯⋯⋯⋯⋯⋯⋯⋯⋯⋯⋯⋯⋯⋯⋯ (87)

 5.2.1 关联规则 ⋯⋯⋯⋯⋯⋯⋯⋯⋯⋯⋯⋯⋯⋯⋯⋯⋯⋯⋯ (87)

 5.2.2 聚类分析 ⋯⋯⋯⋯⋯⋯⋯⋯⋯⋯⋯⋯⋯⋯⋯⋯⋯⋯⋯ (88)

 5.2.3 分类分析 ⋯⋯⋯⋯⋯⋯⋯⋯⋯⋯⋯⋯⋯⋯⋯⋯⋯⋯⋯ (89)

 5.2.4 回归分析 ⋯⋯⋯⋯⋯⋯⋯⋯⋯⋯⋯⋯⋯⋯⋯⋯⋯⋯⋯ (90)

 5.2.5 相关分析 ⋯⋯⋯⋯⋯⋯⋯⋯⋯⋯⋯⋯⋯⋯⋯⋯⋯⋯⋯ (91)

 5.2.6 异常检测 ⋯⋯⋯⋯⋯⋯⋯⋯⋯⋯⋯⋯⋯⋯⋯⋯⋯⋯⋯ (92)

5.3 数据挖掘的流程 ⋯⋯⋯⋯⋯⋯⋯⋯⋯⋯⋯⋯⋯⋯⋯⋯⋯⋯⋯⋯ (92)

 5.3.1 数据挖掘对象 ⋯⋯⋯⋯⋯⋯⋯⋯⋯⋯⋯⋯⋯⋯⋯⋯⋯ (92)

 5.3.2 数据挖掘分类 ⋯⋯⋯⋯⋯⋯⋯⋯⋯⋯⋯⋯⋯⋯⋯⋯⋯ (93)

 5.3.3 知识发现的过程 ⋯⋯⋯⋯⋯⋯⋯⋯⋯⋯⋯⋯⋯⋯⋯⋯ (94)

习 题 ⋯⋯⋯⋯⋯⋯⋯⋯⋯⋯⋯⋯⋯⋯⋯⋯⋯⋯⋯⋯⋯⋯⋯⋯⋯ (96)

第 6 章 关联挖掘 ⋯⋯⋯⋯⋯⋯⋯⋯⋯⋯⋯⋯⋯⋯⋯⋯⋯⋯⋯⋯⋯⋯⋯ (97)

6.1 关联规则的概念和分类 ⋯⋯⋯⋯⋯⋯⋯⋯⋯⋯⋯⋯⋯⋯⋯⋯⋯ (97)

　　　　6.1.1　关联规则的概念 ……………………………………………… (97)

　　　　6.1.2　关联规则的分类 ……………………………………………… (99)

　　6.2　Apriori 算法 …………………………………………………………… (100)

　　　　6.2.1　Apriori 算法概述 …………………………………………… (100)

　　　　6.2.2　Apriori 算法的性质与步骤 ………………………………… (100)

　　　　6.2.3　Apriori 算法的实例 ………………………………………… (101)

　　　　6.2.4　从频繁项集产生关联规则 …………………………………… (103)

　　6.3　FP – Growth 算法 …………………………………………………… (104)

　　　　6.3.1　FP – tree 的建立 …………………………………………… (105)

　　　　6.3.2　FP – tree 上挖掘关联规则 ………………………………… (106)

　　6.4　挖掘算法的进阶算法 …………………………………………………… (107)

　　习　题 ………………………………………………………………………… (110)

第 7 章　聚类分析 …………………………………………………………………… (112)

　　7.1　聚类分析概述 …………………………………………………………… (112)

　　　　7.1.1　聚类分析的定义 ……………………………………………… (112)

　　　　7.1.2　聚类分析的分类 ……………………………………………… (113)

　　7.2　差异度的计算方法 ……………………………………………………… (114)

　　　　7.2.1　聚类算法中的数据结构 ……………………………………… (114)

　　　　7.2.2　区间标度变量的差异度计算 ………………………………… (115)

　　　　7.2.3　二元变量的差异度计算 ……………………………………… (116)

　　　　7.2.4　标称型变量的差异度计算 …………………………………… (117)

　　　　7.2.5　序数型变量的差异度计算 …………………………………… (118)

　　　　7.2.6　比例标度型变量的差异度计算 ……………………………… (119)

　　　　7.2.7　混合类型变量的差异度计算 ………………………………… (119)

　　7.3　基于分割的聚类方法 …………………………………………………… (120)

　　　　7.3.1　分割聚类方法的描述 ………………………………………… (120)

　　　　7.3.2　K – means 均值算法 ………………………………………… (121)

　　　　7.3.3　PAM 算法 …………………………………………………… (122)

　　　　7.3.4　CLARA 算法和 CLARANS 算法 ………………………… (125)

　　7.4　基于密度的聚类方法 …………………………………………………… (126)

　　　　7.4.1　基于密度的聚类方法描述 …………………………………… (126)

　　　　7.4.2　DBSCAN 算法 ……………………………………………… (127)

　　　　7.4.3　OPTICS 算法 ………………………………………………… (129)

　　7.5　谱聚类方法 ……………………………………………………………… (130)

7.5.1 谱聚类描述 ··· (130)

7.5.2 谱聚类算法描述 ·· (131)

7.5.3 谱聚类实例 ··· (132)

7.6 ICA 聚类分析 ··· (133)

7.6.1 ICA 的起源和目的 ·· (133)

7.6.2 ICA 模型和应用要求 ·· (133)

7.6.3 ICA 应用场合 ·· (135)

习 题 ·· (135)

第8章 分 类 ··· (137)

8.1 分类的基本知识 ··· (137)

8.1.1 分类的概念 ··· (137)

8.1.2 分类的评价标准 ·· (138)

8.1.3 分类的主要方法 ·· (138)

8.2 决策树分类 ··· (139)

8.2.1 决策树算法概述 ·· (139)

8.2.2 决策树的生成 ·· (141)

8.2.3 决策树中规则的提取 ·· (142)

8.2.4 ID3 算法 ··· (143)

8.2.5 C4.5 算法 ··· (145)

8.2.6 蒙特卡洛树搜索(MCTS)算法 ······································ (146)

8.3 SVM 预测 ·· (147)

8.3.1 线性可分的 SVM ·· (147)

8.3.2 线性不可分的 SVM ··· (150)

8.3.3 SVM 的实现——手写数字图片的识别 ···························· (153)

8.4 KNN 算法 ·· (154)

8.4.1 KNN 算法的描述 ·· (155)

8.4.2 KNN 算法的实现 ·· (156)

习 题 ·· (157)

第9章 神经网络 ··· (159)

9.1 神经网络概述与定义 ·· (159)

9.1.1 神经网络概述 ·· (159)

9.1.2 神经网络的学习过程 ·· (160)

9.2 限制玻尔兹曼机(RBM) ·· (161)

9.2.1　RBM 的定义 ··· (161)

9.2.2　RBM 的能量模型与学习方法 ························· (162)

9.3　深度信念网络 ··· (165)

9.3.1　DBN 反向传播算法介绍与改进 ····················· (165)

9.3.2　DNN 分类与代价函数选择 ··························· (170)

9.4　卷积神经网络(CNN) ··· (173)

9.4.1　卷积神经网络定义与结构 ····························· (173)

9.4.2　CNN 两个特点与图形实例 ····························· (176)

9.5　循环神经网络(RNN) ··· (179)

9.5.1　RNN 概述 ··· (180)

9.5.2　RNN 训练 ··· (181)

9.5.3　LSTMs 网络与函数展示图例 ························· (182)

习　题 ··· (186)

第 10 章　统计分析 ·· (188)

10.1　回归分析 ·· (188)

10.1.1　一元线性回归 ·· (188)

10.1.2　多元线性回归 ·· (191)

10.1.3　非线性回归 ··· (193)

10.2　EM 算法 ·· (194)

10.2.1　EM 算法的引入 ·· (194)

10.2.2　EM 算法的推导 ·· (196)

10.2.3　EM 算法的收敛性 ····································· (197)

10.3　Bayes 分类 ··· (199)

10.3.1　Bayes 定理 ··· (199)

10.3.2　简单 Bayes 分类 ······································· (200)

10.3.3　Bayes 信念网络 ·· (201)

10.3.4　Bayes 网络的应用 ····································· (203)

习　题 ··· (203)

第 11 章　非结构化数据挖掘 ·· (204)

11.1　文本数据挖掘 ·· (204)

11.1.1　文本数据挖掘的概念 ·································· (204)

11.1.2　文本数据挖掘技术 ····································· (208)

11.2　Web 数据挖掘 ··· (214)

11.2.1 Web 数据挖掘的概念 ………………………………… (215)

11.2.2 Web 数据挖掘的分类 ………………………………… (216)

11.2.3 Web 数据挖掘的应用 ………………………………… (220)

11.3 多媒体数据挖掘 …………………………………………… (221)

11.3.1 多媒体数据挖掘的概念 ………………………………… (222)

11.3.2 多媒体数据挖掘的分类 ………………………………… (223)

习 题 ……………………………………………………………… (225)

第 12 章 知识图谱 …………………………………………………… (227)

12.1 知识图谱构建 ……………………………………………… (227)

12.1.1 知识图谱的概述 ………………………………………… (227)

12.1.2 知识图谱的数据来源 …………………………………… (229)

12.1.3 多源异构数据的融合 …………………………………… (231)

12.1.4 知识图谱的表示 ………………………………………… (232)

12.2 知识图谱技术 ……………………………………………… (233)

12.2.1 实体抽取 ………………………………………………… (234)

12.2.2 关系抽取 ………………………………………………… (235)

12.2.3 知识推理 ………………………………………………… (236)

12.3 知识图谱的典型应用 ……………………………………… (238)

12.3.1 查询理解 ………………………………………………… (238)

12.3.2 自动问答 ………………………………………………… (240)

12.3.3 前景和挑战 ……………………………………………… (240)

习 题 ……………………………………………………………… (241)

第 13 章 大数据挖掘算法 …………………………………………… (242)

13.1 Hadoop 介绍 ……………………………………………… (242)

13.1.1 Hadoop 的基本概念 …………………………………… (242)

13.1.2 Hadoop 的基本组件 …………………………………… (244)

13.2 基于 MapReduce 数据挖掘算法 ………………………… (247)

13.2.1 基于 MapReduce 的 K-means 并行算法 …………… (248)

13.2.2 基于 MapReduce 的分类算法 ………………………… (251)

13.2.3 基于 MapReduce 的序列模式挖掘算法 ……………… (253)

习 题 ……………………………………………………………… (255)

参考文献 …………………………………………………………… (256)

第1章 数据仓库的概念与体系结构

任何企业都希望在市场竞争中通过利用全面的数据分析能力来获取更大更持久的竞争优势。例如，银行希望知道如何有效规避信贷风险，发现欺诈和洗钱等不合法行为；电信公司希望知道如何对市场业务发展和竞争环境进行精准分析，从而为市场决策提供深入有力的分析支撑，提升营销活动的精准性；保险公司希望知道哪些理赔客户骗保的可能性更高，以及哪些客户是高价值低风险的客户群；等等。以上这些问题的解决都离不开数据的支撑和对现有数据的分析利用。

传统的信息资源管理主要依靠数据库技术，利用数据库技术进行数据的组织与存储，并使用基于数据库的信息系统进行信息资源的有效利用。但是随着计算机技术的飞速发展，一些新的需求不断提出，这些新的需求是传统数据库技术难以满足的。

传统的数据库技术以数据库为中心进行事务处理、批处理到决策分析等各种类型的数据处理工作。数据库系统作为数据管理手段，从它诞生开始，就主要用于事务处理。近年来，随着计算机应用的拓展，人们对计算机数据处理的能力提出了更高的要求，希望计算机能够更多地参与到数据分析与决策支持中。但是事务处理和分析处理有着不同的性质，直接使用事务处理环境来支持分析决策有着一定的局限性。因此，需要一种新的数据管理技术——数据仓库，来实现分析决策的目的。

本章主要介绍数据仓库的兴起(1.1节)、数据仓库的基本概念(1.2节)、数据仓库的特点与组成(1.3节)以及数据仓库的体系结构(1.4节)。

1.1 数据仓库的兴起

任何一项新技术的出现都有其深厚的背景，数据仓库技术作为一种新型的数据管理技术，它的出现也并非偶然，而是随着人们对数据处理技术新需求的不断提出，最终衍生出了数据仓库。本小节主要介绍数据仓库的兴起，并从数据管理技术的发展(1.1.1节)、数据仓库的萌芽(1.1.2节)来展开讲述。

1.1.1 数据管理技术的发展

如图1-1所示，从1946年计算机的诞生到20世纪80年代，数据管理技术经历了人工管理、文件系统以及数据库系统三个阶段，三个阶段之间彼此联系。由于人工管理的不足导致了文件系统的出现，同样由于文件系统的不足导致了数据库系统的出现。

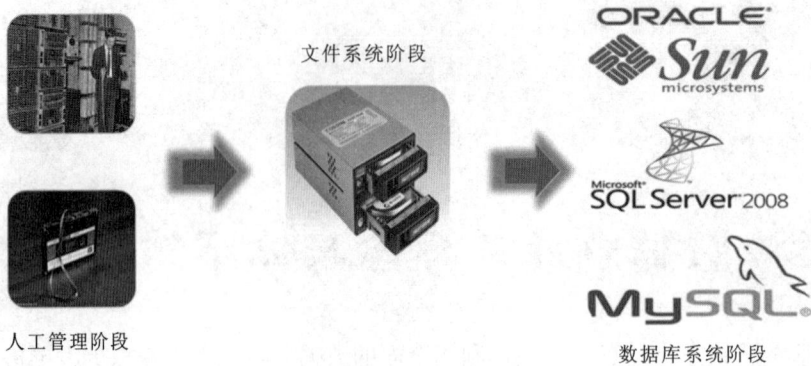

图 1 - 1　数据管理技术发展的三个阶段

1. 人工管理阶段

在 20 世纪 60 年代初期，创建运行于主文件上的单个应用是计算领域的主要工作。这些应用的特点表现在报表和程序上，常用的语言是 COBOL。穿孔卡是当时常用的介质，主文件存放在磁带文件上。磁带由于其廉价的特性适合于存放大容量数据，但其缺点是需要顺序地访问。访问整条磁带的文件可能要花去 20 ~ 30 分钟时间，这取决于我们所需数据在磁带上的存放位置。事实上，在最糟糕的情况下，一次磁带文件的操作需要访问 100% 的记录，然而只有 1% 的记录是真正需要的。

大约在 20 世纪 60 年代中期，主文件和磁带的使用数量迅速增长，很快，处处都是主文件。随着主文件数量的增长，数据出现了大量的冗余，并由此引出了一些严重的问题：

(1)数据更新需要保持数据的一致性。

(2)程序维护的复杂性。

(3)开发新程序的复杂性。

(4)支持所有主文件所需要的硬件数量。

简言之，由于介质本身存在固有缺陷，使得主文件成为了发展的障碍。如果仍然只用磁带作为数据存储的唯一介质，很难想象现在的数据管理会是什么样子。如果除了磁带文件以外没有别的介质可以存储大量数据，那么现实生活中将永远不会有大型、快速的系统。

2. 文件系统阶段

20 世纪 60 年代中期，计算机硬件有了磁盘直接存储设备，软件也有了操作系统，于是人们将数据文件长期存储到磁盘直接存储设备上，并利用操作系统所提供的文件系统对数据进行快速的访问。磁盘存储从根本上不同于磁带存储，磁盘存储不需要经过第 1 条记录，第 2 条记录，……，第 n 条记录，才能得到第 $n + 1$ 条记录。只需要知道第 $n + 1$ 条记录的地址，就可以轻而易举地直接访问它。磁盘直接存储设备以及操作系统的出现，解决了磁带存储设备数据访问效率低下的问题。但是它并没有解决主文件技术所带来的问题，只是更改存储介质提升了数据访问的速度，亟需一种新的数据存储与访问技术来解决主文件技术所面临的问题。

3. 数据库系统阶段

20 世纪 60 年代后期开始，存储技术有了很大的发展，产生了大容量磁盘，计算机用于管理的规模更加庞大，数据量急剧增长，原有文件系统的缺陷不能满足需求，为了提高效率，人们着手开发和研制新型数据管理模式，并由此提出了数据库的概念。1968 年 IBM 成功研制数据库管理系统标志着数据管理技术进入数据库阶段，1970 年，IBM 研究员 EF. Codd 发表论文，奠定了关系型数据库的基础。数据库管理系统相比于文件系统有了极大的进步，主要体现在数据结构化的存储、数据面向应用系统、数据独立性高等方面。但该领域的发展并未在 1970 年停止，20 世纪到 70 年代中期，联机事务处理开始取代数据库。通过终端和合适的软件，技术人员发现更快速地访问数据是可能的。采用高性能联机事务处理，计算机可用来完成以前无法完成的工作。

数据库技术的出现带动了许多行业的发展，它是管理信息系统、办公自动化系统、决策支持系统等各类信息的核心部分，是进行科学研究和决策管理的重要技术手段。数据库技术发展到今天，涌现出了许多优秀的数据库产品，例如，Oracle、MySQL、Microsoft SQL Server 等。

1.1.2 数据仓库的萌芽

在数据库中的数据累积到一定的量后，我们往往会想着如何去发掘这些数据之间的关系，从而挖掘出数据中的价值。也就是说我们的操作不再仅仅是联机事务处理，而且包括了联机分析处理。那么，数据库技术还能胜任吗？

1. 数据库技术与分析型应用结合时存在的问题

（1）数据库技术作为数据管理手段，主要用于联机事务处理，数据库中保存的是大量的业务数据，这些业务数据并不是专门针对某一个主题，而是和业务相关的所有数据，这里所说的主题是指我们所关心的某一模块的数据，例如和客户、订单等相关的所有数据。因此，我们无法通过简单的处理来获取我们所关心的数据。

（2）数据库技术在解决数据共享、数据与应用程序的独立性、维护数据的一致性与完整性、数据的安全保密等方面提供了有效的手段。也就是说，在进行大量数据分析操作时，由于数据库需要保持这些特性，将会导致数据操作速度相对较慢。

（3）我们进行决策分析时需要掌握充分的信息，这就需要访问大量的内部数据和外部数据，现实的情况是，我们需要的大量数据往往来自不同的数据源并且分散在不同的数据管理平台，如 Oracle、SQL Server 等，导致数据提取极其不方便。

（4）事务处理型应用与分析决策性应用对数据库系统的要求不同。事务处理型应用数据存取频率高、处理时间短；分析决策型应用数据存取频率低、处理时间长。分析决策型应用与事务处理型应用共同依赖于同一 DBMS，将导致系统资源紧张，事务处理型应用瘫痪。

（5）数据库中保存和管理的一般是当前数据，而决策支持系统不仅需要当前的数据，而且还要求有大量的历史数据进行分析和比较，以便于找出发展变化趋势。数据库系统不能满足分析决策型应用的需求。

因此，在事务处理型应用环境中直接构建分析决策型应用是不可行的；相反，面向分析决策型应用的数据和数据处理应该与事务处理型应用的数据和数据处理分离开来，分别建立各自的应用环境。面向分析决策型应用的数据存储技术——数据仓库应运而生。

2. 数据仓库和数据库系统之间的区别和联系

数据仓库作为一种新的数据管理技术，它由数据库发展而来，并不能取代数据库。可以认为数据仓库就是一个数据库应用系统，但是两者之间在许多方面还是存在着相当大的差异。从数据存储内容来看，数据库存放的是应用系统的当前数据，而数据仓库存放的则是历史数据；数据库中的数据是面向业务操作人员的，为业务人员处理业务提供支持，而数据仓库是面向决策人员的，为决策分析提供支持；数据库的数据会随着业务的变化而动态变化，而数据仓库中的数据是静态的历史数据，它只能定期地添加、刷新。数据库中的数据只反映当前情况，而数据仓库中的数据能反映出历史变化趋势；数据库中的数据访问频率较高，但一次访问的数据量较少，数据仓库中的数据访问频率较低，但一次访问的数据量往往会远远高于数据库的访问量；在数据访问响应时间上，数据库要求访问响应时间低，其响应速度往往要求在毫秒级别，而数据仓库的响应速度往往是以小时为计量单位。

1.2　数据仓库的基本概念

1.1 节中我们讲到了数据管理技术的发展历程，并由此分析了数据仓库技术出现的必然原因。本小节主要介绍元数据(1.2.1 节)、数据粒度(1.2.2 节)、数据模型(1.2.3 节)、ETL(1.2.4 节)、数据集市(1.2.5 节)，为认识数据仓库奠定基础。

1.2.1　元数据

元数据(metadata)是数据仓库不可或缺的重要部分，它是描述数据仓库中数据的数据。它可以帮助用户方便快速地找到所需的数据；元数据是描述数据仓库中数据结构和构建方法的数据。

随着计算机技术的发展，元数据成功地引起了人们的关注，这是由多方面需求决定的。其一，系统中的数据量总是越积越多，检索和使用数据的效率就会降低，通过对关于系统和数据的内容、组织结构、特性等细节的存储能够有效地帮助管理，进而提高数据检索和使用的效率。其二，信息共享是当前信息系统发展的趋势，而不同系统之间数据存储结构、字段命名方式等各异，因此对数据以及软件开发过程以元数据的方式加以描述是实现信息共享的良好方式，而且这些元数据必须实现标准化。其三，对于大型的应用系统，很难使用单一的软件工具满足所有的需求，往往需要组合多个软件工具来解决，那么不同的软件工具之间数据交换的方式之一就是通过标准的元数据。

对元数据的分类按照应用场合可以分为数据元数据和过程元数据两种。数据元数据又可以称为信息系统元数据，信息系统使用元数据对信息源进行描述，以按照用户的需求检索、存取和理解源信息，数据元数据保证了数据的正常使用，它支撑着系统信息结构的演进。过程元数据又可以称为软件结构元数据，它是关于应用系统的描述信息，可以帮助用户查找、评估、存取和管理数据，系统软件结构中关于各个组件接口、功能和依赖关系的元数据保证了软件组件的灵活动态配置。

按照用途的不同，元数据可以分为技术元数据和业务元数据两类。技术元数据是关于数据仓库系统各项技术实现细节、被用于开发和管理数据仓库的数据，保证了数据仓库的正常运行。业务元数据从业务角度出发，提供了介于用户和实际系统之间的语义层描述，以辅助数据仓库用户能够"读懂"数据仓库中的数据。

1.2.2　数据粒度

数据仓库中存储了大量的历史数据，出于对数据存储效率和组织清晰的要求，通常对数据仓库中的数据以不同的粒度进行存储。数据仓库所存在的不同数据综合级别，一般就称之为"粒度"。按粒度划分，共有早期细节级、当前细节级、轻度综合级和高度综合级四种粒度级别，分别适用于不同的数据细节程度要求。不同的粒度级别代表着不同的数据细节程度和综合程度，一般粒度越大，数据的细节程度越低，综合程度越高。原始数据经过综合后首先进入当前细节级，再根据具体需求进一步综合后再进入轻度综合级甚至高度综合级，超过数据存储期限的数据进入早期细节级。

1.2.3　数据模型

数据模型是对现实世界的抽象表达，根据抽象程度的不同，衍生了不同抽象层级的数据模型。虽然数据仓库是基于数据库建设的，但它们的数据模型还是有些区别，主要体现在以下三个方面：

（1）数据仓库数据模型增加了时间属性以区分不同时期的历史数据。

（2）数据仓库的数据模型不含有纯操作型数据。

（3）数据仓库的数据模型中增加了一些额外的综合数据。

虽然说数据仓库和数据库的数据模型之间存在些许差异，但在数据仓库的设计过程中，仍然存在着概念、逻辑以及物理三级数据模型。以下将分别介绍三级数据模型。

1. 概念数据模型

概念数据模型是连接主观世界与客观世界的桥梁，对计算机系统来说，概念模型是客观世界到计算机世界的中间层次。人们首先将现实世界抽象为信息世界，再将信息世界转换到计算机世界，概念数据模型对应着信息世界中的某一个具体的信息结构。目前，用于描述概念数据模型最常用的形式为 E－R（entity－relationship）图。

目前，常用的概念数据模型有星形模型、雪花模型以及星系模型三种，它们均有着各自的应用场景和优缺点。

星形模型由事实表和维表两部分组成。事实表是星形模型的中心，包含有大量的历史数据，冗余度一般比较小。一般情况下，事实表中的数据只添加不修改。维表是事实表的辅助，一个事实表往往和一组维表有联系，每个维表与事实表通过主键相互关联，维表之间则通过事实表的中介建立联系。星形模型的示例如图 1－2 所示。星形模型结构简单，因此便于维护，且数据表之间的关系简单，这保证了有效的查询速度，从而可以较好地为上层提供服务。

星形模型结构简单，因此其对客观世界的描述能力是受到限制的，它只适用于数据复杂度低的数据仓库。如果复杂程度提升（例如维表也需要其他的实体做进一步的补充说明），星

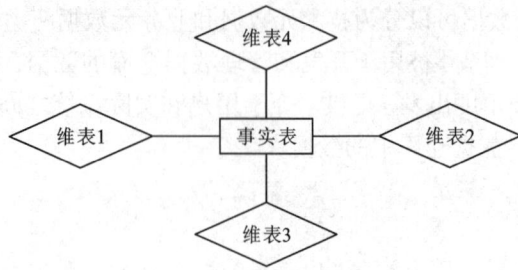

图 1 - 2　星形模型

形模型就显得无能为力，必须使用另一种数据模型——雪花模型。雪花模型是对星形模型的扩展，除了事实表和维表之外，新加了"详细信息表"对维表进行描述。在星形模型中，事实表的规范程度很高，但对于维表的数据冗余程度并没有加以限制。而在雪花模型中，通过引入"详细信息表"对维表数据进行分解，以提高维表的规范度。由于降低了维表的数据冗余程度，雪花模型更容易维护，同时也节省了存储空间。但由于将维表分解导致表的数量增多，进而导致关联查询操作增加，客观上存在降低系统的性能的可能性。雪花模型的示例如图 1 - 3所示。

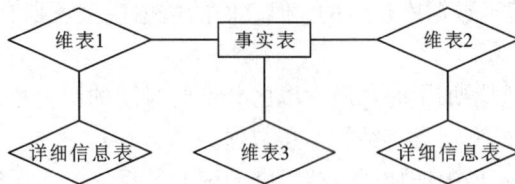

图 1 - 3　雪花模型

星系模型往往用于数据关系更加复杂的场景。多个事实表共享维表，因此可以视为星形模型的集合。然而由于其复杂的数据结构，因而在实际中使用较少。

2. 逻辑数据模型

传统数据仓库一般建立在关系型数据库基础之上，所以数据仓库的逻辑数据模型和数据库中的关系模型一样，都是采用关系来表示。逻辑数据模型是对数据仓库中主题的逻辑实现，定义了每一个主题所有关系表之间的关系模式。

3. 物理数据模型

物理数据模型是逻辑数据模型在数据仓库中的具体实现，例如数据组织结构、数据存储位置以及存储设备的分配等。

1.2.4　ETL

原始数据源的数据经过抽取、转换并加载到数据仓库中的数据库的过程称为 ETL（extract，transform and load）过程。在构建数据仓库的过程中，ETL 的实施是一项烦琐而艰巨的任务，因为它直接关系到进入数据仓库的数据的质量。如果在 ETL 的过程中处理不当，那么对于顶层的决策者来说，得出的分析结果往往是错误的。一般地，ETL 的流程如图 1-4 所示。

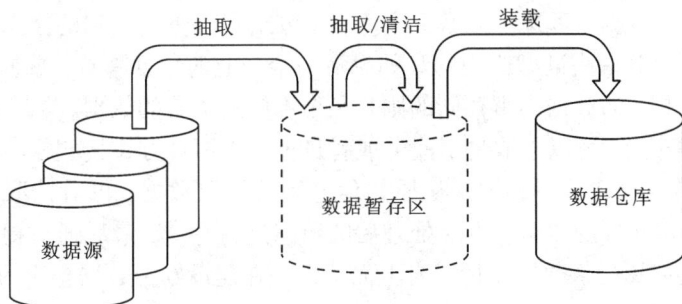

图 1-4　ETL 流程

　　数据抽取主要包括数据提取、数据清洁、数据转换以及生成衍生数据四个主要功能。数据提取要完成的工作就是确定要新导入到数据仓库的数据有哪些。数据清洁负责检查数据源中是否存在脏数据，并按照事先给定的规则对数据进行修改。数据转换负责将数据源中的数据转换成数据仓库统一的格式，其中包括数据格式的转换，例如将数据源中的所有日期表达方式转换为 DD-MM-YYYY；数据内容的转换是将同一含义的不同字段用同一的形式表达；数据模式的转换是由于数据仓库和信息系统所面向的数据操作不同，所以在数据模式上也存在不同，例如电信业务的账单表的主键包括用户唯一标识和费用项，以方便查找每一个用户的每一项费用情况，但是在数据仓库中用户主题中的账务信息只采用用户标识作为主键，将不同的费用项作为一个字段，这样就需要在数据抽取的过程中进行数据模式的转换。衍生数据的生成是指为了保证数据查询的效率，需要对用户经常进行的查询，通过预处理操作来提高查询效率，生成衍生数据。衍生数据可以包括某些数值数据的预运算，例如平均值和汇总求和等，也可以包括某些分类字段的生成，例如对用户按照消费能力分档等。

　　数据转换是将抽取到的数据进行更进一步的转换，为数据仓库创建更有效的数据。常用的转换规则包括：

　　(1)字段级的转换，主要是指转换数据类型；添加辅助数据，如给数据添加时间戳；将一种数据表达方式转换为数据仓库所需的数据表达方式，例如将数值型的性别编码转换为汉字型的性别编码。

　　(2)清洁和净化，保留具有特定值和特定取值范围的数据，去掉重复数据等。

　　(3)数据派生，例如可以通过身份证号码派生出出生年、月、日、年龄等信息，将多源系统中相同数据结构的数据合并等。

　　(4)数据聚合和汇总。

　　数据加载是指通过数据加载工具将经过数据转换后的数据装载到数据仓库中。常用的数据加载工具有 SQL 语言、SQL Loader 以及最基本的 Import。

1.2.5　数据集市

　　在谈及数据仓库时，往往会涉及数据集市。数据集市，顾名思义说的是一个存储了许多数据的容器，我们知道数据仓库也是一个用于存储历史数据的容器，那么它们之间有什么联系呢?

数据集市在某种程度上来说就是一个小型的数据仓库。数据集市中的数据往往是关于少数几个主题的,它的数据量远远不如数据仓库,但数据集市所使用到的技术和数据仓库是同样的,它们都是面向分析决策型应用的。如果从一个企业的角度来看,数据仓库中存储的是整个企业的详细数据,而数据集市存储的则是某个部门所关心的数据。

在建设数据集市时,可以采取自下而上或者自上而下两种方式,如图 1 - 5 所示。自下而上的方式和建设数据仓库无异,均是从原始信息系统抽取数据,再对抽取到的数据进行清洗,然后按照事先定义好的数据模型对处理后的数据进行存储,最后通过提供数据访问接口向顶层分析决策型应用提供数据支持。自上而下则是在建设好的数据仓库的基础上根据所关心的分析对象去数据仓库中抽取相关的数据。两种方式中推荐使用自上而下的方式:首先,自下而上的方式往往避免不了"重复造轮子"的窘迫,虽然说开发周期短、投入低,但是存在着过多的重复工作;其次,采用自上而下的方式可以解决自下而上的缺点,虽然说工程的规模会比较大、投入会比较多,但从长远角度来看是有利的。

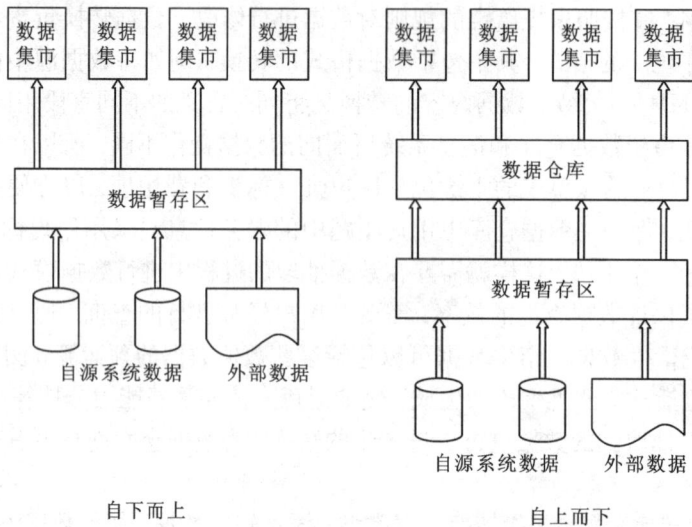

图 1 - 5 　自下而上和自上而下两种方式

1.3　数据仓库的特点与组成

1.2 节中我们讲述了数据仓库的一些基本概念,清楚地认识到了什么是元数据、数据粒度、数据模型、ETL 以及数据集市。本小节主要讨论数据仓库的特点(1.3.1 节)与数据仓库的组成(1.3.2 节),从更深层次来认识数据仓库。

1.3.1　数据仓库的特点

数据仓库之父 Bill Inmon 给数据仓库的定义是面向主题的、数据集成的、数据非易失的、数据随时间变化的一个支持管理决策的数据集合。面向主题、数据集成、数据非易失、数据随时间变化就是数据仓库的 4 个基本特征。

1. 数据仓库是面向主题的

数据库技术是面向应用，它为每个单独的应用程序组织数据。我们知道数据仓库技术是面向分析决策型应用的，在进行数据分析操作时，往往是从某一个具体的主题来进行分析。因此，为了数据分析操作的方便，数据仓库中数据是面向主题来进行组织的；面向主题是建立数据仓库所必须遵守的基本原则，数据仓库中的所有数据都是围绕某一主题组织、展开的。

（1）何谓主题

主题是一个比较抽象的概念，它是在较高层次上对各信息系统中的数据综合、归类并进行分析利用的抽象，在逻辑关系上，它对应着我们进行宏观分析时所涉及的分析对象。面向主题的数据组织方式，就是在较高层次上对分析对象所涉及的数据的一个完整、一致的描述，它能够完整、统一地描绘各个分析对象所涉及的各项数据，以及数据之间的关系。

从数据组织的角度来看，主题就是一些数据集合，这些数据集合对分析对象进行了比较完整的、一致的数据描述，这种描述不仅涉及数据自身，还涉及数据与数据之间的关系。

从信息管理角度来看，主题就是在一个较高的管理层次上对各信息系统中的数据按照某一具体的管理对象进行综合、归类所形成的分析对象。

数据仓库的创建、使用都是围绕主题实现的，因此，必须了解如何按照决策分析来抽取主题，所抽取的主题应该包含哪些数据内容，以及这些数据该如何组织。

以双一流学科建设为例，我们通常所关心的是，学校的哪一个或哪一些学科是优秀学科，哪些学科和其他学校同样学科的差距有多大，每个学科最优秀的老师、学生有哪些等问题；那么，我们根据这些分析对象，就可以抽取出"学科""教师""学生"等主题。

（2）主题划分需遵守的原则

主题对于建设数据仓库来说至关重要，在分析主题时必须保证每一个主题的独立性，每一个主题要具有明确的界限，独立的内涵。在划分主题时，需要保证在对主题进行分析时所需要的数据都可以在此主题中找到，保证主题数据的完整性。

确定好数据仓库的主题后，需要确定各个主题应该包含的数据，不能将各个主题的数据和原信息系统中的数据混为一谈，应该将各自的数据严格区分。这里需要指出一点，在大数据尚未出现之前，数据仓库是采用关系数据库技术来实现的，也就是说我们所提及的主题在数据仓库中最终表现为关系表。互联网兴起后，特别是大数据出现后，出现了大量的非结构化数据和半结构化数据，关系数据库技术无法处理这些数据，于是就有了非关系数据库技术的出现。

2. 数据仓库的数据是集成的

数据仓库第二个显著的特点是数据是集成的。这是数据仓库所有特征中最重要的特征。图 1 - 6 说明了数据由原有信息系统向数据仓库输送时所进行的集成。

原有信息系统的设计人员在设计系统的过程中有着各自的设计风格，在编码、命名习惯、度量属性等方面很难做到一致。在数据进入到数据仓库前，要采用某种方法来消除众多的不一致性。例如，在图 1 - 6 中，考虑关于"性别"的编码，在数据仓库中是采用 0/1 还是

f/m并不重要，重要的是无论原始信息系统采用的是何种编码，最终在数据仓库中的编码一定保持一致；如果某一个信息系统中的数据编码为 x/y，当其进入数据仓库时就要对其进行转换。对于所有的数据都要考虑一致性的问题。

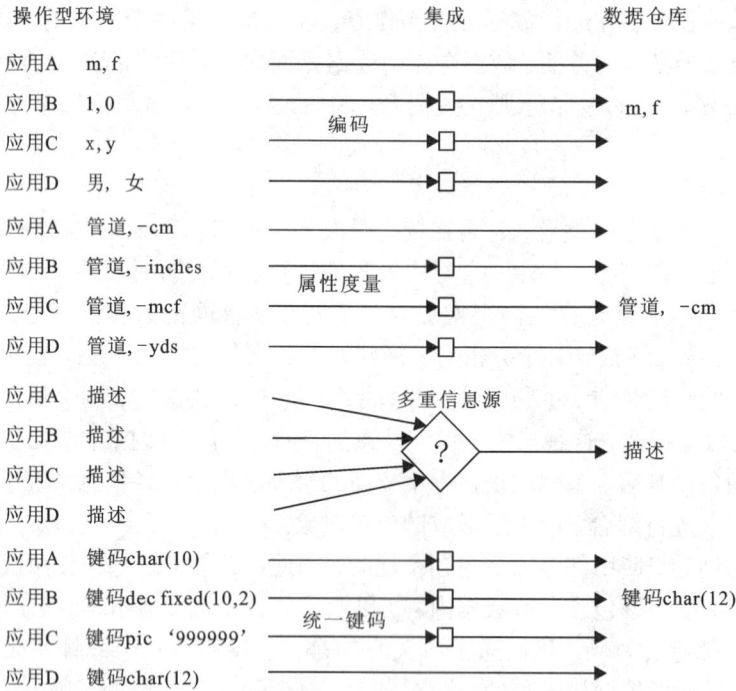

操作型环境		集成	数据仓库
应用A	m, f		
应用B	1, 0		m, f
应用C	x, y	编码	
应用D	男, 女		
应用A	管道，-cm		
应用B	管道，-inches		
应用C	管道，-mcf	属性度量	管道，-cm
应用D	管道，-yds		
应用A	描述	多重信息源	
应用B	描述		描述
应用C	描述	?	
应用D	描述		
应用A	键码char(10)		
应用B	键码dec fixed(10,2)		键码char(12)
应用C	键码pic '999999'	统一键码	
应用D	键码char(12)		

图 1-6 数据集成

3. 数据仓库的数据是非易失的

操作型环境中的数据是用来满足信息系统日常操作的，因此它是可以被更新、删除的。数据仓库中的数据是从各个不同的信息系统中抽取出来的，并经历过了数据的处理，它被用于支持分析决策型应用，并不用于日常的操作，且它只保存历史数据，而且数据仓库中的数据并不随着数据源中的数据的变更而实时更新，即数据仓库中的数据一般不再修改。所涉及的数据操作主要是数据查询，只定期进行数据加载、数据追加。

由于数据仓库的数据是不可更新的，数据一旦进入数据仓库后将不再变化，因此数据仓库中数据是非易失的。数据仓库的这一特性能够做到无论用户在何时进行数据查询都将获得相同的结果。

4. 数据仓库的数据是随时间不断变化的

数据仓库的数据是随时间不断变化的，这一特征表现在以下几个方面：

（1）随着时间的推移数据仓库不断增加新的数据内容。数据仓库必须不断去捕捉数据源中新的数据，并添加到数据仓库中，也要不断生成数据源快照，经统一集成后增加到数据仓库中去，但每一次的数据源快照是不随时间而变化的。捕捉到的新数据只是又对数据源生成一个新的快照并增加到数据仓库中，它并不会覆盖掉原有的数据源快照。

（2）随着时间的推移数据仓库中的旧数据被不断删除。数据仓库中的数据也会有存储期限，一旦超过这个期限，过期的数据就要从数据库中清除掉。只是数据仓库内的数据生命周期要远远大于数据库系统中数据的生命周期。

（3）数据仓库中包含有大量的综合数据，这些综合数据往往和时间有某种必然的联系，如数据按照一定的时间段进行重新综合，或者隔一定的时间段进行抽样等，这些数据会随着时间的推移不断进行重新综合。

1.3.2　数据仓库的组成

数据仓库中的数据量一般都在 TB 级别。传统的关系型数据库是围绕联机事务处理而设计的，它并不适用于数据量大且数据复杂度高的数据仓库。数据仓库要满足日常的数据分析操作，必须满足以下几点要求：

（1）数据仓库中的数据能够动态添加。

（2）提供对数据仓库的管理和维护功能。

（3）允许用户增加需求。

做到上述三点要求并不容易，尤其是数据仓库将自动的数据分析处理作为它的最终目标。数据能够动态添加是至关重要的，其重点在于抽取、整理并转换来自原始信息系统的数据以及以合理的方式展现给用户分析使用。数据仓库的管理和维护不同于联机事务处理系统，由于数据仓库的数据量远远大于联机事务处理系统中的数据量，所以更加需要积极地进行数据管理。例如添加或删除数据、对数据仓库数据进行备份备存。允许用户增加需求的能力是数据仓库建设过程中最困难的工作，因为每个用户的需求各异。除了允许用户增加新需求之外，应该允许用户增加新的主题。

在分析数据仓库的组成时，分析数据仓库系统应该具备的功能是必要的，数据仓库的组成往往是为了实现相应的功能而设计的。

从数据仓库的建设到投入使用角度来看，数据仓库系统应该具备以下几种功能：

（1）数据抽取与数据加载。

（2）数据清洗。

（3）数据备份与备存。

（4）查询导向，即将所有查询导向适当的数据源。

从数据仓库系统应该具备的几种功能来看，数据仓库的组成应该包括数据、信息和知识三个层次，如图 1 - 7 所示。

由图 1 - 7 看出，数据仓库主要由三大管理器组成：

（1）加载管理器：负责从原始信息系统中抽取数据并对抽取的数据进行简单的转换，然后将转换后的数据加载到数据暂存区。

（2）仓库管理器：负责数据的转换与管理，备存与备份数据。

（3）查询管理器：管理所有的数据仓库查询请求并进行数据源引导。

接下来，分别简单介绍一下数据仓库的三大管理器。

数据　━━━━━━━━▶　信息　━━━━━━━━▶　知识

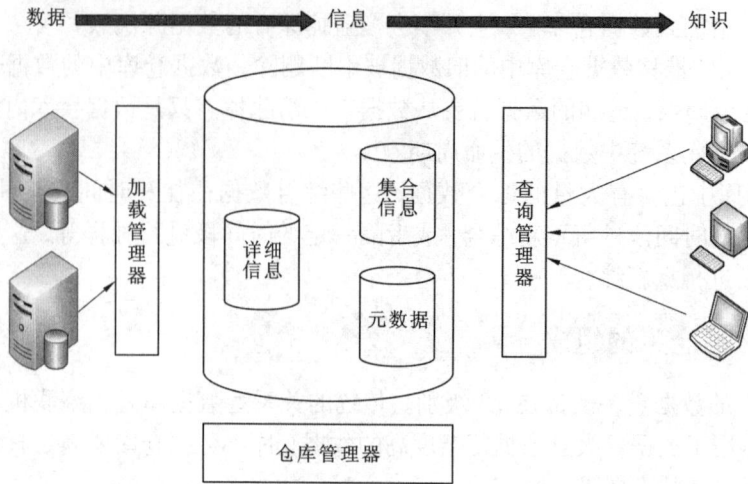

图1-7　数据仓库组成

1. 加载管理器

加载管理器主要负责抽取和加载数据，一般由一些符合需求的软件工具、针对特定需求编写的程序、存储过程等构成。为使工作量最小，用户可以尽量使用一些合适的软件工具来进行整个数据加载管理工作；由于原始数据源之间存在很大的差异，所以很难使用一套现成的软件工具来完成所有的数据加载管理工作，必须针对各数据源的特征编写相应的程序、存储过程等。

加载管理器应该具备以下几项功能：

(1)自源系统数据抽取。

(2)将抽取到的数据快速加载到数据暂存区。

(3)对数据进行简单的转换。

(4)将转换后的数据加载到与数据仓库类似的数据结构中。

加载管理器的组成如图1-8所示。

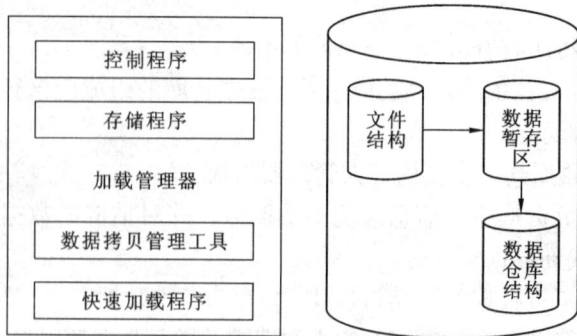

图1-8　加载管理器的组成

每一种数据库产品都会向用户提供数据快速加载工具，在进行数据批量复制时则会提供一定程度上的数据转换功能。如果数据源需要经过比较复杂的转换,可以使用编程语言或者存储过程编写数据转换程序。至于数据加载器的工作流程的控制,可以使用操作系统提供的批处理程序来实现。

由于抽取出的数据的量一般都比较庞大,因此需要快速的数据加载工具。一般而言,可以将抽取到的数据先加载到数据库中,然后再进行数据校验。在将原始数据加载到数据暂存区后,可以利用数据库自带的功能或者一些现成的软件工具来对数据进行简单的转换,这些转换当然不包括复杂的逻辑计算,也不会有数据之间的关联操作。以下列出了几种可能的简单数据转换操作:

(1)删除一些不必要的字段。

(2)对数据类型进行转换。

(3)对数据格式进行转换(例如首字母大写、删除前置空格符等)。

(4)根据需求校验字段值的有效性。

(5)检验所需字段是否有空值。

2. 仓库管理器

数据仓库中的数据量一般是 TB 或 PB 级别,如果没有一个设计良好的仓库管理器,这些数据将呈现出杂乱无章的状态,也就无法发挥出数据仓库的最大价值。仓库管理器执行着所有管理数据仓库所必需的程序,可以由一些现成的系统管理工具、针对特定需求而编写的程序以及一些脚本文件组成。一个数据仓库的仓库管理器构件组成复杂度往往和数据仓库自动化的程度有关。仓库管理器的构成如图 1-9 所示。

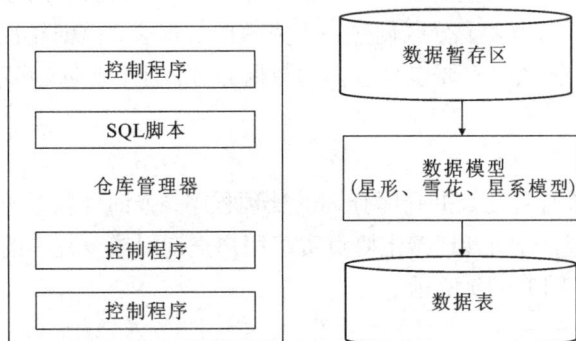

图 1-9　仓库管理器的组成

仓库管理器一般具有以下几项功能:

(1)对数据暂存区的数据进行转换与合并,加载到数据仓库数据库中。

(2)为数据仓库中的数据创建索引、视图以及分区。

(3)对数据仓库进行备份(完整备份或者添加式备份)。

(4)对超过数据存储期限的数据进行备存(转移到其他存储介质)。

(5)验证各字段之间的关系与一致性。

(6)创建新的集合信息或者更新已有集合的信息。

可以使用数据库提供的接口并编写相应的程序，将数据导入到数据仓库；通过数据库提供的工具对数据添加索引、创建索引和数据分区；对数据仓库进行备份、对超过数据存储期限的数据进行备存等工作可以使用操作系统与数据库管理系统提供的工具来完成。

为了方便对数据仓库中的数据进行管理，可以对数据仓库中的数据进行分区操作，分区的方法一般根据需求而定。可以依据数据的更新频率来创建数据分区，如果数据仓库的周期以年为单位，则可以在每一年结束后将加入的历史数据创建成以年为单位的数据分区，而且可以定期将小的数据分区并入到大的数据分区。

在完成对原始数据的转换、验证后，数据仓库会按照事先所设计好的数据模型对清洗后的数据进行重组，以便于分析决策操作。

事实上，数据仓库中的数据由事实数据和维度数据组成；事实数据是从原始数据中经过数据清洗后的数据，它是能反映过去事实的数据；维度数据是为了加速数据查询速度而创建的索引数据。对于数据仓库的数据结构来说，它由事实表和维表这两种类型的数据表组成。事实表和维表之间不同的组织方式对应着不同的数据结构，主要包括有星形结构、雪花结构以及星系结构三种。仓库管理器采取为事实表和维表建立索引的方式来加快数据查询速度。事实表中一般拥有大量的记录，当索引文件的大小达到一定的值后，将新增数据的索引往索引文件中添加的方法不见得是一种可取的方法。如果事实表中包含有大量的数据时，建议先将索引文件删除，再对事实表中的数据重建索引，这样数据仓库的运行效率会比较高。维表的数据量一般也比较大，但相较于事实表还是小得多，且通常不会对维表的数据进行更新操作，除非是整个维表更新，一般不需要对维表采取删除索引再重建的方法。出于数据管理方便的考虑，通常可以采取对事实表中的数据进行分区，但对于用户而言，数据分区是完全透明的。为了使用户拥有一个完整的事实表，仓库管理器需要为所有的数据分区创建视图合并为一个表。虽然视图可以为多个分区创建一个完整的数据表，但创建视图将降低数据查询的效率，所以建议在一个视图中不要包含过多的数据分区，且不要创建多层视图。

3. 查询管理器

查询管理器执行所有管理数据仓库查询的处理程序，查询管理器的复杂程度视数据仓库系统数据的复杂度而定，查询管理器主要负责将用户查询引导至正确的数据表并调度所有的用户查询，它的构成如图 1 - 10 所示。

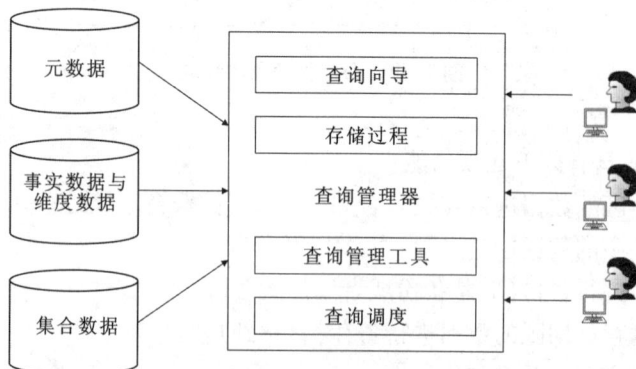

图 1 - 10　查询管理器的组成

如图 1 – 10 所示，在进行查询引导时，查询管理器首先解析用户的查询请求，并映射到相应的事实表和维表，然后调用相应的存储过程，在这个过程中需要使用到元数据来对数据进行定位。当数据仓库系统中存在较多的查询请求时，查询管理工具将统一管理所有的查询，并对其进行调度。

1.4 数据仓库的体系结构

数据仓库技术从提出到发展到今天经历了近 30 年时间。数据仓库兴起时，面向的数据只有结构化数据，然而发展到今天，数据仓库需要处理的数据不仅仅包括结构化数据，还包括大量的非结构数据和半结构化数据，且随着大数据时代的到来，这些半结构化数据和非结构数据的体量占据了数据仓库中数据总量的绝大部分。在 1.3 节中我们介绍了数据仓库的特点与组成，在这一节中我们通过介绍传统的数据仓库体系结构(1.4.1 节)、传统数据仓库在大数据时代所面临的挑战(1.4.2 节)与大数据时代的数据仓库(1.4.3 节)来进一步认识数据仓库。

1.4.1 传统的数据仓库体系结构

传统数据仓库基于关系型数据库，通过数据的抽取、转换、加载后进入到数据仓库，最终为上层应用提供数据支持。目前，对于数据仓库的体系结构，部分学者提出了"三层体系结构"和"两层体系结构"，还有部分学者提出了"独立的数据仓库体系结构""基于独立数据集市的数据仓库体系结构""基于依赖性数据集市和操作型数据存储的数据仓库体系结构"以及"基于逻辑型数据集市和实时数据仓库的体系结构"。尽管学者提出了不同的体系结构，但构建数据仓库系统的思路大同小异，因此，本小节给出了宏观的传统的数据仓库体系结构，如图 1 – 11 所示。

从底层数据源到上层终端应用，传统数据仓库的体系结构按照功能可以分为数据源、数据预处理、数据存储与管理、OLAP 服务器以及数据处理五个部分。以下将分别介绍。

(1)数据源层：数据源层是数据仓库系统体系结构最基本的组成，它为数据仓库系统提供原始数据，主要包括有来自内部业务系统的业务数据、从外部系统中收集的外部数据以及一些文档资料，这些结构化的数据均存储在关系型数据库中。

(2)数据预处理层：数据预处理层是数据仓库系统体系结构比较核心的一层，它直接影响到所有基于数据仓库进行的数据分析操作的结果的正确性。主要负责从数据源层中按照既定主题进行数据抽取、清理（数据清洗、变换、集成、规约等）、装载，并不定期刷新数据仓库中的数据。所谓的数据抽取指的是数据抽取工具根据主题从相应的数据源中抽取原始数据；数据清理是指在数据抽取的基础上，对原始数据按照数据仓库数据存储的标准进行数据表现形式（格式）的转换等；数据装载指将经过清理的数据按照数据仓库的数据结构进行存储；数据刷新指在数据预处理层提供不定期的加载新数据进入数据仓库的功能。

(3)数据存储与管理层：数据存储与管理层负责数据仓库数据的存储与数据仓库的检测与维护以及数据仓库元数据的管理。它负责向顶层所有的应用提供分析数据，是数据仓库体系结构中核心的一层。数据仓库并不是简单的对所有的历史数据进行集中存储，它需要对所有的历史数据进行管理维护，对数据仓库进行不定期的检测维护。在进行数据维护的过程

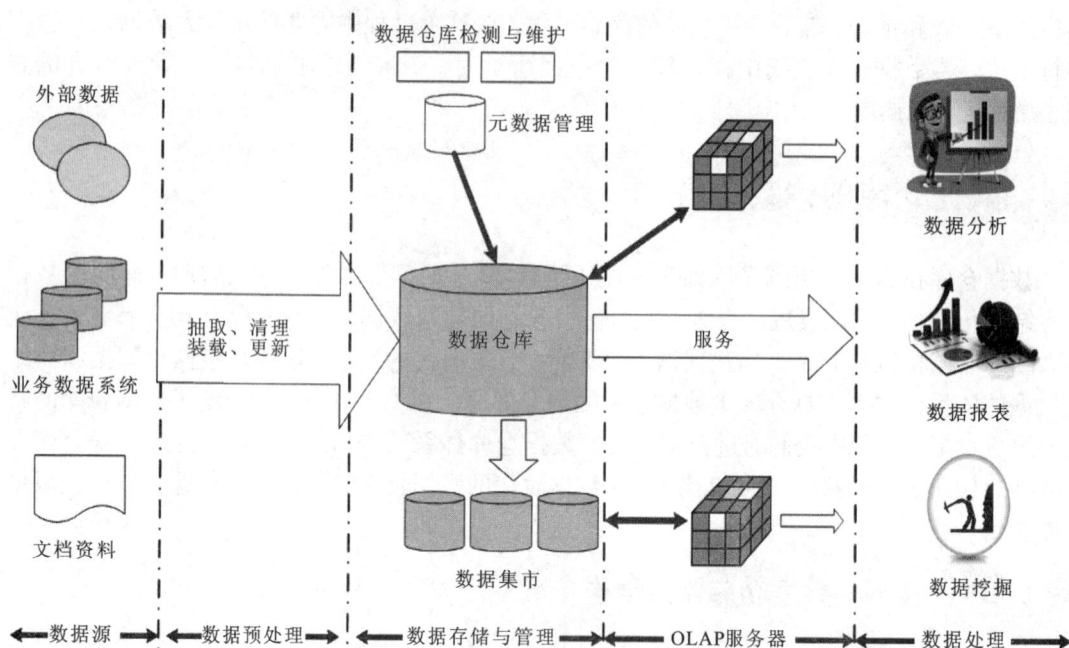

图 1 – 11   传统的数据仓库体系结构

中，我们往往会关心这些数据的来源、哪些数据能被哪些用户访问使用、哪些数据是关于哪个或哪些主题的数据等，这些用于辅助数据维护的数据被称为元数据，对元数据进行管理也是数据仓库日常管理的必要工作之一。在图 1 – 10 所示的体系结构中，在数据仓库的基础上又搭建了数据集市。数据集市也是一种数据存储手段，存储的是关于某个或某几个主题的数据，从本质上来讲，数据集市也是数据仓库，只不过数据集市是规模受限的数据仓库。

（4）OLAP 服务器层：OLAP(on – line analytical processing，联机分析处理)服务器层负责向顶层分析应用程序提供关于主题不同维度的数据，它提供了从不同维度来分析事实表中数据的功能。例如，数据仓库中存储的数据是所有的销售数据，利用 OLAP，我们可以从时间、地区、产品类型等不同角度来对销售情况进行数据分析。

（5）数据处理层：数据处理层为数据仓库体系结构的顶层，主要利用数据仓库系统提供的各种数据分析工具和预留数据访问接口进行数据分析操作。

1.4.2   传统数据仓库系统在大数据时代所面临的挑战

传统数据仓库系统构建在关系型数据库技术之上，由于数据库所能处理的数据量受到限制，在数据量极大的情况下，传统数据仓库无法处理。在讲述传统数据仓库系统在大数据时代所面临的挑战前，先通过一个小故事来认识一下什么是大数据，以及大数据它有什么样的特征。

1. 何为大数据？

某肯德基门店的电话铃响了，客服拿起了电话。

客服：您好，肯德基，请问有什么需要我为您服务？

顾客：你好，我想要一份……

客服：先生，请告知我您的会员卡号。

顾客：123456＊＊＊＊＊。

客服：刘先生，您好！我们系统显示您住在玉泉路 13 号楼 1313 室，您家电话是 0731 - 7920＊＊＊，您公司的地址是韶山路 22 号楼 2222 室，您公司电话是 0731 - 7900＊＊＊，您的手机号是 1378714＊＊＊＊，请问您想将订单配送到家还是公司？

顾客：等一下，你怎么知道我这么多的信息？

客服：刘先生，因为我们的系统联机到了 CRM 系统。

顾客：好吧！我想要点一份海鲜披萨。

客服：刘先生，海鲜披萨不适合您。

顾客：为什么？

客服：根据您的医疗记录，您的血压和胆固醇都偏高。

顾客：好吧，那你们有什么可以推荐的？

客服：根据您上周礼拜六在省图书馆借阅了一本《低脂健康食谱》，我们给您推荐一款低脂健康披萨。

顾客：很好，那我要一份家庭套餐，这个要多少钱？

客服：99 元，这个足够您一家六口吃了。但是您的父亲应该少吃，他上个月刚刚做了心脏搭桥手术，现在还处于恢复期。

顾客：谢谢提醒，可以刷信用卡吗？

客服：刘先生，对不起，不能。因为您的信用卡已经刷爆了，您现在还欠银行 13131 元，而且还不包括您的房贷。

顾客：好吧，那我先去附近的 ATM 机取点现金。

客服：刘先生，根据您的取款记录，您今天已经超过了取款上限。

顾客：那你们直接把披萨送到我家吧！家里有现金。你们多久能送到？

客服：大约 30 分钟，如果您不想等，可以自己开车来。

顾客：为什么？

客服：根据我们 CRM 全球定位系统的车辆行驶跟踪系统记录，您名下登记有一辆车牌号为 SB00544 的红旗牌小轿车，而且您目前正在解放西路上驾驶着这辆车。

顾客：当即晕倒……

在这则故事里面，肯德基为什么会对这位顾客的饮食、健康、行踪等信息了如指掌？肯德基借助的是各种系统中关于该顾客的所有数据，而这些数据就可以称为大数据。现在我们来看看学术界对于大数据的定义。

大数据又称海量数据，是指以不同形式存在于数据库、网络等媒介上的蕴含有丰富价值的大规模数据。大数据是一个宽泛的概念，其定义也是见仁见智。字面意思中就透露出了"大"的特征，但这远不是大数据的全部特征，不能仅仅根据数据规模来定义大数据，因为"大"是一个相对的概念，在不同的时期，"大"的标准是不一样的。

对于大数据的特征，被广泛认可的是由 IBM 提出的 5V 特征。

volume：数据规模很大，可以是 TB 级别，也可以是 PB 级别。

variety：数据种类和来源多样化。包括结构化、半结构化和非结构化数据，具体表现为音频、视频、图片、各种文档等。

value：数据的价值密度相对较低。以监控视频为例，其中可用的数据也就仅仅几秒钟的时间。

velocity：数据增长速度快，处理速度也快，时效性要求高。

veracity：数据的准确性和可信度要求高，即数据的质量要求高。

简而言之，大数据的特点是规模大、多样性、价值密度低、速度快、数据质量要求高。

2. 传统数据仓库在大数据时代所面临的四大挑战

数据管理技术经过几十年的发展，经历了从量变到质变的发展。新的业务需求和技术给传统数据仓库的设计与实现带来了挑战，主要体现在体系结构、可扩展性、数据组织方式以及容错性等四个主要方面：

（1）架构问题

传统数据仓库架构上的问题主要表现为数据移动代价过高、无法快速适应变化、海量数据与系统处理能力之间存在鸿沟、系统开放性不够。

①问题一：数据移动代价过高。

传统数据仓库的体系结构中的每一层都对应着不同的数据仓库工具，层与层之间大多借助数据的传递进行关联：ETL 工具负责将数据从数据源中抽取出来，并按照数据仓库既定的数据模型进行数据的转换加载，进而将数据源层与数据存储管理层关联起来；OLAP 引擎负责从数据存储管理层读取数据并进行相应的操作，进而将 OLAP 服务层与数据存储管理层关联起来；OLAP 服务层与前端分析层之间通过相应的前端分析工具进行关联。

可以看出，传统数据仓库系统的体系结构围绕关系数据库设计，一般情况下，数据的分析与计算依赖于数据移动来完成。在数据量不算大的情况下，采取围绕关系数据库进行设计的数据仓库系统并没有什么问题，然而应对大量数据和新的分析需求时，传统数据仓库遇到了前所未有的困难：其性能在应对 TB 级别的数据时勉强可以接受，但对于至少 PB 级别的数据量时，查询操作的执行时间往往会增长几个数量级。尤其对于存在大量即时查询的应用系统而言，这种数据移动的设计方式是不可取的。

②问题二：无法快速适应变化。

为保证数据仓库的性能，传统数据仓库系统通常采取创建物化视图和建立索引的方式。当涉及数据的更新时需要对物化视图和索引进行更新，因此传统数据仓库假设数据的更新操作是较少的，其应对数据变化的方式是采取重新执行从数据源到终端分析应用的整个流程，从而导致传统数据仓库适应数据更新的周期较长。这种模式比较适合对查询性能和数据质量要求不高且对数据预处理要求不高的场合，但在大数据背景下，面对变化且不确定的分析需求，这种方式将难以适应。

③问题三：海量数据与系统处理能力之间存在鸿沟。

大数据时代，一边是至少 PB 级且仍在持续爆炸式增长的数据，另一边是面向 TB 级（至多 PB 级）数据量及传统数据分析需求设计的数据仓库和各种 BI 工具。如果这些 BI 工具或者系统发展缓慢，该鸿沟将随着数据量的增长而逐步拉大。

④问题四：系统开放性不够。

传统数据仓库系统依赖于特定的软件工具，如关系数据库、ETL 工具、BI 工具等，进行数据的存储、预处理和分析。关系数据库采用通用 SQL 语言作为数据服务接口，在大数据分析面前，SQL 的性能不尽如人意。SQL 的优势在于其提供了透明化的底层数据访问能力，但透明化在一定程度上影响到了开放性——用户只能使用可以用 SQL 语言进行表达的操作，对于一些复杂的分析操作，往往需要结合过程式程编语言。关系数据库提供的用户自定义函数大多是基于单数据库实例设计的，从而无法移植到分布式的集群上并行运行，也即意味着传统的数据仓库不适合大数据的处理分析。此外，BI 工具以及 ETL 工具的功能都是相对固定的，对顶层用户自定义函数的支持非常有限，导致其难以表达复杂而多变的大数据分析操作。综上所述，数据仓库工具的封闭性导致了数据仓库系统难以进行复杂的分析操作。

（2）扩展性问题

传统数据仓库在应对海量数据时，采用并行数据库作为其底层存储容器，尽管在一定的程度上缓解了海量数据所带来的压力，但由于并行数据库大多数只支持有限规模的扩展（一般可扩展至数百节点），仍然无法应对大数据场景。根据 CAP 理论，在分布式系统中，数据一致性、可用性和网络分区容忍性不可兼得，最多可以同时满足两项。由于并行数据库追求的是数据的强一致性和系统的高可用性，因此从理论上来讲，并行数据库很难做到大规模的扩展。

此外，利用扩大并行数据库规模的办法来应对海量数据往往会增加资源（高端硬件、昂贵的软硬件系统）的投入，由此带来的高昂代价使得用户望而却步。

（3）数据组织方式问题

①问题一：关系模型描述能力有限。

传统数据仓库采用关系模型对数据进行组织，描述的联系仅限于实体（如用户与商品）之间，实体内部的联系（如用户间的朋友、同事关系等）往往是被忽略掉的。然而，实体内部的联系往往蕴含着富有价值的知识，近些年来热门的社会网络分析、生物网络分析等便说明了这一点。此类关系适合用图结构和关系模型共同来描述。

②问题二：关系模型的扩展性支撑能力有限。

传统的数据仓库通常按照星形数据模型或者雪花模型来组织数据，通过关系数据库提供的联合查询功能来对查询进行处理。这种基于表与表之间的连接来实现数据查询的方式不适合应用在大规模机群环境中：①按照传统的并行数据库方式，事实表与维表中的数据均匀地分布在集群中的每一个数据节点，那么在查询的过程中，事实表与维表之间的连接操作将引起大量的数据迁移，导致性能降低，而且这种操作可能会被不同的查询重复执行。②如果将维表的数据在每个数据节点复制，事实表中的数据经过分割后均匀地分布在每个数据节点，虽然避免了连接操作过程中的数据迁移，但维表数据在每个数据节点的冗余将带来机群存储容量的开销以及 I/O 代价。以 2TB 的数据量的事实表和 20G 数据量的维表为例，假设机群的数据节点数量为 100 个，20G 维表在经过复制后，机群中的维表数据量将达到 2TB 左右，数据节点越多，维表数据冗余越大。

（4）容错性问题

传统的数据仓库系统通常部署在由高端硬件组成的百级数据节点或以下规模的机群。查询操作往往可以在至多几个小时时间内完成，查询失败的几率一般很小，且其处理查询失败的方式一般是重做整个查询。当我们将并行数据库部署在由低端硬件搭建而成的机群环境时，查询失败将普遍出现，甚至可能出现并行数据库不停地重做查询的局面。因此，大数据时代，数据仓库不仅仅要考虑性能，还要考虑容错性的问题。

1.4.3　大数据时代的数据仓库

由于传统数据仓库无法应对大数据时代的到来，因此急需研制并开发出能够适应大数据分析处理的数据仓库技术，以解决传统数据仓库所面临的几大问题。

1.4.2 节中指出了传统数据仓库在大数据时代所面临的四大挑战，可以总结为两个方面的挑战，一个是计算，另一个是存储。如何设计适应大数据分析处理的计算模式和数据存储方式将成为解决大数据分析处理的关键。

近年来，业界受到需求的驱动，较早地在大数据分析处理方面开展了研究，到目前为止已经推出了多种大数据处理平台，如 Google 的 MapReduce、微软的 Dryad（微软于 2012 年停止了开发，并转向了 Hadoop 平台）。相对而言，Google 提出的 MapReduce 对业界的影响较大，其开源框架 Hadoop 已经成为了大数据分析处理的基础平台。Hadoop 基于 HDFS 与 MapReduce，实现了分布式的文件系统、并行编程模型、并行执行引擎，较好地解决了传统数据仓库所不能解决的问题。

1. 大数据时代数据仓库系统应该具备的特性

（1）高度可扩展性

数据库不能依靠一台或者少数几台机器的升级即纵向扩展（scale‐up）来解决数据量的爆炸式增长问题，而是希望能方便地通过横向扩展（scale‐out）来实现此目标。

普遍认为 shared‐nothing 无共享结构（每个节点拥有私有内存和磁盘，并通过高速网络同其他节点互连），具备较好的扩展性。分析型操作往往设计大规模的并行扫描、多维聚集以及星形连接操作，这些操作也比较适合在无共享结构的网络环境下运行。Teradata 即采用此结构，Oracle 在其新产品 Exadata 中也采用了此结构。

（2）高性能

数据量的增长，并没有降低对数据库性能的要求，反而有所提高。软件系统性能的提升可以降低企业对硬件的投入成本，节省计算资源，提高系统吞吐量。所以大量数据的查询优化，并行是必由之路。1PB 数据在 50MB/s 的速度下串行扫描一次，需要 230 天；而在 6000 块磁盘上，并行扫描只需要 1 小时。

（3）高度容错

大数据的容错性要求在查询执行过程中，一个参与节点的失效不需要重做整个查询。而机群节点数量的增加会导致节点失效概率的增加。在大规模机群环境下，节点的失效将不再是稀有事件（Google 报告，平均每个 MapReduce 数据处理作业就有 1.2 个工作节点失效）。因此在大规模机群环境下，系统不能依赖于硬件来保证容错性，要更多地通过软件来保证容错性。

（4）支持异构环境

由于计算机硬件更新较快，建设同构系统的大规模机群存在较大难度，原因在于一次性购置大量同构的计算机是不可能的，而且也不可避免会在未来添置异构计算资源。此外，不少企业已经积累了一些闲置的计算资源，在这种情况下，对异构环境的支持可以有效地利用这些闲置计算资源，降低硬件投入成本。此外，在异构环境下，不同节点的性能是不一样的，最慢节点的性能决定了整体处理性能。因此，异构的机群需要特别关注负载均衡、任务调度等方面的设计。

（5）较低的分析时延

分析时延指分析前的数据准备时间。在大数据时代，分析所处的业务环境是变幻莫测的，因此也要求系统能动态地适应业务分析需求。在分析需求发生变化时，减少数据的准备时间，期望系统能尽可能快地做出反应，迅速地进行数据分析。

（6）易用开放的接口

SQL 的优点是简单易用，主要用于数据的检索查询，对于大数据上的深度分析而言是不够的。原因在于：①提供的服务方式依赖于数据的移动来实现：将数据从数据库中取出，然后传递给应用程序，该实现方式在大数据时代代价过高。②对于复杂的分析功能，如 R 或 Matlab 中的分析功能，SQL 是难以胜任的。因此，除了对 SQL 的支持外，系统还应能提供开放的接口，让用户自己开发需要的功能。设计接口时，除了关注其易用性和开放性外，还需要关注两点隐藏的要求：①基于接口开发的用户自定义函数，能够在机群上并行执行。②分析在数据库内进行，即分析尽可能地靠近数据。

（7）自调优

同传统数据仓库相比，大数据时代的数据仓库面临的计算环境更为复杂、待处理的查询更多，工作负载更加难以预测。因此，仍采用传统的依赖于少数专业人员来进行系统调优的方式是不可行的。大数据时代的数据仓库应尽可能地感知应用、环境的特点，进行自我调优及管理。

（8）较低的成本

在满足需求的前提下，某技术成本越低，其生命力就越强。需要指出的是，成本是一个综合指标，不仅仅是硬件或软件的代价，还应包括日常运维成本和管理人员成本等。据报告显示，数据中心的主要成本不是硬件的购置成本，而是日常运维成本。因此，在设计系统时需要更多地关注这些。

（9）兼容性

数据仓库发展 30 年来，产生了大量面向客户业务的数据处理工具、分析软件和前端分析工具等。这些软件是一笔宝贵的财富，已被分析人员所熟悉，是大数据时代中小规模数据分析的必要补充。因此，新的数据仓库需考虑同传统商务智能工具的兼容性。由于这些系统往往是提供标准驱动程序，如 ODBC、JDBC 等，这项需求的实际是对 SQL 的支持。

2. 大数据时代的数据仓库体系结构

图 1-12 给出了大数据时代的数据仓库通用的体系结构。从图 1-12 可以看出，建设大数据时代数据仓库的主体思想与传统数据仓库基本一致，它并不是对传统数据仓库的彻底摒弃，而是在传统数据仓库的基础上添加了适合大数据分析处理的大数据技术。以下将分层对大数据时代的数据仓库体系结构进行详细介绍。

①可伸缩的云计算环境：可伸缩的云计算环境由所涉及的硬件、系统软件、网络设备以及各种存储等组成，实现的方式可以基于私有云的方式，也可以基于公有云的方式，从而实

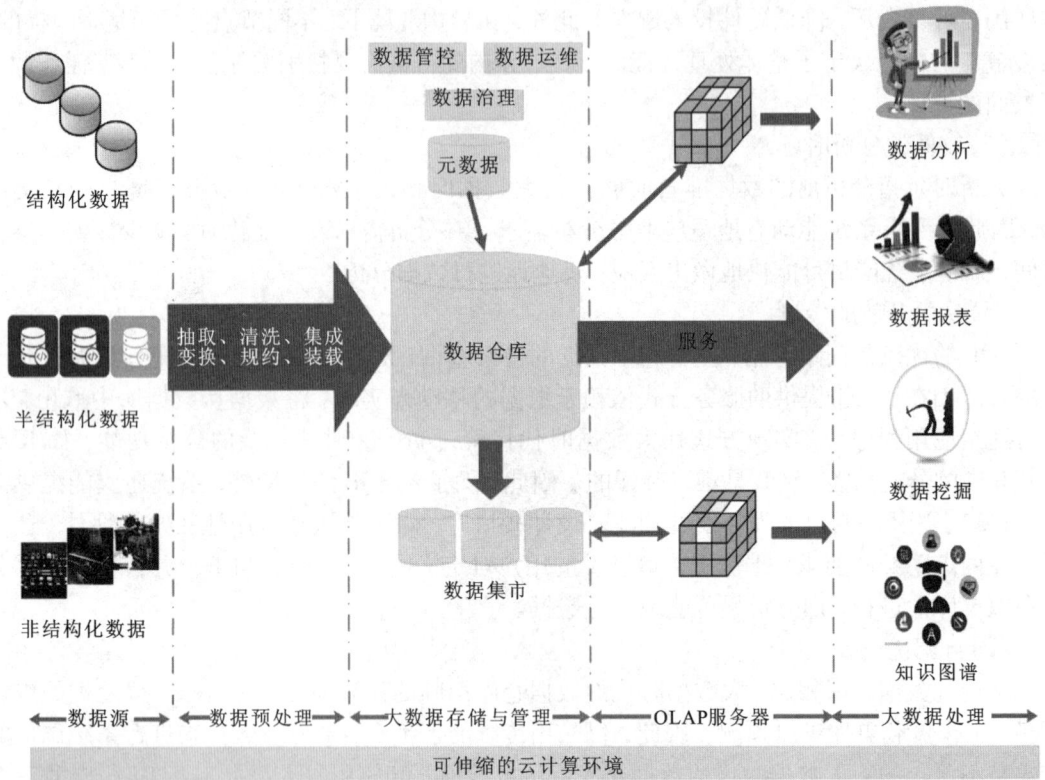

数据管控　数据运维

数据治理

元数据

结构化数据

半结构化数据

抽取、清洗、集成
变换、规约、装载

数据仓库

服务

非结构化数据

数据集市

数据分析

数据报表

数据挖掘

知识图谱

数据源　　数据预处理　　大数据存储与管理　　OLAP服务器　　大数据处理

可伸缩的云计算环境

图 1-12　大数据时代的数据仓库体系结构

现自动化、虚拟化和标准化管理等。大数据时代的数据仓库建设在可伸缩的云计算环境之上，可以实现资源的按需分配，屏蔽掉底层硬件的差异，从而使焦点聚焦于数据仓库软件的实现上。

②数据源层：数据源层中的数据主要包括结构化、半结构化和非结构化数据源。结构化数据源主要指各种关系型数据库，例如 DB2、Oracle、MySQL 等。半结构化数据源主要是指各种包含半结构化数据（例如 XML、Excel、文本和日志等）的数据源。非结构化数据源主要是指包含图像、音频、视频等非结构化数据的数据源。大数据时代数据仓库的数据源与传统的数据仓库的数据源相比，数据的类型更多，结构更加复杂。

③数据预处理层：数据预处理层主要完成数据的抽取、清洗、集成和变换、规约、装载等工作。数据抽取从数据源层中获取与主题相关的原始数据；数据清理主要负责去除冗余数据；数据集成负责按照主题对数据进行集成并删除一些不必要的字段；数据变换负责按照统一的表现形式（格式）对所有的数据进行规范化。大数据时代的数据预处理工作与传统的数据预处理并无本质上的差别，有的只是数据预处理方法上的不同，例如，对于字段缺失，传统的数据预处理工作更多的是使用比较固定的预处理规则来进行数据的补全，而大数据时代的数据预处理引入了大数据时代的处理方法（机器学习等）来对缺失数据进行预测，使得经过预处理后的结果更加合理准确。

④大数据存储与管理层：大数据存储与管理层与传统数据仓库体系结构中的数据存储与管理层的功能一致，都是存储历史数据以及管理数据仓库。不同的是大数据存储与管理所采取的存储方式以及仓库管理手段与传统数据仓库有所不同，主要是由于数据的规模大、数据类别(非结构化、半结构化、结构化)多导致关系型数据库无法应对。大数据时代的数据存储组织方式不仅仅包括传统数据仓库所采用的行存储，还包括有列存储(例如 NoSQL)以及混合式存储两种方式。

⑤OLAP 服务器层：传统的数据仓库体系结构中的 OLAP 服务器层与大数据时代的数据仓库体系结构中的 OLAP 服务器层从功能上来看并没有本质区别。

⑥大数据处理层：解决传统数据仓库无法处理的大规模数据计算。大数据处理采用分布式的集群，设计适合分布式集群存储的数据存储方法并设计相应的分布式并行计算算法。大规模的分布式并行化计算算法是大数据处理和传统的数据处理之间本质的区别，大数据时代的数据仓库的 OLAP 服务器与传统的数据仓库的 OLAP 服务器的设计初衷以及思路基本是一致的，只不过由于底层的数据存储方式已经发展为了大规模分布式存储，因此，数据处理算法也需要向并行化改进。

此外，大数据处理层与传统数据仓库数据处理层相比，新增了知识图谱这种数据处理方式。知识图谱是通过将应用数学、图形学、信息可视化技术、信息科学等学科的理论与方法与计量学引文分析、共现分析等方法结合，并利用可视化的图谱形象地展示数据与数据之间隐含联系的技术手段。

习　题

1. 什么是元数据？元数据的作用是什么？
2. 数据仓库数据粒度分为哪几个等级？
3. ETL 是什么？它的作用是什么？ETL 一般所涉及的数据操作有哪些？
4. 什么是数据集市？它和数据仓库的异同点有哪些？构建数据集市一般所采取的方法有哪些？
5. 数据仓库的特点有哪些？并分别简介。
6. 数据仓库的组成包括什么？各自的用途是什么？
7. 在数据仓库系统的体系结构中，为什么在数据仓库已经建立好的情况下还需要搭建数据集市与 OLAP 服务器？
8. 简述大数据的概念，以及大数据的特征有哪些？
9. 传统数据仓库在大数据时代面临的问题有哪些？
10. 大数据时代的数据仓库与传统数据仓库本质的区别是什么？以及大数据时代如何解决传统数据仓库所面临的挑战？

Big Data

第2章 数　据

数据挖掘，顾名思义，就是在大量的数据中发现有用的信息。随着信息技术的发展，每天都会产生大量的数据，可以说我们正处于一个大数据的时代。数据，作为数据仓库和数据挖掘中被管理和挖掘的对象，已经渗透到当今每一个行业和业务职能领域，成为重要的生产因素。因此我们需要认识数据，熟悉数据的概念、内容、属性等相关知识。但是现实世界中的数据库极易受到噪声、缺失值、不一致数据的侵扰，导致数据库中数据质量低下。低质量的数据则会导致低质量的数据挖掘结果。如何对数据进行预处理以提高数据质量至关重要。

本章基于数据仓库和数据挖掘的需要，主要介绍数据和数据预处理的相关知识，包括数据的概念与内容(2.1节)、数据属性与数据集(2.2节)、数据预处理(2.3节)。

2.1　数据的概念与内容

数据是指对客观事件进行记录并可以鉴别的符号，是信息的表现形式和载体。

数据所指代的并不仅是狭义上的数字，还可以包括符号、文字、语音、图形和视频等。在计算机科学中，数据是指所有能输入到计算机中并被计算机程序处理的符号的介质的总称，是能输入电子计算机进行处理，具有一定意义的数字、字母、符号和模拟量的通称。数据经过加工后就成为信息(图2-1)。

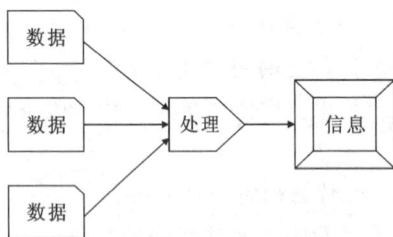

图2-1　数据与信息的关系

数据有很多种分类的方法。比如数据按照性质可以分为定位数据、定性数据、定量数据和定时数据：定位数据指各种坐标数据；定性数据是表示事物属性的数据，如红色、蓝色、高矮胖瘦；定量数据能够体现事物的数量特征，如一些常见的物理量——长、宽、高、温度、重量、速度等；定时数据通俗来说就是时间数据，如年月日、时分秒等，能够反映事物的时间特点。数据按照产生方式可以划分为直接数据和间接数据：直接数据是通过直接的调查就能够获得的数据，也可称为原始数据；间接数据是在他人的数据的基础上，进行加工和汇总后得出的数据，也可以称之为第二手数据。数据还可以按表现形式分类，分为图形数据（如点、线、面）、符号数据、文字数据、图像数据、音频数据、视频数据、三维模型数据等。

数据按照不同的分类标准可以分为多种类型，在这里我们按照数据的内容进行分类，可以分为以下几种。

1. 实时数据与历史数据

实时数据（real – time data）是在某事发生、发展过程中的同一时间中获得的数据，表示客观事物或属性未经加工的原始素材。比如某人在餐馆点菜，只要行为完成，就有关于他的数据，这些原始数据表示用户在何时何地以什么样的价钱消费了何种食物，具有非常丰富的细节信息。

随着时间的推移和主题的变化，实时数据不再具有实时性，则成为历史数据（historical data），所以历史数据可能是长时间积累得到的数据，数据量极大。某些保存时间较长的历史数据可能在相当长的一段时间内访问频率很低，甚至为零，但历史数据并不是无用的数据。历史数据同实时数据一起为分析决策过程提供数据支持，用数据中包含的信息来监视时间、质量、成本等，进而指导业务流程的改进。

2. 事务数据与时序数据

事务数据（transaction data）是一种记录类型的数据，每个记录是一个项的集合。如学生在本学期所选的课表就构成了一个事务，如表 2 – 1 所示，其中"1"表示选择当前课程，"0"表示没有选择。

时序数据（sequential data）即时间序列数据，可以认为是统一按照时间顺序记录的数据列，是事务数据的扩充，如表 2 – 2 所示。

表 2 – 1　学生选课表

课程名称学号	大学物理	英语	C 语言	现代操作系统	体育
09091001	1	1	1	0	1
09091002	1	1	1	0	1
09091003	0	1	1	0	1
09091004	1	1	1	0	1
09091005	1	1	0	1	1
09091006	1	1	0	1	1
09091007	1	1	0	1	1

表 2-2 新生注册表

新生注册时间	姓名	性别	出生日期	生源地	专业
2018.09.08	张华	男	2000.01.05	吉林	金融学
2018.09.08	胡雷	男	2000.03.07	天津	金融学
2018.09.08	刘娜	女	2000.11.13	北京	金融学
2018.09.09	胡一天	男	2000.09.07	河北	金融学
2018.09.09	张飞	女	2000.11.18	湖南	金融学
2018.09.10	何志强	男	2000.01.19	湖南	金融学
2018.09.10	林洋	女	2000.06.28	云南	金融学

3. 图形数据与图像数据

图形数据(graphic data)是以图形为对象形式的表示，主要包含地图数据(点、线、面、体)、具有图形对象的数据、带有对象直接联系的数据(如社交网络)。数据可以用图来表示，数据对象为图中的节点，节点之间的联系用节点之间的链、方向和权值表示，节点之间的联系往往携带重要的信息，如图 2-2 所示的社交网络。如果数据对象具有结构，即数据对象中包含具有互相联系的子对象，也常用图形数据来表示，如图 2-3 中化合物的分子结构。

图像数据(image data)是各像素灰度值的集合，灰度值用数值表示。真实世界的图像一般由图像上每一点光的强弱和频谱(颜色)来表示，把图像信息转换成数据信息时，须将图像分解为很多小区域，这些小区域称为像素，可以用一个数值来表示它的灰度。彩色图像常用红、绿、蓝三原色(trichromatic)分量表示。顺序地抽取每一个像素的信息，就可以用一个离散的阵列来代表连续的图像。在地理信息系统中一般称之为栅格数据。

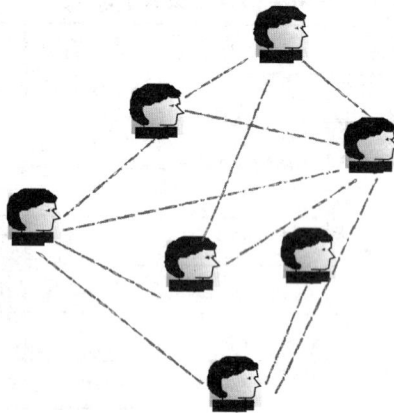

图 2-2 社交网络

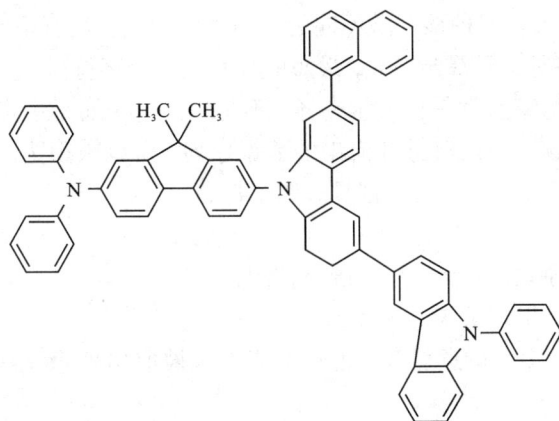

图 2-3 化合物的子结构

4. 主题数据与全局数据

主题数据（thematic data）是按照主题在数据仓库中提取出的数据集合。主题是在较高层次上把企业信息系统中的数据进行综合、归类和分析利用的一个抽象概念，每一个主题基本对应一个宏观的分析领域。从逻辑上来说，它是面向企业某一分析领域的分析对象。例如"销售分析"就是一个分析领域，因此这个数据仓库应用的主题就是"销售分析"。数据仓库是面向主题的组织方式。这样数据组织方式能够完整、一致地描述出分析对象；描绘各个分析对象的其他各项数据以及数据之间的联系。相比传统数据库中面向应用的数据组织方式而言，它具有更高的数据抽象级别。例如，一个生产企业的数据仓库所组织的主题可能有产品订货分析和货物发运分析等，按应用来组织则可能为财务子系统、销售子系统、供应子系统、人力资源子系统和生产调度子系统。典型的主题领域包括顾客、产品、订单和财务或是其他某项事务或活动。

全局数据（global data）是数据仓库中所有主题数据的集合，或者说是数据库中所有数据的集合。

5. 空间数据

空间数据（spatial data）是指用来表示空间中物体的位置、形状、大小及其分布特征等诸多方面信息的数据，用来描述来自现实世界的目标，具有定位、定性、时间、空间和专题属性等特性。空间位置一般用坐标来描述，空间关系常用拓扑关系表示。专题属性是空间目标某一方面的特征，比如地形的坡度、某地的降雨量、人口密度、空气湿度等特征。

6. 序列数据与流数据

序列数据记录各个实体的顺序，如时间序列数据和生物序列数据。时间序列能够反映某一事物、现象等随时间变化的状态或程度，比如股票的交易价格与交易量、某地气温变化趋势、期货交易价格等都是时间序列，时间序列本身具有高维性和动态性。生物序列在生物数据中应用广泛,DNA 序列数据就是生物信息学最主要的研究对象之一。DNA 序列由 4 种核苷酸组成——A,G,T,C。四种核苷酸不同的排列顺序构成了具有不同功能的基因。与时间序列数据不同,DNA 序列长短差异很大,最短的只有几十个字符。

流数据,顾名思义,特点就是像流水一样,不是一次过来而是一点一点地"流"过来。它是一种顺序、大量、快速、连续流进和流出的数据序列,可以被视为一个随时间延续而无限增长的动态数据集合(图 2-4)。流数据具有四个特点:

(1)数据实时到达;

(2)数据到达次序独立,不受应用系统所控制;

(3)数据规模宏大且不能预知其最大值;

(4)数据一经处理,除非特意保存,否则不能再次被取出处理,或者再次提取数据代价昂贵。

流数据在网络监控、卫星通信、航空航天、气象监测和金融服务等应用领域广泛出现。

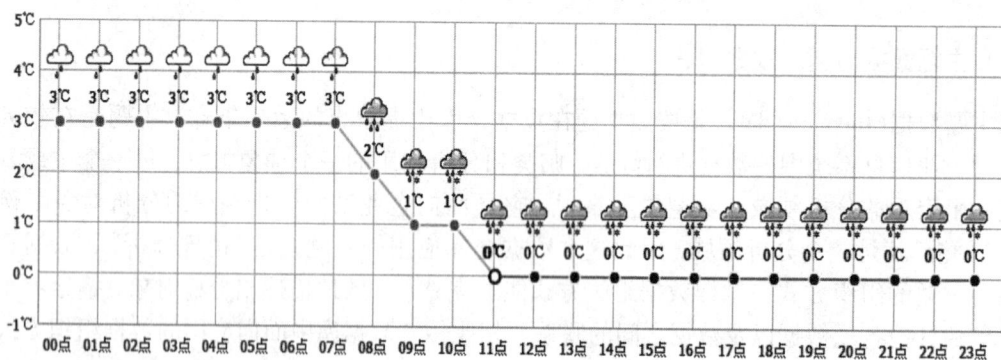

图 2-4　某地 24 小时整点天气预报

2.2　数据属性与数据集

1. 数据属性

数据的属性是指数据在某方面的特征。属性也可以有多个别名,如变量、特征、字段等。如人的身高、体重可以称为属性。在这里我们根据属性的性质将其分为四种类型:标称(nominal)、序数(ordinal)、区间(interval)和比率(ratio)。

(1)标称

标称属性的值仅仅是不同的名称,即,标称值仅提供区分对象的足够信息,如性别(男、女)、职业(教师、医生、电工)、婚姻状况(已婚、未婚)等,这种属性没有实际意义。

(2)序数

序数属性的值可以为确定对象的顺序提供足够的信息,如成绩等级(优、良、中、及格、不及格)、衣服尺码(S、M、L、XL)、教练级别(初级、中级、高级)等。

（3）区间

区间属性的值之间的差是有意义的，即存在测量单位，如温度、日历日期等。

（4）比率

比率属性的值之间的差和比值都是有意义的，如绝对温度、年龄、长度、考试分数等。

2. 数据集

数据集是待处理的数据对象的集合，也可以认为是具有某种或者某些相同属性的数据对象的集合，如表2-3所示。在数据挖掘领域，数据集有三个重要的特性：维度、稀疏性和分辨率。

（1）维度

是指数据集中的对象具有的属性个数的总和。

（2）稀疏性

是指在数据集中有意义的数据的多少。

（3）分辨率

可以在不同的分辨率下或者粒度下得到数据，而且在不同的分辨率下对象的数据也不同。

表2-3 国民经济收支表 （单位：亿元）

年份	消费	投资	支出	第一产业增加值	第二产业增加值	第三产业增加值
1978	130.02	54.79	194.14	55.31	86.62	43.92
1979	147.11	55.86	215.43	66.62	91.65	51.06
1980	180.93	71.37	259.32	82.97	102.53	64.14
1981	201.43	96.74	305.22	94.30	120.34	75.71
1982	233.21	112.35	349.13	118.17	135.37	86.39
1983	252.07	113.49	367.36	121.24	152.27	95.24
1984	288.26	150.07	446.06	145.25	187.55	125.93
1985	347.18	238.58	568.98	171.87	229.82	175.69
1986	415.91	256.75	650.99	188.37	255.88	223.28
1987	516.02	312.33	815.05	232.14	330.35	284.20
1988	667.03	462.07	1129.64	306.50	460.17	388.70

2.3 数据预处理

当今现实世界的数据库极易受噪声、缺失值和不一致数据的侵扰，因为数据库太大（常多达数兆兆字节，甚至更多），并且大部分来自多个异种数据源。低质量的数据将导致低质量的挖掘结果。对数据进行预处理，提高数据质量，从而提高挖掘结果的质量，也使得挖掘过程更加有效、更加容易。

在真实数据中，我们得到的数据可能包含了大量的缺失值、噪声，也可能因为人工录入错误等原因导致数据中存在很多问题。这些不完整、不一致的数据不利于算法模型的训练或者无法直接进行数据挖掘。可以说这些数据是"脏"的，是"不干净"的。为了提高数据挖掘的质量，降低挖掘过程所需要的时间，我们需要采用数据预处理技术，提高挖掘效率和准确性。数据挖掘中最困难的，就是数据获取和预处理。

2.3.1　数据预处理概述

现实世界中的数据库存在大量不完整、不一致和含噪声的数据。用于数据挖掘的原始数据可能来自于多个不同的数据源或者数据仓库，这些数据源的结构、规则可能存在差异，导致原始数据非常的杂乱；且同一个数据库中也可能存在重复的、不完整的数据，我们称之为数据质量问题。

总结一下，原始数据主要存在以下几个方面的问题。

1. 不一致

原始数据可能来自多个不同的数据集、数据库或者应用系统。在不同的数据源中，数据的描述格式不尽相同，信息采集的加工方法不一致，缺乏统一的编码方案和分类标准。

2. 重复

同一个事物在数据库中存在了两条或者多条重复记录，或者同一条记录在不同的数据库中重复出现。

3. 不完整

不完整是指某些感兴趣的属性出现了属性值空缺。

4. 有噪声

噪声数据是由于出现了人为或者系统失误导致的错误值或孤立点，比如数据库 A 中陈三的工资属性：occupation = -10。

5. 维度高

维度是指数据的属性。原始数据中包含的属性很多，但并不是所有的属性都与数据挖掘的目的相关。通常只需要一部分属性就可以获得期望的挖掘结果。无用的属性会导致数据量增大、挖掘时间增长，甚至会导致无用的挖掘结果。

没有高质量的数据就没有高质量的挖掘结果，高质量的决策必须依赖高质量的数据，数据仓库也需要对高质量的数据进行一致地集成。因此我们需要对数据进行预处理，提高数据质量，使得这些数据能够符合数据挖掘的要求。数据预处理能够提高数据质量，提高后续挖掘过程的精度和性能；能够检测数据异常，尽早调整数据；能够归约待分析数据，得到较高的决策回报；同时也是知识发现过程的重要步骤，因而具有重要意义。数据预处理的基本方法包括数据清洗、数据集成、数据变换和数据归约。数据清洗是对各种"脏"的数据进行对应方式的处理，得到标准的、干净的数据，用于数据统计和数据挖掘，包括：填写空缺的值，平滑噪声数据，识别、删除孤立点，解决不一致性，重复进行数据的清除等。数据集成是将多个数据源中的数据结合起来并统一存储，建立数据仓库的过程实际上就是数据集成。数据变换的目的是实现数据的规范化，可以改进距离度量的挖掘算法的精度和有效性。数据归约是为了得到数据集的压缩表示，通过聚集、删除冗余特性或聚类方法来压缩数据，得到数据集的压缩表示，其所占空间小得多，但可以得到相同或相近的结果，如图 2-5 所示。

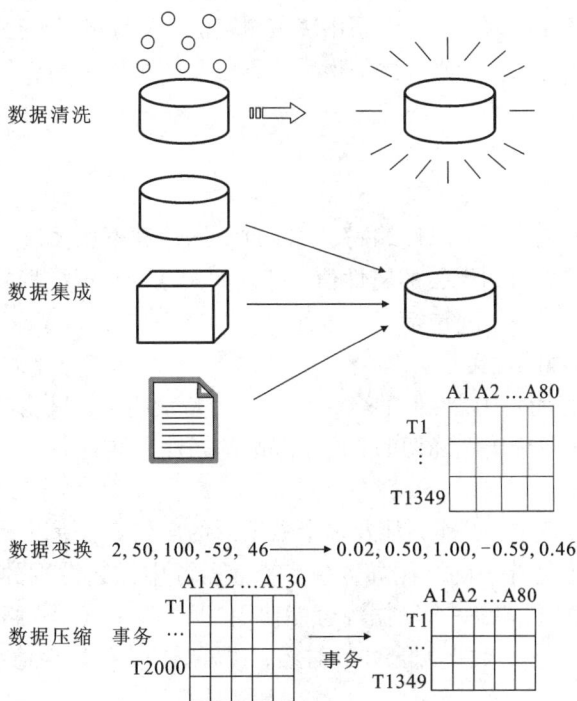

图 2-5　数据预处理

2.3.2　数据清洗

数据清洗，顾名思义就是把"脏"的数据清洗干净，提高数据质量，即填充空缺的值、识别孤立点、消除噪声，并纠正数据中的不一致等。数据清洗通过对数据进行重新审查和校验，发现并纠正数据文件中可识别的错误，包括检查数据一致性、处理无效值和缺失值、删除重复信息、纠正存在的错误以及提供数据一致性等，进而提高数据质量。业界普遍认为数据清洗是数据仓库构建中最重要的步骤。该步骤一般由计算机完成。

数据清洗的内容主要可以分为空缺数值的清洗、属性的选择与处理、噪声数据的清洗。

1. 空缺数值的清洗

空值数据的清洗具有非常重要的意义，对空值不正确的填充往往将新的噪声引入数据中，使知识获取产生错误的结果。目前大多采用的处理方法包括以下几种：

①忽略元组：采用忽略元组操作时不能使用该元组的剩余属性值。

②人工填写空缺值：仅适用于非常重要的任务数据，但在要处理的数据量较多时，耗费

的人力和时间成本较大。

③使用一个全局常量填充空缺值：如缺失值可以用 unknown 替换。

④使用属性的平均值填充空缺值：可以用最大值、最小值等基于统计学的客观知识来填充字段。

⑤使用与给定元组属同一类的所有样本的平均值（或中位数）：如对学生进行等级评定分类时，可以用具有相同等级的学生成绩的平均值（或中位数）替换等级分数的缺失值。

⑥预测最可能值填充空缺值：可以采用决策树算法、关联规则算法、神经网络算法等。

⑦删除包含空值的记录：空值占比例很小且不重要时可以采用，但是在数据集有较多缺失值时，空缺数据的清洗效果不是很理想。

2. 属性的选择与处理

属性的选择与处理包括统一属性编码、去除重复属性和不相关属性、合理选择关键字段等工作。去除与数据挖掘目的无关的属性值，可以大大减少数据挖掘的时间，同时保证数据挖掘的结果。属性的选择与处理包括以下方面：

（1）赋予属性值明确的含义

通常在某些现实数据库中属性值的名称和含义不是很明确，只能被操作人员理解，在数据预处理过程中要赋予每个属性确切的、便于理解的属性名称。

（2）统一属性值编码

在一次数据挖掘过程中，可能会涉及多个数据源的多张表，所以要保证在各个数据源中对同一事物特征的描述是统一的。例如，在多个数据源中描述性别的属性，一个数据源用"男""女"作为该属性的值，另一个数据源可能使用"0""1"来表示，第三个数据源可能使用"M""F"作为属性值，在多个数据源合并的时候，就需要把这些属性值统一起来。

（3）处理唯一属性

一般来说，原始有效数据中的关键属性或唯一属性，如数据库中的主键，对数据挖掘是无用的，它们通常用来作为记录的唯一性标识，与挖掘过程无关，可以去除。但是，如果需要建立挖掘结果和原始数据之间的直接对应关系的话，通常要保留一个或多个必需的关键属性或唯一属性。

（4）去除无关属性

有时候原始数据中会出现意义相同或者可以用于表示同一信息的多个属性，比如年龄和出生年月，在研究消费者的消费习惯是否与年龄有关时只需要知道消费者年龄即可，无须知道他们的出生年月。当然，在某次挖掘中可能同时需要这些重复属性，则应该同时保留。

（5）去除可忽略字段

当一个属性值缺失非常严重，只有极少数值保存下来时，该属性已经不能提供任何有用的知识，但是数据挖掘算法可能会认为这些大量的空值形成了有用的知识。所以这样的属性应该去除。

（6）合理选择关联字段

如果属性 X 可以由另一个或多个属性推导或者计算出来，则认为这些字段之间的关联度高。属性 X 和它的关联属性对数据挖掘的作用是相同的，所以只选择其中之一，或者属性 X，或者它的关联属性。如当职工的月薪和有薪月份固定时，月薪、有薪月份和年薪之间就形成了高度的关联,此时应只保留月薪、有薪月份或者年薪。另如商品的价格、数量和总价格,也形成了高度关联关系。

3. 噪声数据的清洗

噪声是指被测量变量中的随机误差或方差。噪声数据是指含有偏差和孤立点的、可能会导致错误的数据分析结果的数据。我们可以使用基本的数据统计来描述(如盒图或散点图)和数据可视化方法来识别可能代表噪声的离群点。数据收集工具的问题、数据输入错误、数据传输错误、技术限制等情况都可能导致噪声数据的产生。噪声数据的基本处理方法包括分箱、回归、聚类及人工检查与计算机检查相结合等方法。

(1)分箱

分箱是一种简单常用的预处理方法,通过考察相邻数据来确定最终值。所谓"箱子",实际上就是按照属性值划分的子区间,如果一个属性值处于某个子区间范围内,就称把该属性值放进这个子区间所代表的"箱子"内。把需要处理的数据按照特定的规则放进一些箱子里,采用某种方法来对箱子中数据进行处理,称之为平滑。在采用分箱方法时,需要考虑的两个问题是:如何分箱以及如何对箱子中的数据进行平滑处理,使得箱中的数据更接近。

分箱的方法有 4 种:统一权重法、统一区间法、最小熵分箱法和用户自定义区间分箱法。

①统一权重法,也称等深分箱法,是指将数据集按记录行数分箱,每箱具有相同的记录数,每箱记录数称为箱子的深度。这是最简单的一种分箱方法。

②统一区间法,也称等宽分箱法,是指使数据集在整个属性值的区间上平均分布,即每个箱的区间范围是一个常量,称为箱子宽度。

③最小熵分箱法是使得各个区间分组内的记录有最小的熵。熵这一概念由香侬在信息论中提出,指的是信息中数据的无规则程度,信息熵的目的是为了找到符号和其传递的信息量之间的关系,来实现最小的消耗和最高的存储效率。

某个字符的信息量计算公式如下:

$$I = -1b(P) \tag{2.1}$$

式中:I 表示字符的信息量,单位是比特(bit);P 表示该字符出现的概率。数据集的熵用以下公式来表示:

$$H = \sum_i p_i lb(1/p_i) \tag{2.2}$$

数据集的信息熵越低,数据之间的差异性就越小。最小熵分箱法划分的目的是使每个箱中的数据有最高的相似性。在箱子个数确定的条件下,最小熵分箱法得到的箱子熵最小。

④用户自定义区间分箱法是指用户可以根据需要自定义区间,当用户明确希望观察某些区间范围内的数据分布时,使用这种方法可以方便地帮助用户达到目的。

例 2-1 我们统计了中南大学第一学期计算机系 16 个学生的月花销,排序后的值如下(人民币元): 800 900 1000 1200 1400 1500 1500 1600 1800 2000 2200 2400 3000 3500 4000 4200,分箱的结果如下。

统一权重:设定权重(箱子深度)为 4,分箱后

箱 1:800 900 1000 1200

箱 2:1400 1500 1500 1600

箱 3:1800 2000 2200 2400

箱 4：3000　3500　4000　4200

统一区间：设定区间范围（箱子宽度）为 1000 元人民币，分箱后

箱 1：800　900　1000　1200　1400　1500　1500　1600　1800

箱 2：2000　2200　2400

箱 3：3000　3500

箱 4：4000　4200

用户自定义：如将学生月花销划分为 1000 元以下、1000～2000 元、2000～3000 元、3000～4000元和4000 元以上几组，分箱后

箱 1：800　900

箱 2：1000　1200　1400　1500　1500　1600　1800　2000

箱 3：2200　2400　2800　3000

箱 4：3500

箱 5：4000　4200

分箱的目的是对各个箱子中的数据进行处理，完成了分箱之后，就需要采用一种方法对数据进行平滑，使得箱中的数据更接近，目前通常使用的平滑方法有按平均值平滑、按边界值平滑和按中值平滑。下面对例 2－1 中统一权重分箱后的结果，分别采用三种平滑方法进行处理。

➤ 按平均值平滑：对同一箱值中的数据求平均值，用平均值替代该箱子中的所有数据。按平均值平滑，平滑后的结果如下：

箱 1：975　975　975　975

箱 2：1500　1500　1500　1500

箱 3：2100　2100　2100　2100

箱 4：3675　3675　3675　3675

➤ 按边界值平滑：用距离较小的边界值替代箱中每一数据。

箱 1：800　800　1200　1200

箱 2：1400　1400　1600　1600

箱 3：1800　1800　2400　2400

箱 4：3000　3000　4200　4200

➤ 按中值平滑：取箱子的中值，用来替代箱子中的所有数据。

箱 1：950　950　950　950

箱 2：1500　1500　1500　1500

箱 3：2100　2100　2100　2100

箱 4：3750　3750　3750　3750

（2）回归

回归是一种统计学上分析数据的方法，其目的在于了解两个或多个变量间是否相关、相关方向与强度，并建立数学模型以便观察特定变量来预测研究者感兴趣的变量。建立因变量 Y 与自变量 X 之间关系的模型，找到恰当的回归函数来平滑数据。

回归分析按照涉及的自变量的多少，可分为一元回归分析和多元回归分析；按照自变量和因变量之间的关系类型，可分为线性回归分析和非线性回归分析。如果在回归分析中，只

包含一个自变量和一个因变量，且二者的关系可用一条直线近似表示，这种回归分析称为一元线性回归分析，形如 $Y = aX + b$。如果回归分析中包含两个或两个以上的自变量，且因变量和自变量之间是线性关系，则称为多元线性回归分析，如 $Z = aX + bY + c$。建立回归方程时，首先要根据训练数据画散点图，判断 Y 与 X 是否呈线性关系，若呈线性关系，则用训练数据估计回归方程系数。建立回归模型后，采用回归函数来平滑数据。

（3）聚类

将类似的值生成一组由数据组成的集合，称之为簇。簇内的对象具有相似性，落在聚类集合之外的值被视为孤立点。孤立点可能是垃圾数据，也可能是提供信息的重要数据。垃圾数据将清除。用聚类的方法来平滑数据，其目的就是去除孤立点，对于同一个簇内的对象，用相同的特征来表示。

如图 2 - 6 所示，不在任何聚类中的点称为孤立点。

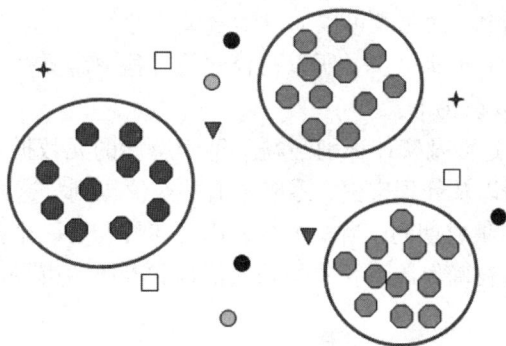

图 2 - 6　用聚类的方法除去噪声

（4）计算机检查和人工检查相结合

可以通过计算机将需要判定的数据与已知的正常值比较，将差异程度大于某个阈值的数据输出到一个表中，人工审核后识别出噪声数据。

2.3.3　数据集成

数据集成是把不同来源、格式、特点性质的数据在逻辑上或物理上有机地集中。但是由于开发部门或开发时间的不同，这些系统的数据源彼此独立、相互封闭，在将多数据库中的异构数据进行集成的过程中可能出现多种问题：在两个不同的数据库中，同一个字段可能有不同的命名，不同的字段有相同的命名、可能出现一个教师收入单位为千元，一个为元的单位不一致情况或数据类型不同、无关数据冗余等。我们把数据集成可能出现的问题归结为以下几类：模式匹配、数据值冲突和数据冗余。

1. 模式匹配

模式匹配即整合不同数据源中的元数据。在模式匹配过程中涉及实体识别问题。我们以下面的例子来进行说明。

表 2 - 4 和表 2 - 5 是两张原始数据表，分别存储了某校学生信息表和学生选课表，其中

学生信息表包括学号、专业、年级，学生选课表中包含学号、年级和学生具体选择的课程，包括课程学时、课程名称等字段。

表 2 - 4 学生信息表		
属性名称	属性说明	数据类型
id	学号	int
major	专业	string
grade	年级	int

表 2 - 5 学生选课表		
属性名称	属性说明	数据类型
student_id	学号	int
gender	年级	string
course	课程	int

学校希望研究学生专业与选修课之间的关系，考虑到数据挖掘的需要，在进行数据预处理的过程中，需要将两张表合并为一个数据集。

从属性说明中可以看到，两张表可以通过学号关联起来，但是学号在两张表中的名称并不相同，一个为 id，一个为 student_id，所以在合并的过程中需要将两个同义不同命的字段改掉，比如可以将 student_id 改为 id。

模式集成需要技巧，这涉及实体识别问题。每个属性的元数据包括名字、含义、数据类型、属性的允许取值范围以及处理空白、零或零值的空值规则。这样的元数据可以用来帮助避免模式集成的错误。在集成期间，当一个数据库的属性与另一个数据库属性匹配时，必须特别注意数据结构。这旨在确保源系统中的函数依赖和参照约束与目标系统的匹配。

2. 数据值冲突

在不同数据源中，表示同一实体的属性值可能存在不同，可能表现在单位不统一、数值类型不统一等方面，比如在一个数据表中学生性别用"男""女"来表示，而在另外一张数据表中则用"F""M"来表示；也可能表现为由于数据类型不统一带来的冲突，比如对同一实体在两个不同的数据源中的分布采用了布尔类型和字符类型。具体可以分为以下几类：

①属性名称不同：如同样是存储员工薪酬，一个数据源中字段名是"Salary"，另一个数据源中字段名是"Payment"。

②属性数据类型不同：如同样是存储员工薪酬的 Payment 数值型字段，一个数据源中存为 INTEGER 型，另一个数据源中存为 CHAR 型。

③属性数据格式不同：如同样是存储员工薪酬的 Payment 数值型字段，一个数据源中使用逗号分隔，另一个数据源中使用科学记数法。

④字段单位不同：如同样是存储员工薪酬的 Payment 数值型字段，一个数据源中单位是人民币，另一个数据源中单位是美元。

⑤字段取值范围不同：如同样是存储员工薪水的 Payment 数值型字段，一个数据源中允许空值、NULL 值，另一个数据源中不允许。

3. 数据冗余

冗余是指重复存在的消息，在数据挖掘领域中，也指无用的信息。

一个属性（如年收入）如果能由另一个或另一组属性"导出"，则这个属性可能是冗余的。

属性或维命名的不一致也可能导致结果数据集中的冗余。

例如，在挖掘学生专业和选修课程的关系时，发现学生信息表中某学生的信息出现了两次，明显是重复记录，则可删除一条，减少数据量，这就是数据冗余。挖掘学生专业与选修课程关系时，年纪、专业信息、性别都可能影响学生选课，但是班级信息可以在专业中体现，在合并表格中就可以舍弃学生的班级。

有些数据冗余比较隐蔽，不容易被一眼看出来，我们可以使用相关性分析的方法来分析两属性之间的相似度。这种分析可以根据可用的数据，度量一个属性能在多大程度上蕴涵另一个属性，对于定性数据，我们使用 χ^2（卡方）检验。对于数值属性，我们使用相关系数，它们评估一个属性的值如何随另一个属性变化。两个属性相关性越高，则通过一个属性映射到另一个属性的可能性就越大，并可以选择只保留其中一个属性。

（1）χ^2（卡方）检验

两个属性 A 和 B 之间的相关性可以通过 χ^2 检验发现。假设 A 有 c 个不同的值 a_1，a_2，…，a_c，B 有 d 个不同的值 b_1，b_2，…，b_d，A 和 B 描述的数据元组可以用一个相依表来表示，其中，A 的 c 个值构成列，B 的 d 个值构成行，令 (A_i, B_j) 表示属性 A 取值 a_i 和属性 B 取 b_j 的联合事件，即 $(A = a_i, B = b_j)$，χ^2 值计算方式如下：

$$\chi^2 = \sum_{i=1}^{c} \sum_{j=1}^{d} \frac{(o_{ij} - e_{ij})^2}{e_{ij}} \tag{2.3}$$

式中：o_{ij} 是联合事件 (A_i, B_j) 的观测频度；e_{ij} 是 (A_i, B_j) 的期望频度。计算公式如下：

$$e_{ij} = \frac{count(A = a_i) \times count(B = b_j)}{n} \tag{2.4}$$

式中：n 为数据元组的个数；$count(A = a_i)$ 是 A 上具有值 a_i 的元组个数；$count(B = b_j)$ 是 B 上具有值 b_j 的元组个数。χ^2 统计检验假设 A 和 B 是独立的，检验基于显著水平，具有自由度 $(d-1) \times (c-1)$。如果可以拒绝该假设，则我们说 A 和 B 是统计相关的。

例 2 - 2　某医院用三种方案治疗急性无黄疸型病毒肝炎 254 例，观察结果见表 2 - 6 所示，试问三种疗法的有效率是否不同？显著性水平确定为 0.05。

表 2 - 6　三种方案治疗肝炎的疗效

组别	治疗效果		合计
	有效	无效	
西药组	51	49	100
中药组	35	45	90
中西药结合组	59	15	74
合计	145	109	254

根据式（2.3）和式（2.4）计算可得，$\chi^2 = 22.81 > 5.99$，$P < 0.05$，可以认为三种疗法有效率不同或者不全相同。具体计算方法可参考统计学教科书。

（2）相关系数

对于数值数据，属性 A 和属性 B 的相关系数可以由下式来计算：

$$r_{AB} = \frac{\sum (A - \bar{A})(B - \bar{B})}{(n - 1)\sigma_A \sigma_B} \tag{2.5}$$

式中：n 表示记录个数；$\bar{A}$ 和 $\bar{B}$ 是 A 和 B 的平均值；σ_A 是 A 的标准差；σ_B 是 B 的标准差。$-1 \leq r_{AB} \leq 1$，如果 $r_{AB} \geq 0$，则 A 和 B 是正相关的，这意味着 A 值随 B 值的增加而增加。该值越大，相关性越强，因此，一个较高的 r_{AB} 值表明 A（或 B）可以作为冗余而被删除。注意，相关性并不蕴涵因果关系。也就是说，如果 A 和 B 是相关的，并不意味着 A 导致 B 或 B 导致 A。例如，在分析人口统计数据库时，我们可能发现一个地区的医院数与汽车盗窃数是相关的，但这并不意味一个导致另一个。实际上，二者必然关联到第三个属性——人口。

2.3.4　数据变换

通常来说，原始数据库和表单中的数据不适合直接用于数据挖掘，为了更好地对数据仓库中的数据进行挖掘，需要对数据仓库中的数据进行变换。数据变换将数据转换或者统一为适合进行数据挖掘的形式，主要涉及以下几点。

1. 光滑

去掉数据中的噪声，主要有分箱、回归和聚类等方法；分箱和聚类的方法能够在一定条件下减少属性值的个数，也可以将属性的连续值离散化，可以减少挖掘过程所需要的时间。例如，使用等宽或等频分箱，然后用箱中值或者中位数替换箱中的每个值。

2. 聚集

通过对数据仓库中的数据进行简单的汇总和聚集来获得统计信息，以便对数据进行更高层次的分析。例如，可以聚集日销售数据，计算年月销售量。

3. 数据泛化

使用概念分层的方式，利用高层的概念来替换低层或原始数据，比如在挖掘学生生源地和消费水平两者之间关系时，只需要知道学生的年龄就可以了，无须知道具体的出生日期。

4. 规范化

所用的度量单位可能影响数据分析，例如，把高度的度量单位从米变成英寸，把重量的度量单位从千克改成磅，可能导致完全不同的结果。一般而言，用较小的单位表示属性将导致该属性具有较大值域，因此趋向于使这样的属性具有较大的影响或较高的"权重"。为了避免对度量单位选择的依赖性，需要对数据进行规范化，这涉及数据变化。对属性数据进行缩放，使之可以落入一个较小的特定区域中，如 $[-1, 1]$、$[0, 1]$。规范化的方法有很多，主要有最小 - 最大规范化、z - Score 规范化以及小数定标规范化等方法。

（1）最小 - 最大规范化（min - max normalization）

假设原来的数值取值区间为 $[old_{min}, old_{max}]$，规范化后新的取值区间为 $[new_{min}, new_{max}]$，那么对任意一个在原来取值区间的变量都可以通过以下公式得到在新的取值区间的对应值。

$$x' = \frac{x - old_{\min}}{old_{\max} - old_{\min}} (new_{\max} - new_{\min}) + new_{\min} \tag{2.6}$$

式中：x 是属性的原始取值；x' 是规范化之后的值。

例 2-3 在例 2-1 中学生的月消费属性的实际值范围为 $[800, 4200]$，要把这个属性值规范到 $[0, 1]$，对属性值 1500 应用上述公式：

$$x' = \frac{1500 - 800}{4200 - 800} (1 - 0) + 0 = 0.21 \tag{2.7}$$

根据精度要求保留小数（假设精度要求 0.01），最终取值 0.21 就是属性值 1500 规范化后的值。但是在应用最大 – 最小规范化时需注意，其前提条件是必须知道原始属性的最大值和最小值，否则可能出现越界的错误。

（2）零 – 均值规范化（z – score normalization）

是根据属性值的平均值和标准差进行规范化，如下所示：

$$x' = \frac{x - \overline{X}}{\sigma_x} \tag{2.8}$$

$\overline{X}$ 为所有样本属性值的平均值，σ_x 为样本的标准差。当属性值范围未知的时候，可以使用此方法进行规范化。

例 2-4 假设某属性的平均值和标准差分别为 80、25，采用零 – 均值规范化 66 为：

$$x' = \frac{66 - 80}{25} = -0.56 \tag{2.9}$$

（3）小数定标规范化

通过移动属性的小数点位置进行规范化。这个方法需要获得属性取值范围，然后获取属性绝对值的最大值，计算公式如下，可以描述为取原属性绝对值的最大值，除以 10 的 n 次方，使之落到 $[-1, 1]$ 中，其中 n 是能够使 $x' \leqslant 1$ 的最小整数。

$$x' = \frac{x}{10^n} \tag{2.10}$$

例 2-5 假设某属性规范化前的取值范围为 $[-140, 120]$，采用小数定标法规范 66。由于该属性的最大绝对值为 140，则由 $\text{Max}(|x'|) < 1$ 可得出 $n = 3$，因此将该取值规范后为：

$$x' = \frac{66}{10^3} = 0.066 \tag{2.11}$$

2.3.5 数据归约

数据归约的目的是在不破坏数据完整性的前提下，获得比原始数据小得多的挖掘数据集，该数据集可以得到与原始数据相同的挖掘结果，进而减少数据挖掘过程所需的时间。数据归约有很多种方法，在这里我们主要介绍以下几种：数据立方体聚集、维归约、数据压缩、数值压缩、离散化和概念分层。数据立方体聚集是把聚集的方法用于数据立方体，减少数据的维度。维归约其实就是属性归约，检测并删除不相关、弱相关或冗余属性。数据压缩是指选择正确的编码方法压缩数据集。数值压缩是指用较小的数据表示数据，或采用较短的数据单位，或者用数据模型代表数据。离散化是指使连续的数据离散化，用确定的有限个区段值代替原始值。概念分层是指用较高层次的概念替换较低层次的概念，以此来减少取值个数。

1. 数据立方体

数据立方体是数据的多维模型，由维和事实组成。维度就是数据的属性，事实是具体的数据内容。平常的认知中立方体都是三维结构，在数据挖掘领域，数据立方体可以是多维的，甚至是 n 维的。在最低抽象层创建的立方体称为基本方体。基本方体对应感兴趣的个体实体。换言之，最低层应当是对分析可用的或有用的，如表2-7中的生源地省份和年份。在最高抽象层创建的立方体称为顶点方体。在数据立方体中存在着不同级别的汇总，数据立方体可以看成方体的格，每个较高层次的抽象将进一步减少结果数据。数据立方体提供了对预计算的汇总数据的快速访问、使用与给定任务相关的最小方体。在可能的情况下，对于汇总数据的查询应该使用数据立方体。如图2-7中所示招生数据立方体，记录了学校招生办的招生情况。

用表2-7中的生源地省份、年份、学生专业和学生人数作为立方体的维。图2-8中以生源地省份、年份和学生专业作为立方体的维，学生人数为事实。如果挖掘的过程中并不关心学生的入学年份，则可以对上面的立方体做一个聚集，得到一个二维的立方体。

表2-7　学校招生表结构

属性名称	属性说明	数据类型
province	生源地省份	string
year	年份	string
major	学生专业	string
number	招生人数	int

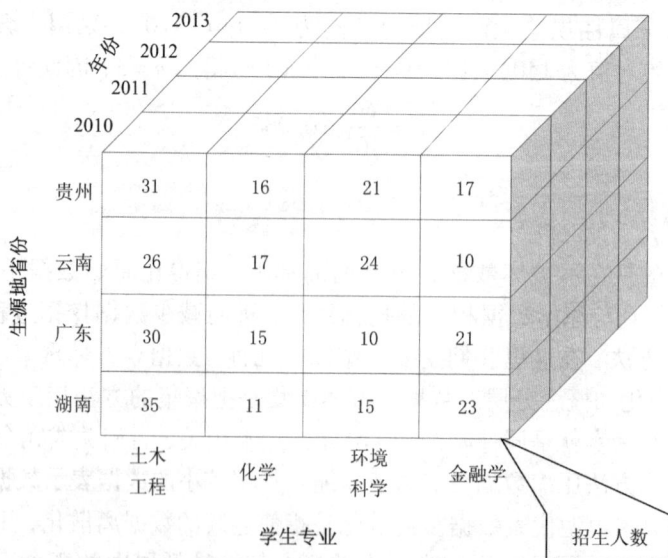

图2-7　招生数据立方体

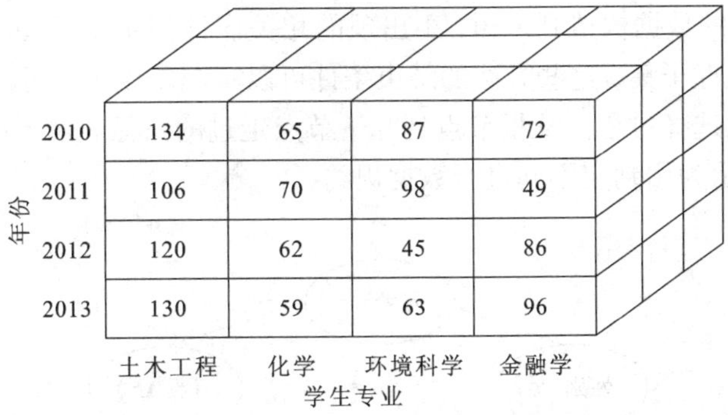

图 2-8 聚类后的招生数据立方体

如果有需要,还可以进一步把二维立方体聚集成为一维立方体。

2. 维归约

我们知道,数据立方体中维就是属性。维归约就是对维度即属性进行归约,去掉不相关或者相关性较低的属性,减少数据量。因为数据中并不是所有的属性都与数据挖掘的目的有关,无关的数据不仅会拉长数据挖掘所需要的时间,还可能造成挖掘结果的偏离,所以我们应去掉这些无关属性,选择合适的属性子集。属性子集选择的目标是找出最小属性集,使得数据类的概率分布尽可能地接近使用所有属性得到的原分布。在缩小的属性子集上挖掘,减少了出现在发现模式上的属性数目,使得模式更易于理解。但是如何找出原属性的一个"好的"子集呢?对于 n 个属性,有 2^n 个可能的子集。穷举搜索找出属性的最佳子集是不现实的,特别是当 n 和数据类的数目增加时。因此,对于属性子集的选择,通常使用压缩搜索空间的启发式算法。通常,这些方法是典型的贪心算法,它们的策略是做局部最优选择,期望由此导致全局最优解。在实践中,贪心方法是有效的,并可以逼近最优解。

属性子集选择的常用方法有以下几种:

(1)逐步向前选择

该过程由空属性集 A' 作为规约集开始做循环操作,从原始子集 A 中逐步选择相关性最好的属性加入到 A' 中,并在其后的每一次迭代中,将剩下原属性集中最好的属性添加到该集合中,直到满足结束条件。

(2)逐步向后删除

该过程由整个属性集开始做循环操作,从原始子集 A 中逐步删除相关性最差的属性,直到满足结束条件。

(3)向前选择和向后删除结合

将前两种方法结合起来,每个循环中,选择一个最好的属性并删除一个剩余属性集中最差的属性。

(4)判定树归纳

判定树由根节点、叶子节点和内部节点构成,其结构像一棵倒立的树(图 2-9)。一棵树只有一个根节点,有多个叶子节点和内部节点。内部节点按照一定条件对属性进行测试和分类，每个分支表示一个输出结果，每个叶子节点表示一个判定好的类。当判定树规约用于属性集选择时，由给定的数据构造判定树，不出现的相关属性假定是不相关的，出现在树中的属性形成归约后的属性子集，这些方法的结束条件可以不同。该过程可以使用一个度量阈值来决定何时停止属性选择过程。从根节点到叶子节点走过的路径表示当前叶子节点满足的测试条件。图 2 – 9 所示为用判定不同进行数据规约。

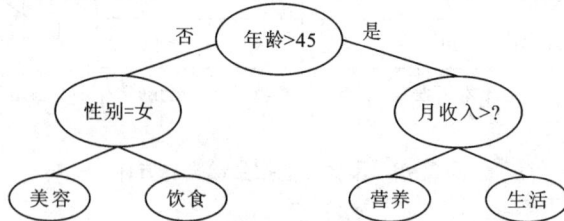

图 2 – 9　用判定树进行数据规约

基于统计分析的归约也是一种维归约方法，其目的是用少量的维度去描述高维度的数据，常用的方法有主成分分析、逐步回归分析等。

3. 数据压缩

数据压缩的目的是通过压缩数据可以减小数据存储，但是并不影响挖掘结果。数据压缩的方法主要分为两种：无损压缩和有损压缩。无损压缩是指原数据可以由压缩数据重新构造而不丢失任何信息所采用的压缩技术。无损压缩的方法是基于熵的编码方法。有损压缩是指只能重新构造原数据的近似表示所采用的数据压缩技术。有损压缩的方法常用小波变换和主成成分分析。

（1）无损压缩

"熵"这一概念原本来自于化学和热力学，用于度量能量退化的指标，即熵越高，物体或系统的做功能力越低。后来香农将这一概念引入信息论中，用于表示消息的平均信息量。信源的熵通常可以表示信源所发出信息的不确定性，即越是随机的、前后不相关的信息，其熵越高。在信息论中，香农提出了信源编码定理。该定理说明了香农熵与信源符号概率之间的关系，说明信息的熵为信源无损编码后的平均码长度的下限。任何无损编码方法都不可能使编码后的平均码长小于香农熵，只能使其尽量接近。

基于此，对信源进行熵编码的基本思想，是使其前后的码字之间尽量随机，尽量减小前后的相关性，更加接近其信源的香农熵。这样在表示同样的信息量时所用的数据长度更短。

在实际使用中，常用的熵编码主要有变长编码和算术编码等方法。其中，变长编码相对于算术编码较为简单，但平均压缩比略低。常见的变长编码方法有哈夫曼编码和香农编码等。哈夫曼树（图 2 – 10）是一种特殊的二叉树，其终端节点的个数与待编码的码元的个数等同，而且每个终端节点上都带有各自的权值。每个终端节点的路径长度乘以该节点的权值的总和称为整个二叉树的加权路径长度。在满足条件的各种二叉树中，该路径长度最短的二叉树即为哈夫曼树。

例 2 – 6　假设用于通信的电文仅由 4 个字母 {a, d, i, n} 构成，它们在电文中出现的次

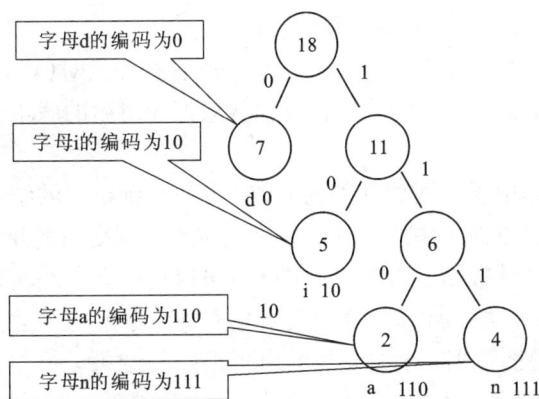

图 2 - 10 哈夫曼树

数分别为 {2, 7, 5, 4}，试构建相应的哈夫曼树，并为这 4 个字母进行哈夫曼编码。

按左分支为 0、右分支为 1 的规则对哈夫曼树的左右分支进行标记，将从根节点到叶子节点的路径上所有分支标记组成一个代码序列，这个序列就是该叶子节点对应的字符编码.

可见，在电文中出现频率高的字母其对应叶子节点离根节点近，出现频率低的字母的对应叶子节点离根节点远。因此，在电文中出现频率高的字母的编码相对短，而出现频率低的字母的编码相对长，字符编码表为：

$$HC = [(d, 0), (i, 10), (a, 110), (n, 111)]$$

(2) 有损压缩

有损压缩的方法常用于小波变换和主成成分分析。

离散小波变换(discrete wavelet transform, DWT) 是一种线性信号处理技术，用于数据向量 X 时，将它变换成不同的数值小波系数向量 X'。两个向量具有相同的长度。当这种技术用于数据归约时，每个元组看作一个 n 维数据向量，即 $X = (x_1, x_2, \cdots, x_n)$，描述 n 个数据库属性在元组上的 n 个测量值。

小波变换后的数据可以截短。仅存放一小部分最强的小波系数，就能保留近似的压缩数据。例如，保留大于用户设定的某个阈值的所有小波系数，其他系数设为 0，则其结果数据表示非常稀疏，使得如果在小波空间内的话，利用数据稀疏特点的计算操作会非常快。该技术也能用于消除噪声，而不会光滑掉数据的主要特征，使得它们也能有效地用于数据清理。给定一组系数，使用 DWT 的逆，可以构造原数据的近似。

DWT 与离散傅里叶变换(discrete fourier transform, DFT) 有密切关系。DFT 是一种涉及正弦和余弦的信号处理技术。然而，一般来说，DWT 是一种更好的有损压缩。也就是说，对于给定的数据向量，如果 DWT 和 DFT 保留相同的系数，则 DWT 将提供原数据更准确的近似。因此，对于相同的近似，DWT 需要的空间比 DFT 小。与 DFT 不同，小波空间局部性相当好，有助于保留局部细节。DWT 的一般过程使用一种层次金字塔算法，它在每次迭代时将数据减半，导致计算速度很快。该方法如下：

① 输入数据向量的长度 L 必须是 2 的整数幂。必要时，通过在数据向量后添加 0，这一条件可以满足($L \geq n$)。

②每个变换涉及应用两个函数的应用。第一个函数使数据光滑，如求和或加权平均。第二个函数进行加权差分、提取数据的细节特征。

③两个函数作用于 X 中的数据点对，即作用于所有的测量对(x_{2i}, x_{2i+1})。这导致两个长度为 $L/2$ 的数据集。一般而言，它们分别代表输入数据光滑后的版本或低频版本和它的高频内容。

④两个函数递归地作用于前面循环得到的数据集，直到得到的结果数据集的长度为 2。

⑤由以上迭代得到的数据集中所选择的值被指定为数据变换的小波系数。

小波变换可以用于多维数据，如数据立方体。可以按以下方法实现首先将变换用于第一个维，然后第二个，如此下去。计算复杂性关于立方体中单元的个数是线性的。对于稀疏和倾斜数据、具有有序属性的数据，小波变换给出了很好的结果。据报道，小波变换的有损压缩优于 JPEC 压缩(当前的商业标准)。小波变换有许多实际应用，包括指纹图像压缩、计算机视觉、时间序列数据分析和数据清理。

假设待归约的数据由用 n 个属性或维描述的元组或数据向量组成，主成分分析(principal components analysis，PCA)，搜索 h 个最能代表数据的 n 维正交向量，其中 $k \leqslant n$。这样，原数据投影到一个小得多的空间上，导致数据压缩。PCA 可以作为一种维归约形式使用。不像属性子集选择通过保留原属性集的一个子集来减少属性集的大小，PCA 通过创建一个替换的、较小的变量集来"组合"属性的精华，原数据可以投影到该较小的集合中。PCA 常常能够揭示先前未曾察觉的联系，并因此允许解释不寻常的结果。

PCA 可以用于有序和无序的属性，并且可以处理稀疏和倾斜数据。多维数据可以通过将问题归约为二维问题来处理。主成分可以用作多元回归和聚类分析的输入。与小波变换相比，PCA 能够更好地处理稀疏数据，而小波变换更适合高维数据。

4. 数值归约

数值归约是用较少的数据来代替原始数据，减小数据量。常用的方法有直方图、聚类、抽样、线性回归、非线性回归等。

(1)直方图

直方图(图 2-11)使用分箱来近似数据分布，是一种流行的数值归约形式。属性 A 的直方图将 A 的数据分布划分为不相交的子集或桶。如果每个桶只代表单个属性值/频率时，则该桶称为单值桶。通常，桶表示给定属性的一个连续区间。桶的划分规则有等宽、等深等。等宽是指在等宽直方图中，每个桶的宽度区间是一致的。等深是指在等频直方图中，使得每个桶的频率粗略地为常数(即每个桶大致包含相同个数的邻近数据样本)。

对于近似稀疏和稠密数据，以及高倾斜和均匀的数据，用直方图来表示都是非常有效的。

(2)聚类

聚类技术把数据元组看作对象。它将对象划分为簇，使得在一个簇中的对象相互"相似"，而与其他簇中的对象"相异"。簇的"质量"可以用直径表示，直径是簇中两个对象的最大距离。形心距离是簇质量的另一种度量，它定义为簇中每个对象到簇形心(表示平均对象或簇空间中的平均点)的平均距离。在数据归约中，用数据的簇代表替换实际数据。该技术的有效性依赖于数据的性质。相对于被"污染"的数据，对于能够组织成不同的簇的数据，该

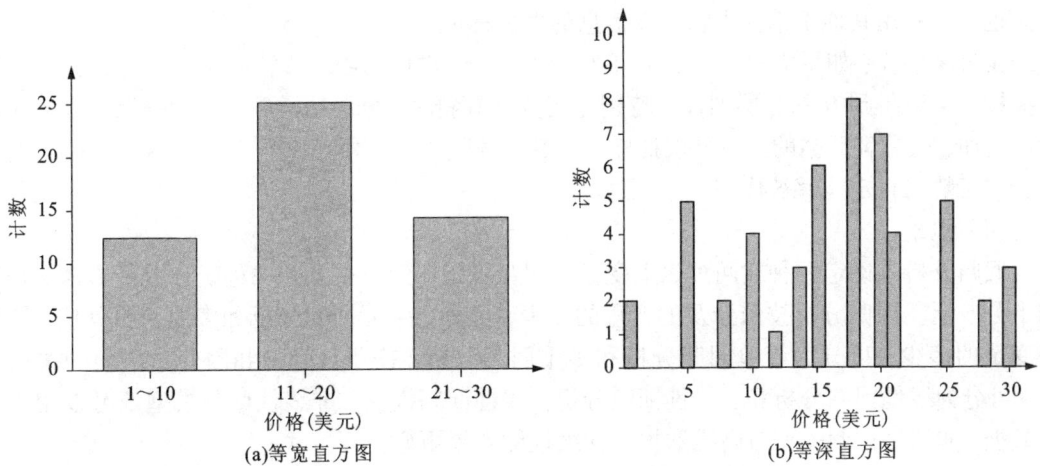

图 2 – 11 直方图

技术有效得多；反之，如果数据界线模糊，则该技术无效。聚类的定义和算法有很多种选择，本书会在后面章节进行具体介绍。

（3）抽样

抽样可以作为一种数据归约技术使用，它允许用小得多的随机样本（子集）表示大型数据集。假定大型数据集 D 包含 N 个元组。以下是用于数据归约的、最常用的对 D 的抽样方法，如图 2 – 12 所示。

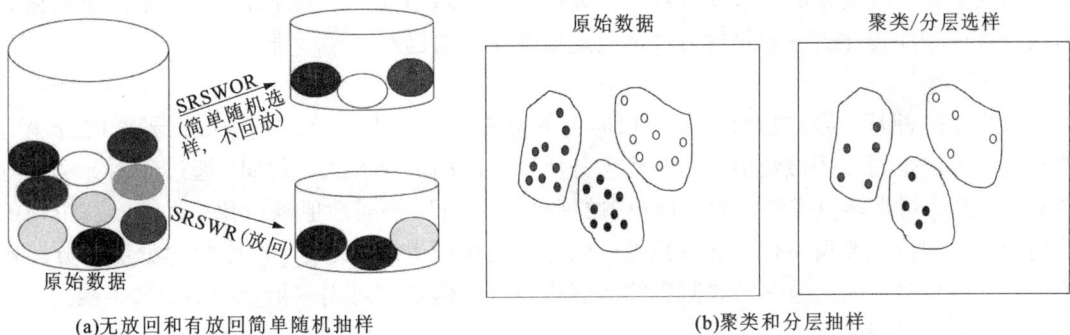

图 2 – 12 抽样

① s 个样本的无放回简单随机抽样：从 D 的 N 个元组中抽取 s 个样本（$s < N$），其中 D 中任意元组被抽取的概率均为 $1/N$，即所有元组的抽取是等可能的。

② s 个样本的有放回简单随机抽样：该方法类似于①，不同之处在于当一个元组从 D 中抽取后，记录它，然后放回原处。也就是说，一个元组被抽取后，它又被放回 D，以便它可以被再次抽取。

③聚类抽样：如果 D 中的元组被分组，放入 M 个互不相交的"簇"，则可以得到 s 个簇的简单随机抽样，其中 $s < M$。例如，数据库中元组通常一次取一页，这样每页就可以视为一个

簇。例如，可以将无放回简单随机抽样用于页，得到元组的簇样本，由此得到数据的归约表示。也可以利用其他携带更丰富语义信息的聚类标准。

④分层抽样：如果 D 被划分成互不相交的部分（称作"层"），则通过对每一层的简单随机抽样就可以得到 D 的分层抽样。特别是当数据倾斜时，分层抽样可以帮助确保样本的代表性。例如，对顾客数据的进行分层抽样，其中可按顾客的年龄组进行分层。这样，顾客人数最少的年龄组肯定能够被代表。

（4）回归

回归分析是确定两种或两种以上变量间相互依赖的定量关系的一种统计分析方法，其运用十分广泛。回归分析按照涉及的变量的多少，可分为一元回归分析和多元回归分析；按照因变量的多少，可分为简单回归分析和多重回归分析；按照自变量和因变量之间的关系类型，可分为线性回归分析和非线性回归分析。线性回归模型和非线性回归模型都可以用于稀疏数据，非线性回归模型对高维数据的伸缩性能效果更好。

5. 离散化和概念分层

离散化和概念分层中离散化是指将连续属性的范围划分为有限个数的区间，减少连续属性值的个数。概念分层是指通过使用高层的概念（比如：青年、中年、老年）来替代底层的属性值（比如：实际的年龄数据值）来规约数据。虽然一些细节在数据泛化的过程中消失了，但这样所得的泛化数据或许更易于理解、更有意义，在削减的数据集上进行挖掘显然效率更高。

对于数值属性进行概念分层是困难的和令人乏味的，这是由于数据的可能取值范围的多样性和数据值的更新频繁。我们可以采用以下几种方法进行离散化：分箱、直方图分析、基于熵的离散化、聚类分析和通过直观划分离散化。一般情况下，每种方法都假定待离散化的值已经按递增序排序。一般每种方法都假定离散化的值已经按递增序排序。

（1）分箱

分箱是一种基于箱的指定个数自顶向下的分裂技术。上一节讨论了数据光滑的分箱方法。这些方法也可以用做数值归约和概念分层产生的离散化方法。例如，通过使用等宽或等频分箱，然后用箱均值或中位数替换箱中的每个值，可以将属性值离散化，就像分别用箱的均值或箱的中位数光滑一样。这些技术可以递归地作用于结果划分，产生概念分层。分箱并不需要先验信息，因此是一种非监督的离散化技术。但是它对用户指定的箱个数很敏感，也容易受离群点的影响。

（2）直方图分析

像分箱一样，直方图分析也是一种非监督离散化技术，因为它也不需要使用先验信息。直方图将属性 A 的值划分成不相交的区间，称作桶。定义直方图的划分规则已在前面进行了详细的介绍。例如，在等宽直方图中，将值划分为相等的区间。使用等深直方图，理想地分割值使得每个划分包括相同个数的数据元组。直方图分析算法可以递归地用于每个划分，自动地产生多级概念分层，直到达到预先设定的概念层数过程终止。也可以对每一层使用最小区间长度来控制递归过程。最小区间长度设定每层每个划分的最小宽度，或每层每个划分中值的最少数目。正如下面介绍的那样，直方图也可以根据数据分布的聚类分析进行划分。

（3）基于熵的离散化

熵在香侬的信息论中首次引进。基于熵的离散化是一种监督的、自顶向下的分裂技术。它在计算和确定区间边界时利用属性的分布信息。为了离散数值属性 A，该方法选择 A 的具有最小熵的值作为分裂点，并递归地划分结果区间，得到分层离散化。这种离散化形成 A 的概念分层。

基于熵的离散化可以减少数据量。与迄今为止提到的其他方法不同，基于熵的离散化使用全部属性信息。这使得它更有可能将区间边界定义在准确位置，有助于提高分类的准确性。

（4）聚类分析

聚类分析是一种流行的数据离散化方法。通过将属性 A 的值划分成簇或组，聚类算法可以用来离散化数值属性 A。聚类考虑 A 的分布以及数据点的邻近性，因此，可以产生高质量的离散化结果。遵循自顶向下的划分策略或自底向上的合并策略，聚类可以用来产生 A 的概念分层，其中每个簇形成概念分层的一个节点。在前者，每一个初始簇或划分可以进一步分解成若干子簇，形成较低的概念层。在后者，通过反复地对邻近簇进行分组，可以形成较高的概念层。

（5）根据直观划分离散化

按照用户的使用习惯来对数值区域进行划分。因为许多用户希望看到数值区域划分为相对一致的、易于阅读、看上去直观或"自然"的区间。例如，更希望将月收入划分成像［50 000 元，60 000 元］的区间，而不是像由某种复杂的聚类技术得到的［51 263.98 元，60 872.34 元］那样的区间。再比如考虑一所大学，它有许多系，因而系名属性可能具有数十个不同的值。在这种情况下，我们可以使用系之间联系的知识，将系合并成较大的组，如信息科学、社会科学或生物科学。

习 题

1. 数据按照不同的分类标准可以分为多种类型，请介绍数据的一种分类标准。

2. 在现实数据中，元组在某些属性缺少值是经常发生的事。请描述处理该问题的各种方法

3. 简述数据集成需要考虑的问题。

4. 假设 12 个学生成绩已经排序，如下所示：

55，60，65，69，78，80，82，86，90，92，94，96

使用如下各方法将它们划分为三个箱：（1）等深划分；（2）等宽划分；（3）聚类。

5. 如何确定数据中的离群点？对于数据光滑，还有哪些其他方法？

6. 如下规范化方法的值域是什么：（1）$\min-\max$ 规范化；（2）零－均值规范化；（3）小数定标规范化。

7. 使用如下方法规范化如下数据组：

200，300，400，600，1000

（1）令 $\min=-1$，$\max=1$，最小－最大规范化；（2）零—均值规范化；（3）小数定标规范化；

8. 使用流程图概述如下属性子集选择过程：(1)逐步向前选择；(2)逐步向后删除；(3)向前选择和向后删除的结合。

9. 对如下问题，使用伪代码或你喜欢用的程序设计语言，给出算法：

(1)对于分类数据，基于给定模式中属性不同值的个数，自动产生概念分层；

(2)对于数值数据，基于等宽划分规则，自动产生概念分层；

(3)对于数值数据，基于等频划分规则，自动产生概念分层。

10. 数据库系统中对鲁棒的数据加载提出了一个挑战，因为输入数据常常是脏的。在许多情况下，数据记录可能缺少多个值，某些记录可能被污染(即某些数据值不在期望的值域内或具有与期望不同的类型)。请设计一种自动数据清理和装载算法，使得有错误的数据被标记，污染的数据在数据加载时不会错误地插入到数据库中。

第 3 章　数据存储

随着数据量的不断增大，加之数据类型多种多样，数据的粒度区别很大，单纯依靠传统数据库很难解决数据存储问题，为了解决这些问题，提高系统的效率，需要引入数据仓库的概念。其中数据存储是数据仓库的核心层。数据仓库主要存储三个层次的数据，如图 3 - 1 所示。

源数据层：是从外部数据源中得到的数据，主要从操作型数据库和业务系统中获得。源数据层的数据一般是未经修改的数据，且需要全部保存，这样高层数据丢失时可以从源数据层恢复出原始数据。

基础数据层：主要用于保存从源表数据中通过数据预处理技术（数据抽取、数据加载、数据转换等）得到的数据。

数据集市层：按主题来保存的数据，主要为了满足用户的需求。它的数据可以直接从基础数据层获取数据，且不需要保存历史数据。

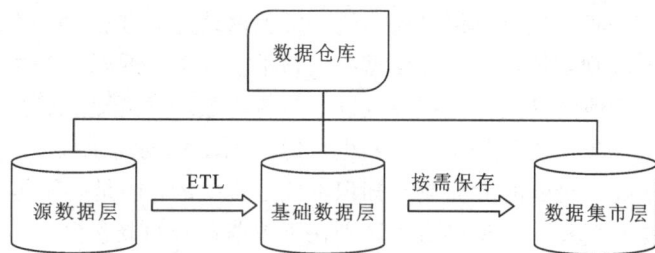

图 3 - 1　数据仓库的数据存储层次

本章主要介绍数据仓库的数据存储，包括数据仓库的数据模型（3.1 节），元数据存储（3.2 节）、数据集市（3.3 节）及大数据存储技术（3.4 节）。

3.1　数据仓库的数据模型

数据模型是抽象描述现实世界的一种工具和方法，只有将现实世界中的事物及其相关特征转化为信息世界中的数据，现实世界中的事物才能被管理，这依赖数据模型作为这一转化的桥梁。这种转化主要经历了三次变化，如图 3 - 2 所示。第一次是从现实世界到概念模型，第二次从概念模型到逻辑模型，最后是从逻辑模型到物理模型的转换。

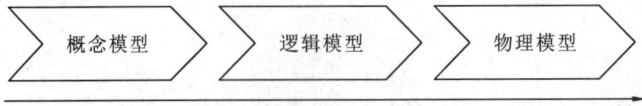

图 3 - 2　数据仓库模型的层次模型划分

与传统数据库的数据模型一样，数据仓库中描述的数据模型也包括三部分：数据结构、数据操作、数据约束。数据结构指数据的内容、类型、属性和数据之间的联系等，数据结构是数据模型的基础，数据的操作和数据的约束，都是基于数据结构，且不同的数据结构具有不同的操作和约束。数据操作是指在相应数据结构基础上的操作方式和操作类型。数据约束指的是数据结构中数据含义、词法的联系与制约关系以及数据动态变化的规则，以确保数据的正确。

数据模型的建立是建立数据仓库的第一步。数据模型决定了数据仓库的分析类型、分析程度、效率和响应时间。因此，数据模型应当具有良好的适应性和易修改性。当用户的需求发生变化时，只需要对模型做出相应的变化就能反映这种变化。

本节主要介绍了数据仓库的概念模型(3.1.1 节)，数据仓库的逻辑模型(3.1.2 节)，数据仓库的物理模型(3.1.3 节)。

3.1.1　数据仓库的概念模型

概念模型是对数据仓库中所涉及的现实世界中的所有客观实体进行科学的、全面的分析和抽象，为数据仓库的构建制定出"蓝图"。概念模型的建立是构建数据仓库的第一步。概念模型必须能够提供一种从概念和语义层描述多维数据结构的方法，以确保能够准确理解与数据仓库相关的所有客观实体并包含在模型中。它不包含实体的属性，也不用定义实体的主键，这是概念模型与其他两种模型的主要区别。与传统数据库的概念模型一样，数据仓库的概念模型必须具有对抽象应用建模的能力，也可以根据用户的需求设计出用户视图。因此，在设计概念模型时，拥有足够的专业业务知识不仅是重要的，还是必不可少的。传统关系数据库概念模型与数据仓库概念模型的最大区别在于数据仓库的概念模型是一个多维模型，其中心是事实表。事实是人们对决策支持、数据分析或预测分析感兴趣的地方，一般来说，它们用来模型化企业或者部门需要决策分析的目标或惯性所需的时间。例如，商店关心的是不同类型的顾客的购买情况，酒店关心的是不同时期顾客的入住情况等。

进行概念模型设计所要完成的工作有：界定系统边界，即进行任务和环境评估、需求收集和分析，了解用户迫切需要解决的问题及解决这些问题所需要的信息，要对现有数据库中的内容有一个完整而清晰的认识；确定主要的主题域及其内容，即要确定系统所包含的主题域，然后对每一个主题域的公共码键、主题域之间的联系、充分代表主题的属性组进行较为明确的描述。

数据仓库的概念模型设计可以采用两种方法：E - R 模型和面向对象的分析方法。

1. E－R 模型

E－R 模型描述的是主题以及主题之间的联系。用 E－R 模型进行概念模型设计的过程如下：

(1)任务和环境的评估。

(2)需求的收集和分析。

(3)主题的选取，确定主题间的关系。主题选取的原则如下：

①优先实施管理者目前最迫切需求、最关心的主题。

②优先选择能够在较短时间内发生效益的决策主题。

③推后实施业务逻辑准备不充分的主题。

④推后考虑实现技术难度大、可实现性较低、投资风险大的主题。

(4)主题内容描述。描述的内容包括：

①主题的公共码键。

②主题之间的联系。

③充分代表主题的属性组。

(5)E－R 图。E－R 图建模流程如图 3－3 所示。

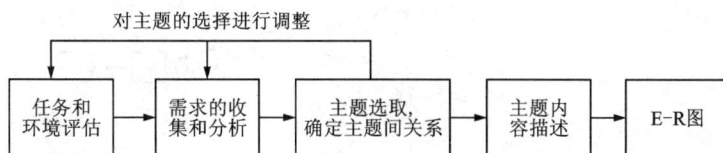

图 3－3 E－R 图建模流程

2. 面向对象的方法

采用面向对象的方法进行概念模型设计时，E－R 模型中的实体转化为面向对象系统中的类，E－R 模型中实体的属性对应面向对象系统中类的属性，E－R 模型中实体间的关系表现为面向对象系统中类之间的关系。类常用的图形表示方法是类表。在面向对象的方法中，类之间存在三种关系：继承、包容和关联。如图 3－4 所示为面向对象方法建模流程。

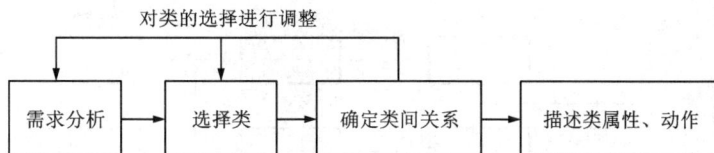

图 3－4 面向对象方法建模流程

3.1.2 数据仓库的逻辑模型

目前数据仓库一般建立在关系数据库基础之上。因此,在数据仓库的设计中采用的逻辑模型就是关系模型,无论是主题还是主题之间的联系,都用关系来表示。逻辑模型描述了数据仓库的主题的逻辑实现,对于关系数据库来说,就是每个主题所对应的关系表的关系模式的定义。它能直接反映出业务部门的需求,同时对系统的物理实施有着重要的指导作用。逻辑模型是从概念模型到物理模型的中间层次,因此也被称为中间模型。它是高层概念模型的一个细分,一般来说,高层概念模型中的每个主要实体或主题域都需要建立一个对应的逻辑模型。高层概念模型和逻辑模型的对应关系如图 3-5 所示。其中概念模型有 4 个实体域或主题域,每个实体在逻辑层中都有一个相应的模型。

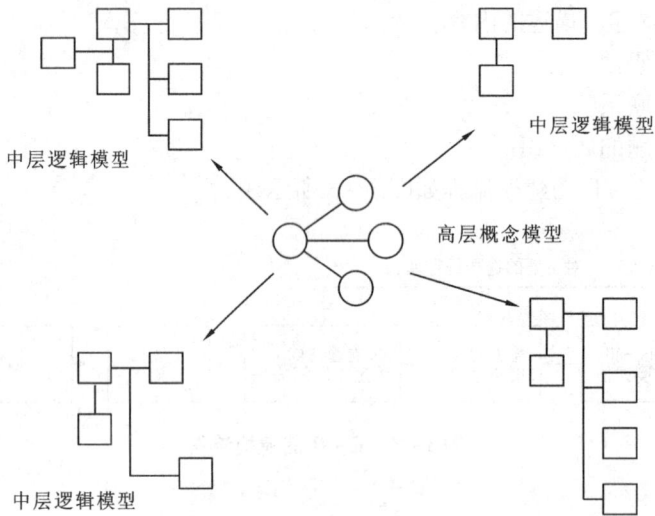

图 3-5　概念模型与逻辑模型的对应关系

逻辑模型中有四个基本结构:初始化数据组、二级数据组、连接数据组和类型数据组,如图 3-6 所示。

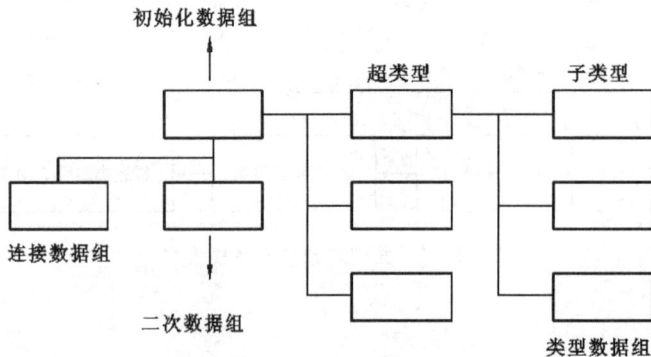

图 3-6　逻辑模型的基本结构

（1）初始化数据组。存在唯一的实体，它体现了实体的本质属性。与所有的数据组一样，初始化数据组包含属性和键码。

（2）二级数据组。每个主要实体可以拥有一个或多个二级数据组，初始化数据组中有一链接指向二级数据组。有多少个可以出现多次的不同数据组，就含有多少个二级数据组。

（3）连接数据组。本组实体与其他实体之间的联系体现了高层概念模型中实体之间的关系。借助连接数据组，初始化数据组与二级数据组之间的联系得以体现，二级数据组因而可以对初始化数据组的内容做出详细说明。

（4）类型数据组。它可以理解为在初始化数据组实体域下，逐级划分的分类数据。主要有左边的超类型数据和右边的子类型数据。

以银行的数据仓库中客户信息为例，其中，客户的基本情况表示初始化数组数据，包含账号、客户姓名、客户内容等信息；客户的变动情况可以用二级数组数据表示，包含账号、住址、文化程度、电话等信息；客户的交易记录、客户的信用状态、客户的信息反馈记录等表示超类型数据；现金交易或者信用卡交易可以用来表示子类型数据。

通过中层逻辑模型的设计，可以向系统用户提供比概念模型更为详细的设计结果。进行逻辑模型设计所要完成的主要工作有：分析主题域，定义逻辑模型；数据粒度层次的划分；确定数据分割策略；增加导出字段。

1. 分析主题域，定义逻辑模型

逻辑模型主要有两种，星型模型包含三种逻辑实体：事实表、维度表和对应联系。事实表是星型结构的核心，一般由两个部分组成，一部分是主键和外键结合而成的键部分，另一部分是用户在数据仓库中想知道的数值指标。事实表是数据仓库中最大的表，它包含许多的基本业务的详细信息。维度表是用户分析数据的窗口。同时，维度表包含有业务项目的文字描述，维度设计提供了维度属性的定义。对应联系是指维度表和事实表不是绝对的。同一个表，可能同时是维度表和事实表，也可能有时是维度表有时是事实表。一个事实表可以对应多个不同的维度表，一个维度表也可以对应不同的事实表。雪花模型是对星型模型的进一步细化，在维度表的层次上更进一层以改善查询性能。

下面是对星型模型与雪花模型的比较：

（1）星型模型通过预连接和建立有选择的数据冗余，为用户访问和分析过程大大简化了数据。

（2）星型模型效率比较高，因为雪花模型维度表层次多，查询的时候连接操作较多。

（3）雪花模型通过最大限度地减少数据存储量以及联合较小的维度表来改善查询性能。

（4）雪花模型增加了用户必须处理的表数量，增加了某些查询的复杂性，但这种方式可以使系统进一步专业化和实用化，同时降低了系统的通用程度。

（5）雪花模型的维度表是规范化形式，以便减少冗余，易于维护，节省存储空间。

在选择逻辑模型时一般首选星型模型，因为星型模型的结构效率优于雪花模型，但是如果存储空间存在瓶颈或者维护方面要求简便性时，可以选择雪花模型。

2. 数据粒度层次的划分

数据仓库中数据量不同，需要解决的问题多种多样（细节问题、综合问题），因此，不同的问题采用不同的数据粒度级别。在数据量较小的环境下，可以采用单一的数据粒度；对于大数据量，需要采用双重或多重粒度。单一数据粒度直接存储细节数据并定期在细节数据基础上进行数据综合。双重数据粒度对于细节数据只保留近期的数据在数据仓库中，当到达保留周期时，将距离当前较远的数据导出到磁盘上，从而为新的数据腾出空间。数据仓库中只保留在细节数据保留周期内的数据，对于这个周期之后的信息，数据仓库只保留其综合数据。

单一粒度和双重粒度的区别在于细节数据在数据仓库的高速存储设备中存储的时间长短不同。在使用双重粒度时，一个重要的参数是细节数据的保留周期，这个周期对于不同行业、不同需求可能有不同的答案。无论是单一粒度还是双重粒度，在数据仓库中都存在多重综合层次的数据。有三个因素会影响粒度层次的划分：一是数据仓库中要接受的分析数据类型，粒度层次越高，就越不能进行细节分析，如果低粒度层次定义为月份，就不能按照日汇总信息分析。二是数据仓库中可接受的最低粒度，粒度划分策略要保证数据的粒度确实能够满足用户的决策分析需要。三是数据仓库能存储数据的存储容量也影响数据粒度层次的划分，若存储容量有限，则只能采取较高粒度的数据划分策略。

3. 确定数据分割策略

数据分割的定义是将逻辑上统一的数据分散到各自的物理单元中去以便能分别处理，提高数据处理效率。数据分割后的数据单元称为分片。在确定粒度之后，需要考虑的是表的分割策略。数据分割是为了便于数据仓库中数据的重组、索引、重构、恢复等操作，常用的分割策略是按照时间、地域、业务领域进行。在进行数据分割时要考虑诸多因素。如数据量较小，可以不进行分割，或只用单一标准进行分割；数据量较大，应当采用多重标准的组合来细致地分割数据。分割标准应简单易行，分割策略粒度的划分策略应统一，同一粒度层次上的数据需要进行分割时，应当按照划分粒度层次时使用的标准进行分割。数据仓库中的数据追加频率不同，有的快，有的慢，将不同变化频度的数据放在不同的表中进行更新处理。

4. 增加导出字段

在数据粒度、分割策略确定之后，可以将表格按照数据粒度、分割策略的需求定义新表，并为各个表增加合适的时间字段。导出字段是在原始数据的基础上进行总结或计算而生成的数据，这些数据可以在以后的应用中直接利用，可避免重复计算。

3.1.3　数据仓库的物理模型

物理模型是逻辑模型在数据仓库中的实现，如数据存储结构、数据索引策略、数据的存储策略以及存储分配优化等。

数据仓库中包含巨量数据，为了提高数据的访问效率和可靠性，必须认真选择数据的存储结构。对于数据存储问题的解决，有两种可选的方式：分布存储方式和集中存储方式。数据分布存储是采用磁盘阵列在多个节点间分布的方式来存储数据。数据集中存储是将现有的SAN 或 NAS 系统作为服务器的存储部分。

在数据仓库中由于数据量很大，需要对数据的存取路径进行仔细设计和选择，建立专用的复杂的索引，以获得最高的存取效率。数据仓库中的数据是不常更新的，即每个数据存储是稳定的。索引一旦建立几乎不需要再维护。常见的索引技术有 B－Tree 索引、位索引技术、标识技术、连接索引。

数据的存储策略主要包含三类：一是表的归并，在进行分析处理时，涉及的表存储时放到一起，可大大减少磁头定位时间，提高 I/O 效率，这种将多个表中相互关联的记录相邻存储的方式称为合的归并。二是分割表的存放，为了便于数据的访问，可以在逻辑设计中对大表进行分割。需要访问大表中某类数据时，只需访问分割后的对应小表，从而提高访问效率。在某些情况需要对整个大表也就是分割后的所有小表进行访问，比如进行一次汇总计算。如果希望系统能够并行地读取多个小表，可以将分割后的表在物理上采用分布化的存储，从而达到并行读取的目的。三是数据按列存储，数据按列存储是指同一列数据相邻存储，同一列数据具有相同的数据类型，按列存储有许多优点，如读取方便、索引方便、统计方便等。

存储分配优化是解决诸如数据块大小、缓冲区单元大小及个数同系统配置相关的问题，通常不同的数据仓库厂商都会根据其产品的应用实例给出推荐的配置参数，设计人员可以参考这些数据，系统配置还要在系统维护过程中根据实际情况（数据的增长速度、用户查询的数量和额度）进行调整。

这三个过程是实现数据仓库的三个关键的步骤，是从抽象到具体、不断细化完善的分析、设计和开发的过程。

3.2　元数据存储

元数据最早被用在图书馆的卡片目录中，卡片目录告诉读者图书馆的藏书，它们的作者、摘要、出版社、出版日期以及书的存放位置。通过卡片目录，读者能够快速地找出自己需要的书，离开了卡片目录，要寻找书籍是非常困难的，有时甚至是不可能的。随着数据仓库技术的不断发展，企业的数据逐渐变成了决策的主要依据，对元数据进行科学、有效地管理也越来越重要。

本节主要介绍了元数据的概念（3.2.1 节）、元数据的分类方法（3.2.2 节）、元数据的管理（3.2.3 节）及元数据的作用（3.2.4 节）等。

3.2.1　元数据的概念

随着数据仓库技术应用的不断发展，元数据已成为全面管理企业信息的关键。元数据是关于数据的数据，它是一个数据字典，用于建立、管理、维护和使用数据仓库。元数据管理是企业数据仓库的关键组件，贯穿于建立数据仓库的整个过程之中。典型的元数据包括数据仓库表的结构、从数据源到数据仓库的映射、数据仓库的源数据、数据表的属性、数据模型的规范说明、抽取日志、访问数据的程序等。元数据和数据的关系就像数据和自然界的关系。数据反映了现实世界的交易、事件、对象和关系，而元数据反映了数据的交易、事件、对象和关系。

3.2.2　元数据的分类方法

元数据的分类方式有很多，以下是从 6 个方面对数据仓库中的元数据分类。

1. 按元数据的类型分类

根据数据仓库系统中的基本数据或数据处理过程的数据，将数据仓库的元数据划分为：

（1）基础数据的元数据：基础数据是指数据仓库系统中所有的数据源、数据集市、数据仓库和应用中的数据。因此，这种元数据包含了数据仓库系统中关于数据源、数据仓库和数据集市的结构信息。

（2）数据处理的元数据：数据处理元数据是数据仓库系统中与数据处理过程紧密相关的元数据，它包括数据加载、清理、更新、分析和管理信息。

2. 按抽象层次分类

在建立数据仓库系统的过程中，元数据可以分为逻辑元数据、概念元数据和物理元数据，这三种元数据对应着数据建模的三个阶段。概念元数据在自然语言的描述中应用，它包括数据仓库所有事务的信息，还包括与应用系统、预定义查询和分析应用相关的信息。逻辑元数据应用数学语言的描述，它从某种程度而言是概念元数据的更深层次的描述。物理元数据是关于数据仓库实现的最底层信息，包括事务规则、SQL 编码、关系索引文件和分析应用代码等。

3. 从用户的角度进行分类

从数据仓库系统用户的角度来看，数据仓库元数据可以分为商业元数据和技术元数据。一般来说，将元数据分为两类就是将元素数据分为商业元数据、技术元数据。其中商业元数据是为系统最终的用户服务的，其目的是让用户了解系统的操作，以便更好地使用数据仓库系统为其服务。技术元数据是为数据仓库系统管理员和系统应用开发人员服务的，目的是使数据仓库系统的开发和维护人员能够更好地进行各项操作。技术元数据支持系统开发与维护，也支持管理系统环境中所有的分析、设计、开发和管理人员。它是连接开发工具、应用程序和系统的技术桥梁。商业元数据则使得企业数据仓库环境的服务更易被最终用户所理解，它提供了方便的浏览导航和数据查询服务，用于解释商业目标和过程。

4. 从元数据来源分类

根据数据仓库系统元数据来源的不同可把元数据分成：

（1）工具元数据：工具元数据是指由 ETL（数据抽取、数据转换、数据装载）组件、数据仓库设计工具等产生的元数据。

（2）资源元数据：资源元数据是指由操作系统、数据集市、数据库和数据字典生成的元数据。

（3）外部元数据：外部元数据指的是从本地数据仓库系统以外的其他系统输入的元数据。如业务系统数据库中的数据。

5. 从元数据目的角度分类

由于数据仓库系统元数据的应用目的不同，元数据可以根据相应活动进行分类，如数据抽取和转换、数据挖掘、构建多维视图和数据展示等。从某种意义上讲，这种元数据分类方法不是特别清晰和完善。作为一种补充，数据仓库元数据也可分为：管理和维护元数据、更新元数据和分析元数据。

6. 从元数据生成和使用的情况分类

根据这种分类标准，数据仓库的元数据可以分为：

(1)在数据仓库设计阶段收集的元数据是指数据仓库资源规划定义、访问权限和转换规则等。

(2)在数据仓库建设阶段产生的元数据是指数据仓库的日志文件、特殊数据轨迹、数据质量属性。

(3)在数据仓库运行阶段产生的元数据是指数据仓库运行日志文件、进度表、使用统计和工作规范等。

总之，从不同的角度来看，数据仓库的元数据可以分为不同的类别，数据仓库元数据的分类对于数据仓库元数据管理的其他工作如：存储、更新、维护、集成和交换等有重要的影响。目前，数据仓库系统的元数据主要按照系统用户的不同分为技术元数据和商业元数据两大类。

3.2.3　元数据的管理

数据仓库元数据管理主要包括元数据的分类、存储、更新、维护、集成和交换。元数据管理有两个目的，首先是尽量减少数据仓库系统管理的工作量。其次是最大程度地提高数据仓库的数据抽取质量。具体来说，元数据管理的第一个目标主要考虑数据仓库不同处理过程的自动化、支持数据仓库系统的集成、增强数据仓库复杂安全机制、支持新的事务处理建模和应用的分析与设计、提高数据仓库系统的灵活性和现有软件模块的可重用性，第二个目标主要考虑如何有效地从数据仓库数据中抽取有用信息，提高数据仓库中数据质量，改善查询、检索和应答质量，进而提高数据分析的质量。元数据管理的具体内容如下：

(1)获取并存储元数据

数据仓库中数据的时间跨度较长。源系统可能会发生变化，则与之对应的数据抽取方法、数据转换算法以及数据仓库本身的结构和内容也有可能变化。因此，数据仓库环境中的元数据必须具有跟踪这些变化的能力。

(2)元数据的集成

不论是管理元数据和用户元数据，还是来自源系统数据模型的元数据和来自数据仓库数据模型的元数据，都必须以一种用户能够理解的统一方式集成。元数据集成是元数据管理中的难点。

(3)元数据的标准化

每一个工具都有自己专用的元数据，不同的工具中存储的同一种元数据必须用同一种方式表示，不同工具之间也应该可以自由、容易地交换元数据。元数据标准化是对元数据管理提出的另一个巨大挑战，目前尚未形成全行业内统一的标准。

(4)保持元数据同步

关于数据结构、数据元素、事件、规则的元数据必须在任何时间在整个数据仓库中保持同步。如果数据或规则变化导致元数据发生变化时，这个变化也要反映到数据仓库中。

目前，实施对元数据管理的方法主要有两种：对于相对简单的环境，按照通用的元数据管理标准建立一个集中式的元数据知识库；对于比较复杂的环境，分别建立各部分的元数据管理系统，形成分布式元数据知识库，然后，通过建立标准的元数据交换格式，实现元数据的集成管理。

常见的元数据管理工具包括：数据抽取工具如 DataStage、Decision Base、Extract 等；数据建模工具如 Erwin、Power Designer、Rose 等；元数据存储工具如 Repository、MetaStage 等；前端展现工具如 DSS Agent、Brio 等。

3.2.4　元数据的作用

元数据为数据仓库的开发和使用提供了一致性文档，帮助用户理解系统。元数据的主要作用分为以下四点：

(1)元数据是进行数据集成所必需的

集成性是数据仓库的最大特性。元数据的集成性不仅体现在数据上，还体现在数据仓库项目的整个过程当中。一方面，为了方便能快速找到数据存储的位置，需要将从各个数据源中提取出来的数据按照一定的规则存储在数据仓库中；另一方面，在数据仓库项目的整个实施过程中，一般来说，直接建立数据仓库往往成本会很高，因此在实践过程中，人们一般会按照统一的数据模型，首先建立数据集市，然后在数据集市的基础上再建立数据仓库。不过，随着数据集市数量增多，很容易形成"蜘蛛网"现象，然而元数据管理是解决"蜘蛛网"的关键。如果在最开始建立数据集市的过程中重视了元数据管理，在集成到数据仓库中时就会比较顺利；相反，如果在建设数据集市的过程中忽略了元数据管理，则最后的集成过程就会变得很困难，甚至不可能实现。所以说，元数据是进行数据集成所必须的。

(2)元数据定义的语义层能够帮助最终用户理解数据仓库中的数据

最终用户可能不了解数据库技术，不能像数据仓库系统管理员或开发人员那样熟悉数据库的各种技术，因此，迫切需要有一个"翻译"，能够使最终用户很容易地理解数据仓库中各种数据的含意。元数据可以实现业务模型与数据模型之间的映像，因此，可以把数据以用户需要的方式转换出来，从而帮助最终用户理解和使用数据。

(3)元数据是保证数据质量的关键

数据集市或数据仓库在建立好以后，使用者在使用他们的时候，往往会对数据产生的怀疑。这些怀疑主要是由于最终的使用者看不到底层数据，使用者很自然地对结果产生怀疑。最终的使用者能够通过元数据管理系统对各个数据的来龙去脉以及数据抽取和转换的规则都会很方便地得到，这样他们自然会对数据可信度具有信心；当然用户也可快速地发现数据所存在的质量问题，及时做出响应。

(4)元数据可以支持需求变化

企业的需求随着信息技术的发展和企业职能的变化而不断地改变，构造出一个随着需求改变而平滑变化的软件系统是软件工程领域中的一个重要问题。一般的信息系统是通过文档来适应需求变化的，但是仅仅通过文档还是远远不能满足需求。一个好的元数据管理系统可以把整个业务的工作流、数据流和信息流有效地管理起来，使得系统不依赖特定的开发人员，从而提高系统的可扩展性。

3.3　数据集市

数据仓库能够满足所有最终用户的需求,但是由于各个部门的业务不同,需求的侧重点不同,而且需求也是不断变化的,这要求数据仓库存储的数据要具有充分的灵活性,以适应各类用户的查询和分析。同时,最终用户对信息检索要求是高性能的,即越快越好。对数据仓库而言,灵活性和性能是一对矛盾体。提高灵活性就要存储各种历史数据,但是一个特定的查询要关联很多表,性能就不能得到保证。为了解决这一矛盾,数据仓库增加了数据集市。数据集市是为特定用户需求而预先计算、存储好的数据,能满足用户对性能的要求。数据仓库的开发周期较长、投入较大,规模小的企业无法承担,而数据集市能够快速地解决灵活性和性能的问题,并且投资规模比数据仓库小得多。

本节主要介绍了数据集市的概念、数据集市的类型和数据集市的建立。

3.3.1　数据集市的概念

数据集市是一个更小、更集中的数据仓库。简单地说,原始数据从数据仓库流向不同的部门,以支持这些部门的定制化使用。这些部门级的数据库就称为数据集市。数据集市是一个部门所有数据的集合。数据集市是为某个特定部门的决策支持而组织起来的一批数据和业务规则,它们习惯上被称为“主题域”。每个部门都有自己的“主题域”,且不一定相同,所以数据集市也是不同的。例如,在一个学校信息管理的数据仓库中,财务部门有自己的数据集市,教务处也有自己的数据集市,它们之间可能有关联,但相互不同且在本质上互为独立。

不同的数据集市可以分布在不同的物理平台上,也可以逻辑地分布在同一物理平台上。这种灵活性使得数据集市可以独立地实施,企业人员可以快速准确地获取信息。同时,数据集市也提供了分布式数据仓库的思想,如果按照数据的地理分布来组织数据集市,那么就形成了一个地理上分布的数据仓库。此外数据集市还具有规模小、灵活等优点。数据集市也存在一些缺点。建立数据的部门是相互隔离的,相互之间不能就标准、流程、知识及经验教训方面等进行沟通,这将导致大量重复劳动及重复分析。数据集市一般是为不同部门建立的,这些数据集市没有集成,没有一个会包含整个企业的视图,因此不同数据集市对相同问题的分析可能会产生不同的结果。

对数据集市的理解常常存在以下几个误区:

(1)单纯地用数据量的大小来区分数据集市和数据仓库。这种判断方法是错误的,数据量的大小不是数据集市的主要特征,不能单纯地用数据量的大小来定义数据集市。

(2)数据集市容易建立。一个单纯的数据集市确实比数据仓库的复杂程度低一些,数据集市只针对需要解决的特定问题,但是围绕数据获取的很多复杂问题并没有减少。数据集市往往要从多个数据源中提取数据,过程和数据仓库类似。

(3)数据集市容易升级到数据仓库。数据集市是针对特殊的业务需求而采取的特定应用的数据模型,不可能易于伸缩,因此,追加数据、扩展数据都将非常困难。

一个设计良好的数据集市具有以下特征(一些特点数据仓库也有,一些特点是相对于数据集市来讲的):

(1)特定用户群体所需的信息通常是一个部门或一个特定组织的用户,并且不受源系统

（相对于数据仓库）大量需求和操作性危机的影响。

（2）支持访问非易变的业务信息。（非易变的信息是以预定的时间间隔更新且不受 OLTP 系统进行中的更新的影响。）

（3）协调组织中多个运行系统的信息，比如学生成绩、选课信息、学科建设和科研成果以及组织外部的系统数据。

（4）为即席分析和预定义报表提供合理的查询响应时间（因为数据集市是部门级的，与庞大的数据仓库相比，查询和分析的响应时间会大大减少）。

3.3.2 数据集市的类型

数据集市可以分为两种，一种是从属型数据集市，一种是独立型数据集市。

从属型数据集市的数据来自于企业级数据仓库，是企业级数据仓库的子集。各数据集市中数据的组织、格式和结构在整个系统中保持一致，一般为那些访问数据仓库十分频繁的关键业务部门建立从属型数据集市，这样可以更好地提高查询反应速度。独立型数据集市是指它的数据直接来源于各操作数据环境，当为各个部门建立相关数据集市后，这些数据集市之间相互独立，可能具有不同的数据存储类型。

数据仓库规模大、周期长，小规模企业用户难以承担。因此，独立型数据集市作为解决企业当前存在的实际问题的一种快速有效的方法，已成为一种既成事实。独立型数据集市是为满足特定用户（通常是部门级）的需求而建立的分析型环境，它能很快地解决一些具体问题，并且投资规模也比数据仓库小得多。独立型数据集市的存在会给人们造成错觉，似乎可以先构建独立数据集市，当数据集市达到一定的规模再直接转换为数据仓库。多个独立的数据集市的累积，是不能形成一个企业级的数据仓库的，这是由数据仓库和数据集市本身的特点决定的，数据集市为特定部门所用，各个集市之间存在不一致性是不可避免的。因为脱离数据仓库的缘故，当多个独立型数据集市增长到一定规模之后，由于没有统一的数据仓库协调，企业只会是增加了一些信息孤岛，仍然不能以整个企业的视图分析数据。借用 Inmon 的比喻就是：我们不可能将大海里的小鱼堆在一起就构成一头大鲸鱼。这也说明了数据仓库和数据集市有着本质的不同。

如果企业最终想建设一个全企业统一的数据仓库，想要以整个企业的视图分析数据，独立型数据集市恐怕不是合适的选择，也就是说"先独立地构建数据集市，当数据集市达到一定的规模再直接转换为数据仓库"是不合适的。从长远的角度看，从属型数据集市在体系结构上比独立型数据集市更稳定，可以说是数据集市未来建设的主要方向。

3.3.3 数据集市的建立

数据集市的开发方法有自上而下和自下而上两种，不同类型的数据集市采用不同的开发方法。

1. 自上而下的开发方法

从属型数据集市采用的是自上而下的方法。首先建立企业的数据仓库，然后从企业级的数据仓库中为各个部门抽取必要的数据建立部门级的数据集市。这种方法有利于维护全局数据的一致性。但是一步建立一个企业级的大规模数据仓库，项目实施的周期很长，难度和投资都很大，风险高。

2. 自下而上的开发方法

自下而上的开发方法是先从数据集市入手，就某一个特定的主题，先构建独立的数据集市，当数据集市达到一定的规模，再从各个数据集市进行数据的再次抽取，以建立企业级的数据仓库。这种方法可以先建立重要的数据集市，然后再逐步扩大，具有实时快速、失败风险小的特点。但是数据集市一般是为不同的部门建立的，每一个数据集市对数据的视角比较窄，各数据集市中难免有矛盾不一致的数据，因此建立数据仓库时必须进行数据的再次 ETL 转化。

后来，有学者推崇将两种开发方法结合起来的折衷方法。先从整个企业的角度来计划和定义需求。为完整的数据仓库创造一个体系结构，使数据内容一致而且标准化，最后将数据仓库作为一组超级数据集市来实施，每次可建立一个数据集市。在这种方法中，数据集市是整个数据仓库的逻辑子集，数据仓库是统一化了的数据集市。

3.4 大数据存储技术

虽然数据仓库技术自诞生之日起的十多年里一直被用来处理大数据，但是"大数据"这个名词却是近年来随着以 Hadoop 为代表的一系列分布式计算框架的产生发展才流行起来的。大数据是这样的数据集合，它是传统数据处理软件难以处理的大量数据集。大数据的挑战包括数据分析、数据存储、数据分析、搜索、共享、传输、可视化、查询、更新和信息安全等。

本节主要介绍了大数据的概念(3.4.1 节)、传统数据库的局限(3.4.2 节)、NoSQL 数据库(3.4.3 节)及几种主流的 NoSQL 数据库(3.4.4 节)。

3.4.1 大数据的概念

"大数据"这个术语不是指一个特定大小的数据集，它通常指的是对很大的数据应用预测分析、用户行为分析或某些其他高级的数据分析方法。通过这些方法能从数据中抽取出有用的信息，使数据产生价值。通过分析数据可以发现新的关联，可以用来发现商业趋势、预防疾病、打击犯罪等。因此，大数据更像是一套处理数据的方法和解决方案。如果非要给出一个定量的标准，大数据的数据量至少是 TB 级别的，在当前这个信息爆炸的时代，PB 级别的数据量已经较为常见了。用于分析的数据量越大，分析得到的结果就越精确，基于分析结果做出的决策也就越有说服力，而更好的决策能够降低成本、规避风险、提高业务运营的效率。大数据所包含的数据集合的大小通常超越了普通软件工具的处理能力，换句话说，普通软件没办法在一个可以容忍的时间范围内完成大数据的获取和处理。大数据的数据量一直在飞速增长，一般处理的数据集从 2012 年的几十 TB 级到现在的 PB 级甚至更大数量的数据已不新鲜。要管理如此大的数据，需要一系列的技术和方法，它们必须有新的数据整合形式，从各种各样的复杂数据中洞察有价值的信息。

IBM 用 3V 来描述大数据所拥有的特点：

(1)大容量(volume)，指数据体量巨大。

(2)多形式(varity)，是从数据的类型角度来看的，数据的存在形式从过去的以结构化数据为主转换为形式多种多样，既包含传统的结构化数据，也包含可便于搜索的半结构化数据，如文本数据，还包含更多的非结构化数据，如图片音频和视频数据。

（3）高速率（velocity）则是从数据产生效率的实时性角度来衡量的，数据以非常高的速率产生，比如大量传感器生成的实时数据。

之后，IBM 又在 3V 的基础上，增加了 value 这个维度，即价值密度低的数据称为大数据，意指大数据伴随着从低价值的原始数据中进行深度挖掘和计算，从海量且形式各异的数据源中抽取出富含价值的信息。由此可以看出，从具备 4V 特性的大量数据中挖掘高价值知识，是各界对于大数据的一个共识。

3.4.2　传统数据库的局限

传统的数据库管理主要经历了从层次数据库到网状数据库再到关系数据库的发展。

层次数据库是最早研制成功的数据库系统，层次数据库采用层次模型作为数据的组织方式。它采用树形结构来表示各类实体以及实体间的联系。层次数据库只能处理一对多的实体联系。在层次模型中，每个节点表示一个记录类型，记录类型之间的联系用节点之间的连线（有向边）表示，这种联系是父子之间的一对多的联系，容易产生数据冗余。此外，层次数据库不能表达含有多对多关系的复杂结构，容易引起数据不一致。

网状数据库是采用网状原理和方法，以网状数据模型为基础建立的数据库。网状数据模型是以记录类型为节点的网络结构，即一个节点可以有一个或多个下级节点，也可以有一个或多个上级节点，两个节点之间甚至可以有多种联系。因此网状数据模型可以更直接地描述现实世界。而层次结构实际上是网状结构的一个特例。例如，"学生"与"课程"两个记录类型，可以有"必修"和"选修"两种联系，称之为复合链。两个记录类型之间的值可以是多对多的联系，例如，一门课程被多个学生修读，一个学生选修多门课程。和层次数据库一样，网状数据库的操作语言也是过程性的，数据的逻辑独立性仍然不高，结构比较复杂，随着应用环境的扩大，数据库的结构就会变得越来越复杂，不利于最终用户掌握；网状模型的 DDL、DML 复杂，并且要嵌入某一种高级语言（C、Java）中，用户不容易掌握和使用；由于记录之间的联系是通过存取路径实现的，应用程序在访问数据时必须选择适当的存取路径，因此用户必须了解系统结构的细节，加重了编写应用程序的负担。

关系数据库是建立在关系数据库模型基础上的数据库，借助于集合代数等概念和方法来处理数据库中的数据，同时也是一个被组织成一组拥有正式描述性的表格。该表格的实质是装载着数据项的特殊收集体，这些表格中的数据能以许多不同的方式被存取或重新召集而不需要重新组织数据库表格。关系数据库的定义造成元数据的一张表格或造成表格、列、范围和约束的正式描述。每个表格（有时被称为一个关系）包含用列表示的一个或更多的数据种类。每行包含一个唯一的数据实体，这些数据是被列定义的种类。当创造关系数据库时，能定义数据列的可能值的范围和可能应用于数据值的进一步约束。而 SQL 语言是标准用户和应用程序到关系数据库的接口。其优势是容易扩充，且在最初的数据库创造之后，一个新的数据种类能被添加而不需要修改所有的现有应用软件。主流的关系数据库有 Oracle、Db2、Sqlserver、Sybase、Mysql 等。

关系数据库的数据存放在数据文件中，数据文件的基本单位是块/页，块内结构分为块头和数据区，而且数据的存储方式为按行存储，当需要读取某个列的数据时，必须装入整行。

在面向对象编程时若与关系数据库不一致，则需要利用 Hibernate、Mybatis 等进行对象关系映射，因此影响开发效率。关系型数据库没有设计在集群上运行：传统的 SQL Server 、Oracle 都是依赖于磁盘系统来实现集群。关系型数据库在单机容量达到上限的时候，扩展是非常难的，往往要根据主键进行分表；而一旦分表后，就已经违反关系型数据库的范式了，因为"同一个集合的数据被拆分到多个表"。当数据开始分布存储的时候，关系型数据库逐渐演变成依赖主键的查询系统。

3.4.3 NoSQL 数据库

在大数据时代，Web2.0 网站要根据用户个性化信息来实时生成动态页面和提供动态信息，而基本上无法使用动态页面静态化技术，因此数据库的负载非常高，往往达到了每秒上万次的读写请求。关系数据库应付上万次 SQL 查询还勉强顶得住，但是应付上万次 SQL 写数据请求，硬盘 IO 就无法承受了。

大型的 SNS 网站，每天用户产生海量的用户动态，对于关系数据库来说，在庞大的表里面进行 SQL 查询，效率是极其低下乃至不可忍受的。

此外，在基于 Web 的架构当中，数据库是最难进行横向扩展的，当一个应用系统的用户量和访问量与日俱增的时候，其数据库却没有办法像 WebServer 和 AppServer 那样简单地通过添加更多的硬件和服务节点来扩展性能和负载能力。对于很多需要提供 24 小时不间断服务的网站来说，数据库系统进行升级和扩展是件非常痛苦的事情，往往需要停机维护和数据迁移。为什么数据库不能通过不断地添加服务器节点来实现扩展呢？所以上面提到的这些问题和挑战都在催生一种新型数据库技术的诞生，这就是 NoSQL 技术。

关系数据库中的表存储的是一些格式化的数据结构，每个元组字段的组成都一样，即使不是每个元组都需要所有的字段，关系数据库也会为每个元组分配所有的字段，这样的结构便于表与表之间进行连接等操作，但从另一个角度来说，它却是造成关系数据库瓶颈的一个因素。而非关系数据库以键值对应存储，它的结构不固定，每一个元组可以有不一样的字段，每个元组可以根据需要增加一些自己的键值对，这样就不会局限于固定的结构，可以减少一些时间和空间的开销。

NoSQL 数据库具有以下特点：

（1）易扩展性。NoSQL 数据库种类繁多，但其有一个共同的特点，就是去掉了关系数据库的关系型特性，数据之间无关系，因此非常容易扩展。这在架构的层面上无形中带来了可扩展的能力。

（2）大数据量，高性能。NoSQL 数据库都具有非常高的读写性能，尤其是在大数据量下同样表现优秀。这得益于它的无关系性以及数据库的结构简单。在针对 Web2.0 的交互频繁的应用，Cache 性能不高。而 NoSQL 的 Cache 是记录级的，是一种细粒度的 Cache，所以 NoSQL 在这个层面上来说性能就要高很多。

（3）灵活的数据模型。NoSQL 无须事先为要存储的数据建立字段，随时可以存储自定义的数据格式。而在关系数据库里，增删字段是一件非常麻烦的事情。如果是数据量非常大的表，增加字段简直就是一个噩梦。这点在大数据量的 Web2.0 时代尤其明显。

（4）高可用。在不太影响性能的情况，NoSQL 可以方便地实现高可用的架构。比如 Cassandra、HBase 模型，通过复制模型能实现高可用。

3.4.4　几种主流的 NoSQL 数据库

（1）BigTable

BigTable 是一个分布式的结构化数据存储系统，它被设计用来处理海量数据——通常是分布在数千台普通服务器上的 PB 级的数据。Google 的很多项目使用 BigTable 存储数据，包括 Web 索引、Google Earth、Google Finance 等。BigTable 是一个稀疏的、分布式的、持久化存储的多维度排序 Map。Map 的索引是行关键字、列关键字以及时间戳；Map 中的每个 value 都是一个未经解析的 byte 数组。

BigTable 适合大规模海量数据、PB 级数据；进行分布式、并发数据处理，效率极高；易于扩展，支持动态伸缩，适用于廉价设备；适合于读操作，不适合于写操作；不适用于传统关系数据库。

（2）Dynamo

Dynamo 最初是 Amazon 所使用的一个私有的分布式存储系统。它将所有主键的哈希数值空间组成一个首位相接的环状序列，对于每台机器，随机赋予一个哈希值，不同的机器就会组成一个环状序列中的不同节点，而该机器就负责存储落在一段哈希空间内的数据。数据定位使用一致性哈希；对于一个数据，首先计算其哈希值，根据其所落入的某个区段顺时针地进行查找，找到第一台机，该机器就负责存储在数据库，对应的存取操作及冗余备份等操作也由其负责，以此来实现数据在不同机器之间的动态分配。

习　题

1. 数据仓库的 3 种数据模型是什么？
2. 数据仓库的 3 种数据模型之间有什么关系？
3. 元数据是如何管理的？
4. 元数据可以分为哪几类？
5. 数据集市与数据仓库的关系是怎样的？
6. 大数据的特征是什么？
7. NoSql 数据库有哪些特性？

第4章 OLAP 与数据立方体

数据仓库提供联机分析处理(OLAP)工具,用于各种粒度的多维数据的交互分析,有利于有效的数据泛化和数据挖掘。许多其他数据挖掘功能,如关联、分类、预测和聚类,都可以与 OLAP 操作集成,以加强多个抽象层上的交互知识挖掘。因此,OLAP 已经成为知识发现过程的基本步骤。本章概括性地介绍了 OLAP 技术。对于理解整个数据挖掘与知识发现过程,这种概述是必要的。特别地,我们将研究数据立方体,它是一种用于数据仓库、OLAP 以及 OLAP 操作的多维数据模型。

本章节主要介绍 OLAP 与数据立方体,包括 OLAP 的概念(4.1 节)、多维分析的基本分析动作(4.2 节)、OLAP 的数据模型(4.3 节)、数据立方体的基本概念(4.4 节)及数据立方体的计算方法(4.5 节)等。

4.1 OLAP 的概念

我们生活在大量数据日积月累的年代。分析这些数据是一种重要需求。最近出现的一种数据存储结构是数据仓库。OLAP 是数据仓库中的一种分析技术,具有汇总、合并和聚集以及从不同的角度观察信息的能力。本节主要介绍 OLAP 的定义(4.1.1 节)、OLAP 的准则(4.1.2 节)以及 OLAP 的特征(4.1.3 节)等。

4.1.1 OLAP 的定义

在决策分析的过程中,分析人员处理的数据往往不只是单一指标的值,他们希望能够不同的角度来分析某个指标或综合分析多个不同的指标,并找出这些观察值之间的关系,进而为决策提供可靠的参考依据。例如,某大学本科生培养管理办公室想了解"某校本部和某校区的本科生在 2016 年第一学期和 2017 年第一学期在高等数学结业考试中分数分布的情况,并且分数按 60~70 分、70~80 分以及 80 分以上分组"。上面的问题是很有代表性的,当要做出某些决策时,我们往往需要收集分析不同角度和不同级别的数据,例如上例就选取了信息院、商学院和土木院三个不同的院系来分析各门课程的成绩,以便于学校制定出更加合理、有针对性的课程安排。每个人都有自己观察数据的角度,我们把这种观察角度称为维度,信息院、商学院和土木院就是院系维度中的一个分类。正如例子中所表达,决策分析数据大多是多维数据,多维数据分析是决策分析的主要内容。如果我们利用传统的数据库系统及其查询工具,面对管理和处理这样复杂的数据问题时,我们将寸步难行。目前普遍为人们所接受的 OLAP 恰恰能够解决上述问题。

根据 OLAP 理事会给出的定义,联机分析处理(OLAP)是一种软件技术,它使分析人员能够迅速、一致、交互地从各个方面观察信息,以达到深入理解数据的目的。这些信息是从原始数据转换过来的,按照用户的理解,它反映了企业真实的方方面面。企业的用户对企业的观察一般都是多维的。例如销售,不仅可从销售量这个维度看,还与地点、时间等因素相关,综合以上因素就要求 OLAP 模型是多维的。

OLAP 的数据处理过程大都是将普通数据或者关系型数据进行多维数据存储,数据存储的多维性为进行多维分析提供了条件,这样才能实现联机分析处理的要求。有些情况下,多维数据库也被看成是一个超立方体,即可以沿着多个维度存储数据,为用户沿事物的任意维度方便地分析数据。

OLAP、DW与
DM的区别

OLAP 是在 OLTP 的基础上发展而来的,它们的区别包括数据库大小、操作频次、性能等,我们将这些对比情况列在表 4 – 1 中。

表 4 – 1   OLTP 与 OLAP 的对比

特性	OLTP	OLAP
特征	操作处理	信息处理
面向	事务	分析
数据	当前的,高度详细的	历史的,汇总的
存取	读/写	主要是读
操作	主关键字索引	大量扫描
视图	详细的	多维的
优先	高性能,高可用性	高灵活性,高度自治

4.1.2   OLAP 的准则

联机分析处理(OLAP)的概念最早是由关系数据库之父 E. F. Codd 于 1993 年提出的,他同时提出了关于 OLAP 的 12 条准则。OLAP 的提出引起了很大的反响,OLAP 作为一类产品同联机事务处理(OLTP)明显区分开来。尽管这十二条准则受到了部分人的质疑,但十二准则中的大部分内容得到了认可,特别是多维数据分析、一致稳定的报表性能等。经过不断的实践证明,如今当我们定义 OLAP 时,主要的参考依据就是 E. F. Codd 提出的这十二条规则。OLAP 十二条准则的具体内容如下。

1. 多维概念视图

当我们以 OLAP 分析员的角度考虑某个企业,用户往往希望拥有企业的全方位数据,通常从多维角度来看待企业,企业决策分析的目的不同,通常从不同的角度来分析和衡量企业的数据,所以数据空间本身就是多维的。因此 OLAP 的概念模型也应是多维的,使得用户可以简单、直接地操作这些多维数据。例如,用户可以对多维数据模型进行切片、切块、改变坐标。

2. 透明性

可以从两个方面理解透明性原则：一方面，在体系结构中，OLAP 处在一个对用户透明的位置。OLAP 应该是开发系统架构的一部分，这个架构能够按用户的需求嵌入到系统中的任何位置。在不影响分析工具正常使用的前提下，同时又必须保证 OLAP 工具的嵌入不会给系统带来新增的任何复杂性。另一方面，OLAP 的数据源对用户也是透明的。用户不应该接触到提供给 OLAP 工具的数据源，也不必关心 OLAP 工具获取的数据是来自于同质还是异质的数据源。

3. 可访问性

OLAP 工具应该有能力利用自有的逻辑结构访问异构数据源，并且进行必要的转换以提供给用户一个连贯的展示。为了实现上述功能，需要 OLAP 能将自己的概念视图映射到异质的数据存储上，同时数据可以被访问，在进行一定的转换后提供高质量、连贯一致的用户视图。另外必须说明的一点就是，物理数据产生于哪些系统是用户无须知道的，换句话说就是对用户来说应是透明的，这些处理应由 OLAP 工具完成而与用户分析员无关。

另外，OLAP 系统需要具备高效的存储策略，即系统存取的数据只是与分析相关的数据，对与分析任务无关的数据不进行存取。

4. 一致稳定的报表性能

面对维度的变化，OLAP 工具的报表操作性能不应逐渐被削弱。换句话说，当数据维数和数据的综合层次增加时，用户接收到的报表综合质量不应该降低，也就是说报表能力及其响应速度不应该存在明显的下降。还存在一种情况，当用户模型发生改变时，只有当计算方式未发生变动或者改变很小时，才能保证一致稳定的报表性能。

5. 客户/服务器体系结构

OLAP 是建立在客户/服务器体系结构之上的，OLAP 工具的服务器端应该足够智能，能让多客户以最小的代价连接。除此之外，服务器应该具备映射与巩固不同数据库的数据的能力。

6. 维的等同性

每个数据维度应该具有等同的结构和操作能力。当我们想添加某维上的操作时，该系统应该保证此操作可以在立方体任何维上进行，也就是说各维的操作能力是等同的，即维上的操作具有普适性。实际上，该准则是对维的基本结构和维上的操作的要求。

7. 动态的稀疏矩阵处理

OLAP 服务器的物理结构应能处理最优稀疏矩阵。面对稀疏矩阵优化任务时，需要特定的分析模式，这就要求 OLAP 服务器的物理结构能够很好地适应这种分析模式。当存在稀疏矩阵时，OLAP 服务器需要知道数据的分布情况及其高效的存取策略。

8. 多用户支持能力

OLAP 应提供并发获取和更新访问，保证完整和安全的能力。比如，当多个用户在同一分析模式上并行工作，或是在同一企业数据上建立不同的分析模型时，OLAP 工具应提供并发访问、数据完整性及安全性等功能。

实际上，OLAP 工具支持多用户是为了适合数据分析工作的特点，应该鼓励以工作组的形式来使用 OLAP 工具，这样多个用户就可以交换各自的想法和分析结果。

9. 非限定的跨维操作

计算设备必须允许跨数据维度的计算和数据操作，不能限制任何数据单元间的关系。OLAP 工具应该能够处理维与维之间的相关计算。也就是说在多维数据分析中，维与维之间的关系都是平等的。

10. 直观的数据操作

OLAP 操作要求直观易懂。如果要在维或行间进行细剖操作，都应该允许通过直观的操作分析模型来完成。即切片、切块、钻取和其他操作都可以通过直观、方便的操作来完成。

11. 灵活的报表生成

报表设备应该能以用户需要的任何方式展现信息。使用 OLAP 服务器及其工具，用户可以通过一系列目标操作来获取任何信息。相应的，报表机制也应提供此种灵活性。即根据用户的操作的不同，报表能够从不同的角度展现数据模型中分析得到的各种数据和信息，并支持按用户自定义的方式来显示。

12. 不受限制的维和聚集层次

数据维度数量应该是无限的，用户在每个通用维度上定义的聚集聚合层次应该是无限的。

经过上述详细分析，我们可以将 OLAP 十二准则总结为如表 4 - 2 所示。

表 4 - 2 OLAP 十二准则及简述

准则	简述
多维概念视图	多维角度需要多维概念视图
透明性	体系位置及数据源透明
可访问性	有能力利用自有的逻辑结构访问异构数据源，并且进行必要的转换以提供给用户一个连贯的展示
一致稳定的报表性能	面对维度的变化，报表操作性能不应显著变化
客户/服务器体系结构	服务器端应该足够智能，能让多客户以最小的代价连接
维的等同性	每个数据维度应该具有等同的结构和操作能力

续表 4 – 2

准则	简述
动态的稀疏矩阵处理	服务器的物理结构应能处理最优稀疏矩阵
多用户支持能力	应提供并发获取和更新访问，保证完整和安全的能力
非限定的跨维操作	计算设备必须允许跨数据维度的计算和数据操作，不能限制任何数据单元间的关系
直观的数据操作	OLAP 操作要求直观易懂
灵活的报表生成	报表设备应该能以用户需要的任何方式展现信息
不受限制的维和聚集层次	数据维度数量应该是无限的

4.1.3 OLAP 的特征

OLAP 是在 OLTP 的基础上发展起来的，是以数据仓库为基础的数据分析处理。它有两个特点：第一个特点是在线性，当用户提出请求时，OLAP 服务器能够快速地响应，一般能在秒级水平给出响应；第二个特点是多维分析，这正是 OLAP 分析的基础与要点。

OLAP 超过了一般查询和报表的功能，它是在一般事务操作的基础之上建立的，所以它具有更强的决策支持能力。在多维数据环境中，OLAP 为终端用户提供了复杂的数据分析功能。通过 OLAP，企业决策人员往往能够获得经聚集或钻取操作之后得到的高效数据，通过对比分析数据中的特征、变化趋势以及一些暗藏信息，决策人员往往能够更加了解企业状态并做出更贴切、更具针对性的决策，为企业创造效益。

近年来，随着人们对 OLAP 研究的深入以及 OLAP 在商业上的应用推广，有些学者给 OLAP 提出了一种简要的定义，即联机分析处理是共享多维信息的快速分析，它体现了四个特征：

(1)快速性(fast)：这正是联机分析处理"在线"特征的体现，用户对 OLAP 的响应速度有着很高的要求。量化来说，OLAP 系统应能在 5 s 内对用户的大部分分析要求做出反应，如果用户在发出请求 30 s 后仍未接收到系统的响应，那么很有可能用户会放弃此次搜索，继而改变分析主线索，影响分析的质量。

(2)可分析性(analysis)：不同的用户会存在不同的需求，也就存在不同的分析请求，面对众多种类的分析请求，这就需要 OLAP 系统应能处理用户的任何逻辑分析请求和统计分析请求。尽管系统需要一些事先的编程，但并不意味着系统事先已将所有的应用都定义好了。

(3)多维性(multidimensional)：多维性是 OLAP 的特点。这就要求系统在完成多维数据分析之后，同时也能够将分析结果以多维视图的形式提供给用户。其中包括对层次维和多重层次维的完全支持。

(4)信息性(information)：OLAP 应具备管理大容量信息的能力。也就是说不管数据量有多大以及数据的存储位置如何，OLAP 系统都应能及时获得信息用于处理。

4.2　多维分析的基本分析动作

OLAP 的目的是为管理决策人员提供一种灵活的多维数据分析手段，进而提供辅助决策信息。在多维数据模型中，数据分布在多维空间，每维包含由概念分层定义的多个抽象层。这种组织使得用户可以灵活方便地从不同角度观察数据。目前存在一些 OLAP 数据立方体操作，以物化这些不同视图，允许交互查询和分析数据。OLAP 为交互数据分析提供了友好的环境，基本的多维数据分析操作包括切片、切块、旋转、钻取等。这几种操作都会在图 4 – 3 所示的数据立方体上做出演示。图 4 – 1 所示为一个按院系维、课程维和时间维组织起来的成绩数据，用三维数组表示为(院系，时间，课程，成绩)。

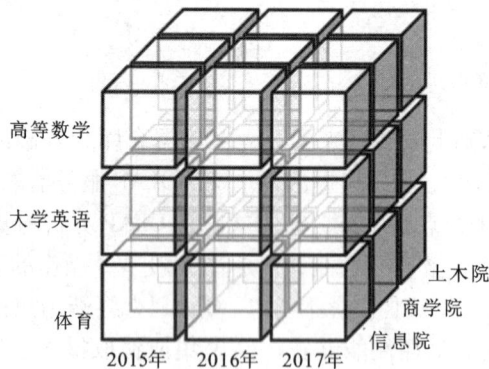

图 4 – 1　数据立方体例图

4.2.1　切片

在多维数组中选定一个二维子集的过程叫做切片，即选定多维数组中的两个维：如维 i 和维 j。切片就是在这两个维上取一定区间的维成员或全部维成员，而在其余的维上选定一个维成员的操作。形象地来说，切片操作就像是在数据立方体上切一刀，得到一块包含数据的"片"。假设三维数组的话，则在维 i 和维 j 上的一个切片可以表示为(维 i，维 j，变量)。维是我们观察数据的视角，经过切片操作之后，有一些维度即观察角度被舍弃，使人们集中观察两个维上的数据。

显然，切片的个数由每个维上维成员的数量决定。如果在课程维上选定一个维成员，比如选取"高等数学"，就得到了在课程维上的一个切片，即关于"时间"和"院系"的切片；在院系维上选定一个维成员，比如选取"信息院"，就得到了在院系维上的一个切片，即关于"时间"和"课程"的切片。切片结果分别如图 4 – 2 和图 4 – 3 所示。

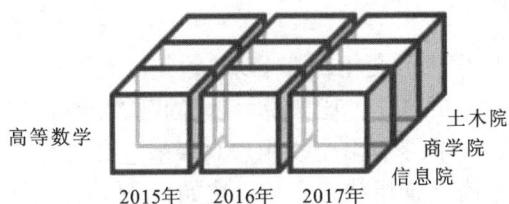

图 4-2　对课程维度进行切片操作的结果图

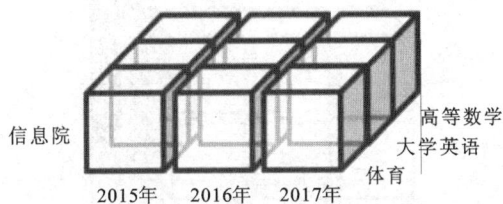

图 4-3　对院系维度进行切片操作的结果图

4.2.2　切块

切块表示通过选择多个维度的某些值或者区间，从 OLAP 立方体中抽取出子立方体的过程。也可以看成是在切片的基础上，通过某一维成员区间得到的切片拼合起来的结果。图 4-4表示了在多维数组的某一个维上选定某一区间的维成员的操作。对于时间维的切片，取值设定为 2015 年和 2016 年，另外两个维度不做改变，就可以得到一个切块，如图 4-4 所示。换一种角度考虑，我们可以把这个数据切块看成由 2015 年和 2016 年 2 个切片叠合而成的一个切块。

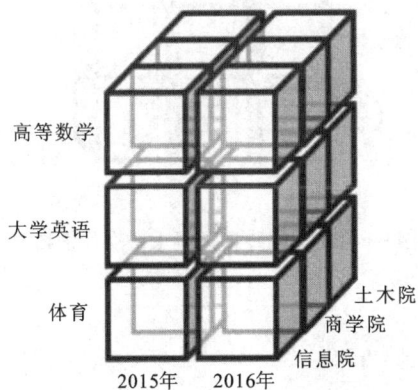

图 4-4　对时间维度进行切块操作的结果图

4.2.3 钻取

钻取是维的不同观察粒度上的变化，既可以从粗粒度到细粒度，也可以由细粒度上升到粗粒度，这只涉及观察层次上的变化。比如说可以将汇总数据拆分到更细节的数据。钻取分为向下钻取和向上钻取操作。向下钻取是使用户观察某一维度上的细节信息，即改变维的不同层次，将某一维由高层状态向低层状态变化。比如，对信息院这一维度进行钻取，查看通信工程、电气工程和自动化三个专业在近三年内三门必修课的成绩情况，如图4-5所示。

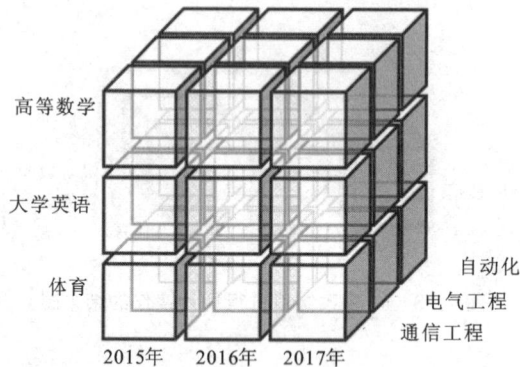

图4-5   对信息院维度进行下钻操作的结果图

向上钻取是向下钻取的逆操作，即由低层观察角度向上层观察角度变化。从数据粒度的角度来说，就是从细粒度数据向高粒度数据的变化过程，比如将高等数学、大学英语和体育三门课进行汇总来查看必修课的成绩情况，如图4-6所示。

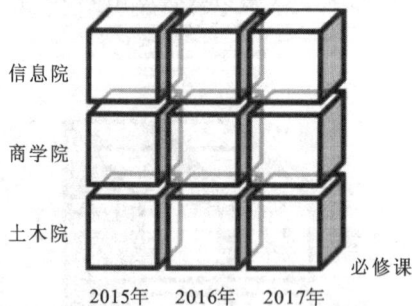

图4-6   对课程维度进行上钻操作的结果图

4.2.4 旋转

旋转就是将维的位置进行互换。旋转操作的本质就是改变观察数据立方体的视角，通过交换行和列得到不同视角的数据。例如，图4-7所示为通过旋转实现院系维和课程维的互换。

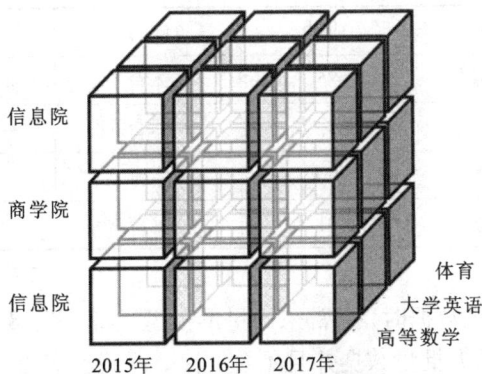

图 4 - 7　对院系维度和课程维度进行旋转操作的结果图

4.3　OLAP 的数据模型

多维数据模型是 OLAP 建立的基础，当今，有多种不同的形式来存储多维数据模型的数据。其中最主要的两种形式分别是 MOLAP 和 ROLAP，MOLAP 是基于多维数据库的 OLAP，简称维多维 OLAP；ROLAP 是基于关系数据库的 OLAP，简称为关系 OLAP。还存在其他形式的 OLAP，如 HOLAP 代表混合 OLAP。

4.3.1　ROLAP 数据模型

ROLAP 是基于关系数据库的 OLAP，如表 4 - 3 所示，它是一个平面结构。

表 4 - 3　关系数据库的数据组织

课程	院系	成绩	课程	院系	成绩
高等数学	信息院	86	大学英语	土木院	87
高等数学	商学院	83	体育	信息院	86
高等数学	土木院	85	体育	商学院	84
大学英语	信息院	90	体育	土木院	89
大学英语	商学院	91			

如果在关系数据库中增加综合数据项，则如表 4 - 4 所示。

表 4 - 4　关系数据库(含综合项)的数据组织

课程	院系	成绩	课程	院系	成绩
高等数学	信息院	86	大学英语	土木院	87
高等数学	商学院	83	大学英语	平均成绩	89.3

续表 4 - 4

课程	院系	成绩	课程	院系	成绩
高等数学	土木院	85	体育	信息院	86
高等数学	平均成绩	84.7	体育	商学院	84
大学英语	信息院	90	体育	土木院	89
大学英语	商学院	91	体育	平均成绩	86.3

用关系数据库表示多维数据时,通常采用星形模型,如图 4 - 8 所示。星形模型包括两类表,一类是事实表,它包括大批量数据并且不含冗余,存储事实的实际值,如销售量;另一类是维表,与唯一存在的事实表不同,每维都有一个维表,其中存储了该维的描述信息,如产品的名称、分类等。

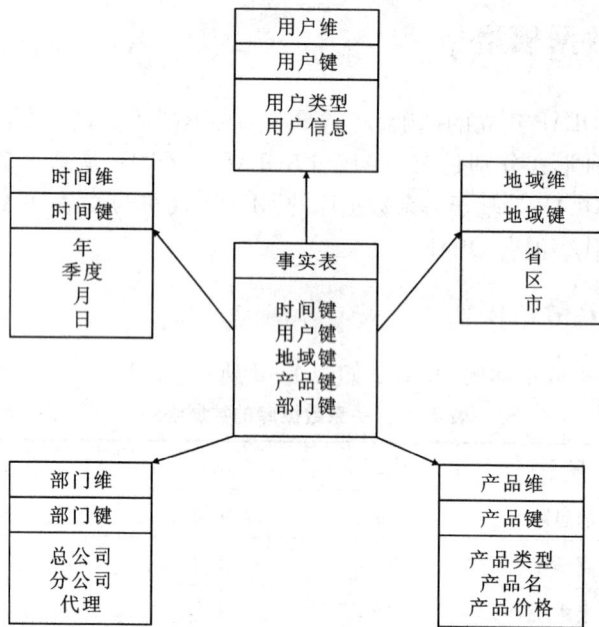

图 4 - 8 ROLAP 星形模型

在进行多维查询的任务时,关系数据库需要通过维表的主码对事实表和各维表做连接操作,在一次查询操作完成之后,我们就可以得到数据的数值及其多维描述。尽管存在以上优势,但是对每个维都需要进行一次连接操作,这个过程需要耗费一定的时间,所以在一定程度上会影响系统的性能。这是 ROLAP 实现上的最大问题,尤其是当维数和事实表的数量增量较大时,必须要采用有效的查询优化技术,尤其是表之间的连接策略,并且利用各种索引技术来提高系统的性能。

面对多层次的复杂维度时,我们就需要采用"雪花模型"来存储数据,即一个复杂的维度通过多张表来描述,降低描述难度。如果存在综合数据时,需要建立汇总事实表,这是就要采用"星形模型"来描述而不是"雪花模型"。雪花模型是星形模式的变种,其中某些维表被规范化,因而把数据进一步分解到附加的表中。结果模式图形成类似于雪花的形状,如图 4 - 9 所示。

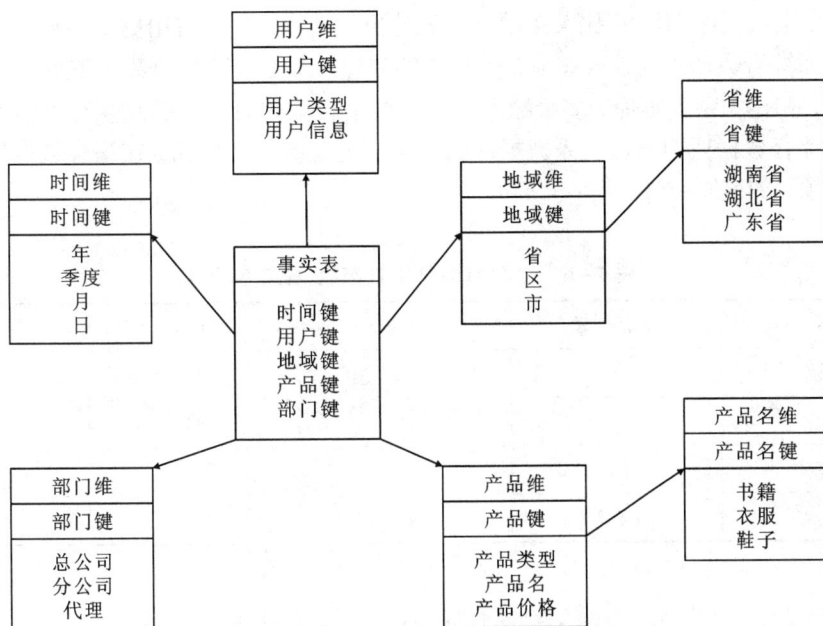

图 4 - 9　ROLAP 雪花模型

雪花模式和星形模式主要区别在于,雪花模式的维表可能是规范化形式,这样可以减少冗余数据。这种表既易于维护又可以节省存储空间。但是由于执行查询需要更多的连接操作,采用雪花结构时,浏览的效率会下降。因此系统的性能可能会受到影响,所以相比于雪花模型,星形模式更为流行。

4.3.2　MOLAP 数据模型

MOLAP 数据模型是基于多维数据库的 OLAP,多维数据库是以多维方式组织数据,即以维作为坐标系,采用类似于数组的形式存储数据。多维数据库中的元素具有相同类型的数值,如成绩分数。例如,二维 MDDB(数组,即矩阵)的数据组织如表 4 - 5 所示。它代表不同院系在不同课程上的考试成绩情况。

表 4 - 5　二维 MDDB 数据组织

院系	高等数学	大学英语	体育
信息院	86	90	86
商学院	83	91	84
土木院	85	87	89

MOLAP 采用多维数组存储维和事实,通过对维进行编码和对事实数据直接寻址的方式获得其映像关系,从而避免了连接操作的开销。但 MOLAP 需要以一种集中的方式维护维和事实的映像,由于一个维可以包含多个层次,每个层次可以包含若干个级别,维和事实又是一对多的关系,所以维模型具有复杂性。

可见,多维数据库 MDDB 比关系数据库表达更加清晰,并且占用更少的存储量。在多维数据库中增加综合数据项时,这些综合数据项的数值一般在建立数据库的同时计算出来。这样在查询时,相比关系数据库,多维数据库不需要进行临时计算,提高了查询效率。对于多维数据库的综合数据项明显比关系数据库的综合项更有效果。比如,在综合数据项中增加平均成绩这一项,如表 4-6 所示。

表 4-6 二维 MDDB 数据组织(含综合项)

院系	高等数学	大学英语	体育	平均成绩
信息院	86	90	86	87.3
商学院	83	91	84	86
土木院	85	87	89	87
平均	84.7	89.3	86.3	86.8

4.3.3 MOLAP 和 ROLAP 的数据组织与应用比较

MOLAP 通过多维数据库引擎从关系数据库 DB 和数据仓库 DW 中提取数据,将各种来源不同的数据组织成多维数据库,存放到 MDDB 中,通过自动建立索引以及预综合处理的操作来提高查询存取的性能。用户的 OLAP 操作可以直接映像到多维数据库的访问,不通过 SQL 访问。

ROLAP 从关系数据库 DB 和数据仓库 DW 中提取数据,按关系 OLAP 的数据组织存放在关系数据库服务器中。当服务器接收到终端用户的多维分析请求时,它的 OLAP 引擎就将用户的 OLAP 操作如钻取操作,转换为 SQL 语句,放到数据库中执行,并且提供聚集导航功能,根据用户操作的维度和度量将 SQL 查询定位到最粗粒度的事实表上去。查询结束之后将查询结果经多维处理返回用户,例如将关系表达式转换成多维视图。

虽然这两种技术都满足了 OLAP 数据处理的一般过程,但是相比之下,MOLAP 要比 ROLAP 更加简明。MOLAP 的索引及数据综合可以自动进行,然而 ROLAP 的实现较为复杂,但灵活性较好,并且允许用户动态地实现处理过程。

下面从六个指标深入对比分析 MOLAP 和 ROLAP。

1. 数据存取速度

ROLAP 的多维数据是以星形模型、雪花模型等形式存储,直观上并没有体现出"超立方体"的特性。当 ROLAP 服务器接收到客户的一条 OLAP 请求时,SQL 查询语句会被 ROLAP 服务器转换为多维存储语句,再临时利用连接运算"拼合"出多维数据立方体。由于这些步骤耗时较长,因此 ROLAP 的响应时间较长。当前,关系型数据库已经对 OLAP 做了很多优化操作，这大大提高了 ROLAP 的响应速度，比如并行存储、并行查询等操作。

MOLAP 是专门针对于 OLAP 设计的一种数据模型，它能够自动地建立索引，在模型建立的同时进行预计算，避免了接收请求再临时计算的耗时过程，并且支持用多维查询语句访问数据立方体，因此 MOLAP 在数据存储速度上性能好，响应速度快。

2. 数据存储的容量

ROLAP 使用传统关系数据库的存储方式，因此在存储容量上基本没有限制。但是，有一点需要注意的是，为了提高分析响应速度，ROLAP 中通常会构造大量的中间表，正是这些中间表会造成大量的数据冗余。

MOLAP 通常采用多平面叠加成立体的方式存放数据，并且会将多维的数据预先填充好，这样访问速度快。随着数据量过大，多维数据库进行的预计算结果的代价会越来越大，所需要的存储空间将是巨大的，此时容易引起"数据爆炸"的现象。因此，相比关系数据库，多维数据库的数量级难以达到太大的字节级，所以在存储容量上存在着一定的限制。

3. 多维计算的能力

MOLAP 能够支持高性能的决策支持计算，例如复杂的跨维计算等。而在 ROLAP 中，SQL 无法完成部分计算，多行的及维之间的计算 ROLAP 也无法完成。

4. 维度变化的适应性

在多维数据库建立之前，MOLAP 就需要确定各个维度及维度的层次关系。在多维数据库的维度确立之后，如果存在维度的变化，例如增加或删去某一维度时，在这种情况下往往需要重新构建多维数据库。考虑 ROLAP 的情况，如果新增加一个维度，由于 ROLAP 的结构特性可知，只需要增加一张维表并修改相应事实表即可，并不需要对系统中的其他维表做任何修改。因此 ROLAP 对于维度的变化有很好的适应性。

5. 数据变化的适应性

因为 MOLAP 通过预综合处理来提高速度，所以一旦数据频繁地变化时，之前的计算结果就需要修改，这就迫使 MOLAP 需要进行大量的计算，其中包括相当多次数的重复计算，在某些情况下甚至需要重新建立索引或者重构多维数据库，这既浪费了宝贵的计算资源，又无法对数据变化做出良好的适应。在 ROLAP 中，预综合处理具有较好的灵活性，即支持设计者根据现实需求进行自主设定，对于数据变化具有很强的适应性。

6. 软硬件平台的适应性

在实际应用情况下，ROLAP 对软硬件平台具有良好的适应性，即能够在大部分软硬件平台上正常运行。相比之下，MOLAP 的软硬件平台适应能力较差。

4.3.4　HOLAP 数据模型

HOLAP，是一种介于 MOLAP 和 ROLAP 之间的类型，它结合了 ROLAP 和 MOLAP 技术，得益于 ROLAP 较大的可伸缩性和 MOLAP 的快速计算。HOLAP 服务器允许将大量详细数据存放在关系数据库中，因此更加灵活方便。而聚集保持在分离的 MOLAP 存储中，在高效的分析处理场景中应用更多。具体来说，HOLAP 使用多维数据库来存储使用频率高的维度和维层次，而用户不常使用的维度和数据则采用 ROLAP 星形结构来存储。当用户询问不常用数据时，HOLAP 将会把简化的多维数据库和星形结构进行拼合，从而得到完整的多维数据。在 HOLAP 的多维数据库中的数据维度少于 MOLAP 中的维度库，数据存储容量也少于 MOLAP 方式。

4.4 数据立方体的基本概念

数据库是针对关系数据表对数据进行查询等处理的，而数据仓库是针对数据立方体（data cube）进行数据处理的。数据立方体不是狭义的、三维的数据，准确地说，它是由维度和测度构造出来的多维数据空间模型，或者可以理解成一个多维度的矩阵。维度是记录的一个层面或视角，如时间、价格；测度是记录的具体测量值，如 3 点、2 元。在逻辑上，数据立方体是由事实数据表和维度表构建出来的。

数据立方体通过在维度上建立索引，有利于用户对数据从多个层次和角度进行查询或分析。数据立方体是由多个维度的数据构造的，在实际应用中，为了便于直观理解，通常每次仅观察三个维度。

4.4.1 数据立方体中的一些概念

（1）方体。在数据立方体中，其每个维度都可能存在概念层。从这些不同的概念层上创建出的数据立方体称为方体，实质上，一个方体就相当于一个 group - by。例如，就体育这一单个维度来讲，可以从低的概念层数据［自由泳、蝶泳、蛙泳、跳远、跳高、跨栏］，进而抽象出［游泳、田径］这一更高的概念层。有两个概念层，就可以创建出两个方体。

①基本方体：就是在抽象程度最低的层面上建立的数据立方体。基本方体的泛化程度也是最小的。

②顶点方体：与基本方体恰恰相反，顶点方体是从抽象程度最高的层面上建立出来的，它的泛化程度也是最大的。

顶点方体与基本方体如图 4 - 10 所示。

（2）数据立方体中的单元所存储的值，与多维空间中的数据点一一对应。它可以分为基本单元和聚集单元。

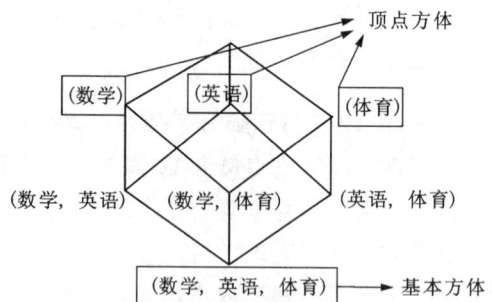

图 4 - 10 顶点方体与基本方体

①聚集值：经过处理的数据。

②基本单元：不含聚集值的单元基本方体中的单元就是基本单元。

③聚集单元：除了基本单元以外的就是聚集单元。聚集单元在一个或多维聚集，每个聚集值用"＊"表示。

（3）在对数据立方体做计算时，为了提高 OLAP 查询效率，有时需要做预计算，这个预计算的过程称为物化，物化也称为做聚集。物化分为三类：

①不物化：对于"非基本"的方体，事先不做任何的计算。这样在响应查询的时候就会耗费很多的计算资源，而且还很缓慢。

②完全物化：预先会计算出所有的方体。完全物化在响应查询时会很迅速，但是需要海量的储存空间。

③部分物化：选择一部分进行预先计算。部分物化很好地调和了不物化的"响应慢，存储空间小"和完全物化的"响应快，存储空间大"的优点。可以预先计算一些用户指定的维度或者单元。

（4）一些经过处理所形成的特殊的数据立方体：

①完全立方体：数据立方体中的所有的方体（注意，不仅仅是基本方体）中的所有的单元都是给定的。

②冰山立方体：对于稀疏的数据立方体，预先规定一个最小支持度阈值（又称为冰山条件），再来进行部分物化，这种部分物化的方体就叫做冰山立方体。

③闭立方体：引入冰山立方体将减轻计算数据立方体中不重要聚集单元的负担，然而仍有大量不感兴趣的单元要计算。为系统地压缩数据立方体，需引入闭覆盖概念。单元 c 是闭单元，如果不存在单元 d，使得 d 是单元 c 的特殊化（后代），即 d 通过将 c 中的"$*$"值用非"$*$"值替换得到，并且 d 与 c 具有相同的度量值。闭立方体是一个仅由闭单元组成的数据立方体。

④立方体外壳：这是部分物化的另一种策略，它只预先计算那些有少数维的方体，这些方体形成对应的数据立方体的立方体外壳。利用立方体外壳对其他的维组合查询进行快速计算。

4.4.2　数据立方体计算的一般策略

计算数据立方体是实现数据仓库的一个基本条件。面对数据立方体所包含的大量数据，进行聚集计算以及所涉及存储计算所得的方体的困难程度还是很大的。所以，需要考虑采取一些策略来提升响应查询的速度，给出合理的存储方式。在存储方体时，常用关系 OLAP（即ROLAP）和多维 OLAP（即 MOLAP）这两种基本结构，在底层与之相对应的就是用关系模型和多维数组来存储数据。下面是一些常用的数据立方体计算优化策略：

（1）排序、散列和分组。

对于维度的属性将排序、散列（即 hashing）、分组操作应用于维的属性，以便对相关的元组重新排序和聚类。

（2）当存在多个子女方体，由最小的子女聚集。

从方体 C1 上抽象泛化得出方体 C2，则 C1 称为 C2 的子女方体，C2 称为 C1 的父母方体。如果存在许多个子女方体，那么从最小的子女方体来计算父母方体会更有效。例如，总销量可以通过月销量或天销量来计算，则选用月销量来聚集。

（3）同时聚集和缓存中间结果。

由先前计算的较底层聚集来计算较高层聚集，而非从基本方体开始计算，大大减少了磁盘上的 I/O 操作。

（4）使用先验剪枝策略来计算冰山立方体。

最小支持度（min_sup）是指单元取相同的值的总个数。先验性质是指当已知的单元不满足最小支持度,那么这个单元的后代也不满足最小支持度。冰山立方体的冰山条件是指单元必须满足最小支持度阈值。所以在计算冰山立方体时,可以通过先对单元的后代进行筛选来剪枝。

4.5　数据立方体的计算方法

多维数据分析最核心的部分就是能够有效地计算多维集合上的聚集。在数据仓库中,海量的数据使用 OLAP 查询,为了使查询结果能尽快地显示出来,需要设计一些有效的计算数据立方体的方法。对数据立方体进行预计算,能够大幅度地提高响应速度,但同时预计算是需要大量的存储空间的。接下来会简单介绍几种对于一些有特征的数据立方体比较有效计算的方法,如果有兴趣可以在课外自行深入学习。

4.5.1　多路数组策略计算完全立方体

这种方法是把维的属性值和多维数组的下标值或是下标范围一一映射,并且把聚集出的数据作为值存入单元,形成了立方体的形式。它使用数组来直接寻址的,这比用关键字来寻址会快很多。它是一种从物理层实现的很经典的 MOLAP 的方法。

计算步骤如下:

(1)先把多维数组划分成块(chunk)。划分出来的块是一个体积很小的子立方体,这样在计算立方体时,就能把块当成一个对象存放入内存磁盘中。这样的优点是,块被压缩了,能够有效地避免空数组单元所造成的空间浪费现象。例如,为了压缩稀疏数组结构,在块内搜索单元时,单元的寻址机制就可以使用"chunkID + offset"。这种压缩技术的效果是非常好的,可以用来处理磁盘和内存中的稀疏立方体。

(2)计算聚集是通过访问立方体单元所存储的值的时候完成的。为了减少每个单元受到重复访问的次数,可以先优化访问单元的顺序,使得多个立方体的聚集单元能够被同时计算,这样既能减少访问内存的开销,还能减少存储的开销。

分块技术执行过程中,会重叠一些聚集计算,所以这个技术称为多路数据聚集。多路数组聚集技术适用于维度的基数(基数是指这个属性所有不同值的个数)适中,而且数据不是很稀疏的完全立方体。由于要计算的方体的个数是随着维度数量的增长而增长,内存磁盘上放不下这

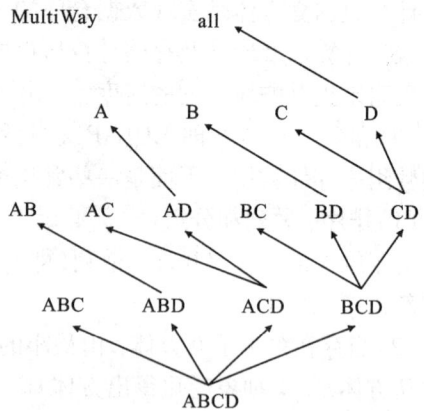

图 4 - 11　**MultiWay** 的自底向上计算例图

么多的方体,所以这种方式不适合维度很高或者数据非常稀疏的完全立方体,如图 4 - 11 所示。

4.5.2　从顶点方体向下计算冰山立方体

从顶点方体向下计算(BUC)比较稀疏的冰山立方体很有效。MultiWay 是从基本方体开

始,逐步向上到更泛化的顶点方体。而 BUC 是先从顶点方体开始计算,再逐步向下到基本方体,这样的计算顺序就能使用先验剪枝。

计算步骤如下:

(1)首先,对所有的输入进行扫描,然后计算整个度量(例如总计数)。

(2)对于方体的每个维度都进行划分。

(3)对于(2)的每个划分,进行聚集,对这个划分创建一个元组并得出这个元组的计数。再判断它的分组计数是否满足最小支持度(即冰山条件)。

(4)如果满足冰山条件,就输出这个划分的聚集元组,并在该划分上对下一个维度进行递归调用。如果没有满足冰山条件,就对它进行剪枝操作。

BUC 还有一点区别于 MultiWay,MultiWay 的父母方体与子女方体是可以共享聚集计算的,比如,AB 方体的计算结果可以用于计算方体 A 的过程中。而 BUC 二者之间是无关的。BUC 最大的一个特征是分担了划分的开销。计算过程中,维度的计算顺序和数据的倾斜(均匀)程度对 BUC 的处理结果影响很大。一般来说,区分能力越强的维度应该先处理。这是因为基数越高的,分区就越小,分区数量也会越多,就很容易剪枝,如图 4 – 12 所示。

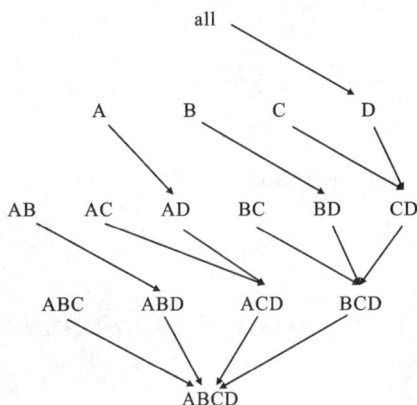

图 4 – 12 BUC 的自顶向下计算例图

4.5.3 使用动态星树结构计算冰山立方体

这里先说明一点:星节点是指单个维在属性值 p 上的聚集不满足冰山条件(可用于剪枝)。具体来讲,如果一个维度在其属性值上的聚集不满足冰山条件,那么计算冰山立方体的时候识别这样的节点就毫无意义,使用符号"*"来代表这个节点,称做星节点,树还能继续压缩,压缩出来的方体树就称为星树。

动态星树结构(Star – Cubing)计算冰山立方体的方法集成了自顶向下和自底向上。Star – Cubing 是在星树这种数据结构上进行计算的,它是通过对星树无损压缩,这样能够大大降低计算时间和减少内存的占用。

Star – Cubing 算法在整体的计算顺序中,是采用自底向上的方式;子层则利用共享维的原理,采用的是自顶向上的方式。这种计算结构使得 Star – Cubing 算法可以在多个维度上进行聚集,并且依然会划分出父母分组,剪裁掉不满足冰山条件的子女分组。

计算步骤如下:

(1)节点排序。对每一层上的所有的节点按照字母的顺序进行排序,星节点可以出现在任意位置。

(2)子树剪枝。生成子树满足两个条件:一个是当前的节点的度量必须满足冰山条件;另一个是生成的子树必须至少要有一个非星节点。

(3)维排序。这里是对维的基数按照逐渐减小的顺序进行排序。

图 4 - 13 中 AD/A 表示方体 AD 有一个共享维 A。这里解释一下共享维,这个词起源于泛化,如果以 AD 为根的子树中都含有维度 A,即维度 A 是子树的公共维,那么这个维度 A 就称做共享维。从共享维这个名字可以看出,它能便于共享计算。因为为了避免重复计算共享维,星树在扩展之前就会进行判断。如图 4 - 13 中的 AD/A,AD 的扩展方体 A 实际上已经被剪枝了,是因为方体 A 已经在 AD/A 计算过了。

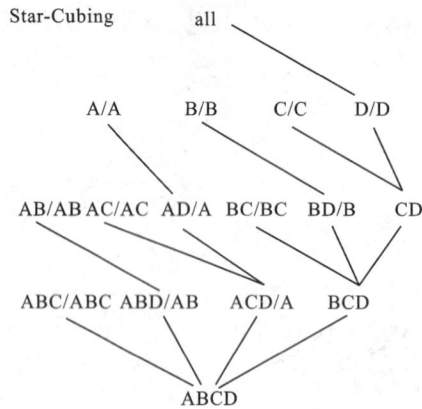

图 4 - 13 Star - Cubing 计算 4 - D 数据立方体例图

4.5.4 快速高维 OLAP 预计算壳片段

数据立方体有利于多维空间的快速联机分析处理(OLAP)。但是,高维度的完全数据立方体需要海量的存储空间以及超乎想象的计算时间。虽然冰山立方体能在短时间范围内给出结果,它的冰山条件也只是针对计算完全立方体单元的一个子集,冰山立方体只是完全立方体的一部分,但这个结果并不是最终的。此时,需要引入立方体外壳来得出一个可能的最终解。但是,立方体外壳对于高维的联机分析处理和下钻技术是不支持的,所以,只是计算它的一部分片段。

首先,计算冰山立方体本来就要耗费大量的时间以及存储空间,代价也是蛮大的。其次,对于冰山条件,设置一个适合的最小支持度是很难把握的,如果这个最小支持度太低,那么计算出的立方体会很大;如果设置得太高,那么得出的结果就有可能并没有什么应用价值。最后一点,冰山立方体做不到增量的更新,如果聚集单元低于最小支持度,就会被裁剪,如果想要增量更新,就只能重新再计算一次。

外壳片段方法遵循版联机计算策略。立方体的外壳片段涉及两种算法:其一,计算立方体外壳片段;其二,用立方体的外壳片段处理查询请求。这种方法对于处理高维度的数据是非常有效的,而且,能够迅速的联机计算小的局部立方体。外壳片段方法是利用信息检索和基于 web 的信息系统中很流行的倒排索引结构。

构建外壳片段方法的基本思想如下:

(1)对于给出的一个高维度数据集,先把维度划分成为互不相交的维片段。

(2)把划分出来的片段转变成排序索引表示,然后构造立方体外壳片段,并保持与立方体单元相关联的倒排索引。

运用预计算出来的立方体外壳片段,可以联机动态地组合并计算出所需要的数据立方体的子方体单元。这可以通过倒排索引结构上的集合交操作来完成。

习　题

1. 联机分析处理(OLAP)的简单定义是什么? 它体现的特征是什么?

2. 联机分析处理(OLAP)与联机事务处理(OLTP)的区别是什么? 请简要概述。

3. 联机分析处理(OLAP)的核心是什么? 它的特性又有哪些?

4. 比较 ROLAP 和 MOLAP 在数据存储、技术及特点上的不同。

5. HOLAP 数据模型的特点是什么?

6. 举例说明 OLAP 的多维数据分析的切片操作。

7. 举例说明 OLAP 的多维数据分析的钻取功能。

8. 简略比较以下概念,可以用例子解释你的观点:

(1)完全立方体、冰山立方体、立方体外壳;

(2)使用动态星树结构计算冰山立方体、从顶点方体向下计算冰山立方体。

9. 数据仓库实现的流行方法是构造一个称为数据立方体的多维数据库。不幸的是,这常常产生大的、稀疏的多维矩阵。

(1)给出一个例子,解释这种大的、稀疏的数据立方体;

(2)设计一种实现方法,可以很好地克服这种稀疏矩阵问题。注意,要详细解释你的数据结构,讨论空间需求量,以及如何由你的结构中检索数据。

第 5 章 数据挖掘基础

在大数据的背景下，数据挖掘已经成为人们面对庞大的数据时必不可少的技术。数据挖掘技术能够帮助人们从海量的并且杂乱无章的数据中发现潜藏的知识，创造巨大的经济效益。在这样的大时代下，人们需要学习数据挖掘，掌握数据挖掘的基础知识。

本章围绕着数据挖掘的原理，主要介绍了数据挖掘的兴起(5.1 节)，数据挖掘的任务(5.2 节)以及数据挖掘的流程(5.3 节)，由浅入深，将数据挖掘的知识细致地描绘出来。

5.1 数据挖掘的兴起

数据挖掘是一个年轻的并且快速成长的领域。为了更好地理解数据挖掘，人们需要了解数据挖掘的由来，从数据挖掘的历史中发现其发展的必然性，理解数据挖掘的内涵及其存在意义。

本节主要介绍数据挖掘的发展历程(5.1.1 节)、数据挖掘的概述(5.1.2 节)以及大规模数据挖掘(5.1.3 节)。

5.1.1 数据挖掘的发展历程

20 世纪下半叶，数据挖掘开始走入人们的视野，这是当时多门学科结合共同推动发展的结果。随着数据库应用技术的不断发展完善，数据搜集技术的不断创新进步，人们搜集存储的数据越来越多，管理和利用也变得越发困难，并且各大行业对数据的要求越来越高，简单的查询和统计已经满足不了其商业需求，人们希望创造某种特定的技术去挖掘数据背后的信息。当时计算机领域的人工智能取得巨大进展，进入机器学习阶段，人们就将两者结合起来，用计算机分析数据库管理系统存储的数据，这两者的结合产生了一门新兴的学科，即数据挖掘。

数据挖掘的演变过程可分为四个阶段：数据搜集阶段，数据访问阶段，数据仓库决策支持阶段，数据挖掘阶段。具体如表 5 - 1 所示。

表 5-1　数据挖掘的演变过程

演变阶段	商业问题	支持技术	产品厂家	产品特点
数据搜集 (20 世纪 60 年代)	"过去三年中我的总花销是多少?"	计算机、磁带和磁盘	IBM 和 CDC	提供历史性的静态的数据
数据访问 (20 世纪 80 年代)	"某大型连锁超市第三分部去年 8 月的销售额是多少?"	关系数据库 (RDBMS), 结构化查询语言 (SQL), ODBC、Oracle	Oracle、Sybase、Informix、IBM、Microsoft	在记录级提供历史性的、动态数据信息
数据仓库决策支持 (20 世纪 90 年代)	"某大型连锁超市第三分部去年 8 月的销售额是多少? 第四分部据此可得出什么结论?"	联机分析处理 (OLAP)、多维数据库和数据仓库	Pilot、Comshare、Arbor、Cognos、Microstrategy	在各种层次上提供回溯的动态数据
数据挖掘 (正在流行)	"下个月第四分部的销售会怎么样? 为什么?"	高级算法、多处理器计算机和海量数据库	Pilot、Lockheed、IBM、SGI、其他初创公司	提供预测性的信息

如今数据挖掘已经是计算机行业中发展最快的行业,并且各个领域的专家都投入其中,利用数据挖掘技术从各自领域的数据中挖掘自己所需的知识。同时计算机技术、数据库技术、可视化技术、统计分析算法的不断发展和完善,这使得数据挖掘进入飞速发展的阶段。21 世纪,数据挖掘俨然成为一门非常成熟的交叉学科,并且随着信息网络化的不断发展变得越发具有生命力。

总的来说,数据挖掘囊括了数据库、人工智能、机器学习、统计学、高性能计算、模式识别、神经网络、数据可视化、信息检索和空间数据分析等多个领域的理论和技术,是 21 世纪初期对人类产生重大影响的新兴技术之一。

5.1.2　数据挖掘的概述

1. 数据挖掘产生的背景

海量数据的分析需求催生了数据挖掘。世界知名的数据仓库专家阿尔夫·金博尔说过:"我们花了多年的时间将数据放入数据库,如今是该将它们拿出来的时候了。"现在无论是线下的大超市还是线上的商城,每天都会产生 TB 级以上的数据量。以往人们得不到想要的数据,是因为数据库中没有数据,而现在仍然无法快捷地得到想要的数据,其原因是数据库里面的数据太多了,缺少获取数据库中利于决策的有价值数据的有效方法。

接下来看一些发生在生活周边的现象:《纽约时报》的报纸由 20 世纪 60 年代的 10~20版扩张到 100~200 版,最高曾达 1572 版;《北京青年报》的报纸是 16~40 版;《市场营销报》已达 100 版。然而在现实社会中,人均日阅读时间通常为 30~45 min,只能浏览一份 24 版的报纸。大量的信息在给人们带来便利的同时也带来了许多问题:第一,信息过量,难以消化;第二,信息真假难以辨识;第三,信息安全难以保证;第四,信息的形式并不总是相同的,很难统一处理。人们开始考虑："怎么样才能不被信息的海洋所淹没，并且从大量的信息中发现有价值的知识、提高信息利用率？"

另一方面，数据库技术的飞速发展和数据库管理系统的广泛应用，导致数据的积累速度变快，积累量不断增加。在这爆炸性增长的数据中隐藏着许多重要的、有价值的信息，人们希望能够深入分析这些数据，以达到提高数据利用率的目的。数据库管理系统现在已经实现了高效地输入、查询、统计等功能，但是数据中存在的关联关系和规则仍然无法被发现，无法通过分析现有的数据来预测未来的发展趋势，缺少挖掘数据背后有用知识的手段，导致"数据爆炸但知识贫乏"的现象出现。

因此，人们迫切需要功能强大的工具去挖掘海量数据背后的知识，让数据成为真正意义上的知识泉源。于是数据挖掘技术应运而生。

2. 数据挖掘技术的定义

数据挖掘技术是一门新兴技术，它的历史比较短，但是自从1995年提出这个概念以来，它的发展十分迅猛，因为它是多学科交叉综合的产物，目前还没有一个公认的、完整的定义。人们已经提出许多数据挖掘的定义，例如 SAS 研究所的定义（1997）："在大量相关数据基础之上进行数据探索和建立相关模型的先进方法。" Bhavani 给出的定义（1999）："使用模式识别技术、统计和数学技术，在大量的数据中发现有意义的新关系、模式和趋势的过程。"Handetal 的定义（2000）："数据挖掘就是在大型数据库中寻找有意义、有价值信息的过程。"

现在大家都比较认可的定义是：数据挖掘就是从大量的、不完全的、有噪声的、模糊的、随机的数据中，提取隐含在其中的、人们事先不知道的但又是潜在有用的信息和知识的过程。这些信息的表现形式为：规则、概念、规律及模式等。

这一定义包括好几层含义：

（1）数据源必须是真实的、海量的、含噪声的。

（2）发现的是用户感兴趣、新颖的知识。

（3）发现的知识应该可接受、可理解、可运用、有价值。

（4）知识的形式可以是概念、规则、模式、规律等形式。

此外还存在着一些与数据挖掘具有类似含义的术语，例如从数据中挖掘知识、知识的提取、数据/模式分析、数据考古和数据捕捞等。许多人把数据挖掘等同于数据中的知识发现（KDD），而另一些人只把数据挖掘当成知识发现过程中的一个步骤。但是在产业界、媒体和研究界中，数据挖掘这一术语通常用来表示整个数据挖掘过程。因此在大部分场合人们可以将数据挖掘与数据中的知识发现等同看待。

5.1.3　大规模数据挖掘

数据是知识的源泉。但是，并不意味着你拥有了数据便拥有了知识。过去几年中，数据挖掘技术这一领域发展得很快。广阔的市场和巨大的利益促使这一领域迅速发展。计算机技术和数据收集技术的进步使人们可以从更加广泛的范围和以几年前不可想象的速度收集和存储信息。收集数据是为了得到信息，然而大量的数据本身并不意味着信息。尽管现代的数据库技术使人们很容易地存储了大量的数据流，但现在还没有一种成熟的技术帮助我们分析、

数据挖掘技术
简要路线图

理解并使数据以可理解的信息表示出来。在过去，人们常用的知识获取方法是由知识工程师把专家经验知识经过分析、筛选、比较、综合再提取出知识和规则。然而，由于知识工程师所拥有的知识具有局限性，所以对于获得知识的可信度就应该打个折扣。传统的知识获取技术对巨型数据仓库无能为力，数据挖掘技术就应运而生。

由于数据的爆炸性增长，人们为了发现数据背后隐藏着的有用的知识，就必须进行大规模数据挖掘。通过数据挖掘将一个大数据集转化成知识，挖掘有价值的信息，预测未来的走向，创造经济效益。

例如：类似于 Google 这样的搜索引擎每天接受数亿次查询，这数亿次查询中蕴含着丰富的信息，但是以平常的手段我们很难从中获取有价值的知识，只有进行数据挖掘才能发现更深层次的知识。每个查询都被看做一个事务，用户通过事务描述他们的信息需求。随着时间的推移，搜索引擎可以从这些大量的搜索查询中发现到什么有价值的信息呢？有趣的是，从大量用户查询中发现的某些模式能够挖掘出许多有用的信息，这些知识只能从这些海量数据中发现，单个数据无法发现。就像 Google 的 Flu Trends（流感趋势）使用特殊的搜索项作为流感活动的指示器。它发现搜索流感相关信息的人数与实际患上流感的人数之间有密切的联系。

这个例子表明在这个信息化时代中，我们要学会进行数据挖掘，才能从大量不起眼的数据中挖掘出知识的黄金，取得意想不到的收获。

如今数据挖掘技术早已成熟，数据挖掘的规模和范围不断扩大，大规模数据挖掘已经成为常态。各行各业都在运用数据挖掘进行数据分析，知识提取。在大数据的时代中，人们已经逐渐成为数据的掌控者，开始利用数据创造价值，改善生活。

5.2　数据挖掘的任务

本节主要介绍数据挖掘的基本任务，其基本任务可分为六种：关联规则（5.2.1 节），聚类分析（5.2.2 节）、分类分析（5.2.3 节）、回归分析（5.2.4 节）、相关分析（5.2.5 节）以及异常检测（5.2.6 节）。通过完成这些任务，挖掘数据的价值，支持商业决策。

5.2.1　关联规则

数据挖掘只是以合适的方式分析数据源，然后在这些海量数据中找到一些潜在的和有价值的信息。因此，数据挖掘也被称为知识发现。但是，所有事物都是相关的，存在关联的，不可能存在单个独立的事物，所以关联规则挖掘是数据挖掘中的一个重大课题。

关联规则挖掘最初是由 Rakesh 等人提出的。如果两个或多个变量的值之间存在着某种规律性，则称之为关联。所谓关联规则，顾名思义，就是要找出数据背后的事物之间的联系关系，也就是说，要找到同一事件中不同项目之间的相关性。如购物过程中购买的产品之间的相关性。

举一个最简单的例子，通过观察顾客在商场里买了什么，就会发现 30% 的顾客会同时购买牛奶和面包，70% 购买面包的顾客会去购买牛奶，这里面就隐藏着一种关联规则：面包→牛奶，这意味着大部分顾客会同时购买牛奶和面包。那么对于商场来说，可以把面包和牛奶放在同一个购物区或者邻近的购物区，这样顾客就可以在购买面包的同时，也能发现牛奶，继而激起他们购买牛奶的兴趣，使得销售额上升，带来巨大的经济效益。

关联分析就是利用关联规则进行数据挖掘，发现隐藏在大型数据集中的令人感兴趣的联系。数据库中的数据关联是现实世界中事物存在联系的一种表现形式。数据库作为一个结构化的数据组织形式，它使用依附在其上的数据模型来描述数据之间的关联。然而，数据之间的关联性非常复杂，仅仅只是显示了冰山一角，其中大部分依然是隐藏在水面之下。关联分析的目的就是找出数据库中数据隐藏的信息。从广义而言，关联分析是数据挖掘的本质。既然数据挖掘的目的是发现数据背后隐藏的知识，那么这个知识必须反映不同对象之间的关联。

在所有寻找关联规则的方法中，最有名的方法就是 Rakesh Agrawal 提出的 Apriori 算法。货篮分析是关联规则发现的最初形式。一般而言，关联规则的发现要经过以下四个步骤：①首先进行数据准备，准备过程就是将数据进行数据清理、集成、转换、聚合等操作，以便能够得到"干净的数据"；②根据实际情况确定最低支持率和最低可信度；③使用挖掘工具提供的算法发现关联规则；④对结果进行可视化显示，解释和评估关联规则。

我们对关联规则算法进行了一些简单的归纳总结，见表 5 – 2。

表 5 – 2　关联规则算法基本介绍

算法名称	算法描述
Apriori 算法	Apriori 是一种最有影响的挖掘布尔关联规则频繁项目集的算法。其核心是基于两阶段频繁项目集思想的递推算法
FP – Growth 算法	FP – Growth 针对 Apriori 算法的固有缺陷，J. Han 等提出了不产生候选挖掘频繁项目集的方法：FP – 树频集算法
USpan 算法	USpan 算法考虑到每一项在每个序列中的效用和数量，由于特殊的字典树结构和剪枝策略，使得 USpan 算法的效率大大提升
HusMaR 算法	HusMaR 算法使用效用矩阵高效地生成候选项；使用随机映射策略均衡计算资源；使用基于领域的剪枝策略来防止组合爆炸。在大规模数据集下，取得了较高的并行效率

5.2.2　聚类分析

"物以类聚，人以群分"，对事物进行分类是人们认识事物的出发点，也是人们认识世界的重要途径。因此，分类学已经成为人们认识世界的基础科学。聚类分析是一个重要的多元统计方法，但要记住的是，它实际上是一个不能进行统计推断的数据分析方法。

聚类同时也被称为细分，是一种查找隐藏在数据之间的内在结构的技术。聚类是将所有的数据实例组织成一些相似的组，根据数据的特点对其进行分类，使得同一类别中的数据实例具有相似性的特点，不同类别的数据实例相似性应尽可能小。聚类技术通常被称为无监督学习，因为它与分类技术不同，分类技术需要先定义类别和训练样本，是一种有指导的学习。但是聚类则不同，进行聚类分析时并不知道这些数据能够被分成多少类，在聚类中那些表示数据类别的分类或者分组信息是未知的。

实际上，聚类的本质就是根据样本间的亲疏关系将样本分成若干类，相似性较大的数据为一类，差别较大的数据为另一类，所获得的分类应该有一定的意义。聚类分析是基于原始数据进行的，没有任何关于类别的信息可供参考。它一般不涉及统计分布，不需要重大的测试。

聚类输入的是一组未被标记的数据，根据数据自身的距离或相似度进行划分。划分的原则是保持组内的最大相似度和组间的最小相似度，即尽可能地使不同组的数据相似度小，相同组的数据相似度大。例如，根据股票价格的波动，股票可以分为不同的类别，具体分为几类，各类股票各有什么特点，对于投资者来说，这是非常重要的信息。当然，聚类除了对样本进行分类之外，还可以执行异常挖掘，如网络入侵检测或财务风险欺诈检测。

表 5－3 对聚类算法进行了简单总结。

表 5－3　聚类算法

算法名称	算法描述
$K-means$ 算法	$K-means$ 平均算法是将平均值作为类的"中心"的一种分割聚类的方法
PAM 算法	PAM 算法是 k 中心点算法，它是对 k 均值算法的一种改进，大大削弱了离群值的敏感度
CLARA 算法	CLARA 算法随机地抽取多个样本，针对每一个样本寻找其代表对象，并对全部的数据对象进行聚类，然后从中选择质量最好的聚类结果作为最终结果
CLARAN 算法	CLARAN 算法与 CLARA 算法类似，但是寻找代表对象时并不仅仅局限于样本集，而是在整个数据集随机抽样来进行寻找
DBSCAN 算法	DBSCAN 算法作为一种基于高密度连通区域的聚类算法，它将类簇定义为高密度相连点的最大集合
OPTICS 算法	OPTICS 算法额外存储了每个对象的核心距离和可达距离。基于 OPTICS 产生的排序信息来提取类簇
谱聚类方法算法	谱聚类方法是一种基于图论的聚类方法，具有能在任意形状的样本空间上聚类且收敛于全局最优解的优点。

5.2.3　分类分析

人们在认识事物时，往往都会先把被认识的事物进行分类，然后再去寻找各个类别事物的相同点和不同点，加深对事物的认识。只有事先进行准确的且有意义的分类才能让数据挖掘更加有效率地进行下去。在生物、经济等领域的研究中，有大量的分类研究。例如，在生物学中，为了研究生物的进化，生物学家需要根据生物的不同特征对生物进行分类。在经济领域中，为了研究不同地区城镇居民的收入和消费情况，需要划分不同的类型去进行研究。因此分类分析也是进行数据挖掘时一个必不可少的任务，同时也是最常见的任务之一。

所谓分类，顾名思义就是指基于一个可以预测的属性把数据分成多个类别。每个类别都有一组属性，该属性与其他任何类别的属性都不相同。

由于类别在分析测试数据之前就已经被定义，所以分类通常被称为监督学习，是一种有指导的学习，规则都是由人们事先规定的。分类算法要求基于数据属性值来定义类别，并且通常通过给定类别的数据的特征来描述类别。

对海量的数据进行分类分析就是为了发现隐藏在数据中的分类知识，所谓分类知识就是反映同类事物共同性质的特征型知识和不同事物之间的差异型特征知识。分类的目的就是构造一个分类函数，然后利用这个分类函数，把数据库中的元组映射到给定类中的某一个类。简单点说，分类就是在样本数据中发现一般的分类规则，然后根据分类规则对样本外的数据进行分类。由此可见，分类的过程可分为两步：①模型的创建；②模型的应用。模型的创建就是通过学习训练集建立分类模型。模型的应用就是利用分类模型对数据进行分类。

近年来，海内外的研究人员分类知识发现的领域做了大量的研究，该技术已经比较成熟并得到了广泛的应用。在科学实验、医疗诊断、气象预报、商业预测等方面都做出了巨大贡献，引起了各界的广泛关注。

分类算法介绍可以参见表 5-4。

表 5-4　分类算法基本介绍

算法名称	算法描述
决策树算法	决策树算法在对数据进行处理的过程中，将数据按树状结构分成若干分枝，每个分枝包含数据元组的类别归属共性
ID3 算法	ID3 算法选择具有最大信息增益的决策属性作为当前节点
C4.5 算法	C4.5 算法是 ID3 的一种改进算法，使用的是信息增益率，并且该算法能够处理非离散数据和不完整数据
蒙特卡洛树搜索（MCTS）算法	MCTS 算法实质上是一种增强学习算法，会逐渐地建立一棵不对称的树
SVM 算法	SVM 算法根据有限的样本信息在模型的复杂性和学习能力之间寻求最佳折衷，以期获得最好的推广能力

5.2.4　回归分析

现实生活中，变量之间的关系大致可以分为两类：一类是函数关系，即变量之间存在确定的关系，例如正方形边长和正方形面积之间的关系是 $S = a \times a$；另一类是相关关系，例如学生的成绩与学生的努力程度之间的关系，这类关系不能用函数来表达。变量之间的这种非确定性关系称为相关关系，虽然不能解出变量之间精确的函数式，但是通过观察大量的数据，可以发现其存在着一定的统计规律性。回归分析就是先进行拟合，然后得到一个相应的数学表达式，拟合时需要参照具有相关关系的变量所具有的变化规律。

回归分析是研究一个变量与其他变量之间的依存关系，并用数学模型进行模拟，目的在于根据已知的解释变量之值，估计、预测因变量的总体平均值。

简单来说，回归分析就是研究变量与变量之间相关关系的一种统计推断方法，是一种处理具有相关关系的变量与变量之间关系的数学方法与工具。它是根据试验观测的数据，寻找变量之间被随机性掩盖了的相互依存的关系，然后用确定的函数关系去近似代替比较复杂的相关关系。

回归分析需要遵循以下步骤：首先根据研究问题的要求建立回归模型，然后根据样本观测值对回归模型参数进行估计，进而求得回归方程，对回归方程、参数估计值进行显著性检验。并从影响因变量的自变量中判断哪些显著，哪些不显著。最后再利用回归方程进行预测。

回归模式的函数定义与分类模式相似，主要差别在于分类模式采用离散预测值（例如类标号），而回归模式采用连续的预测值。从这方面看，分类和回归都是预测问题。许多问题都可以用线性回归解决，非线性的问题也能通过对变量进行变化转换为线性问题来解决。当然也有非线性解决方法，如 SVM、神经网络。

回归分析方法被广泛地用于解释市场占有率、销售额、品牌偏好及市场营销效果。把两个或两个以上定距或定比例的数量关系用函数形式表示出来，就是回归分析要解决的问题。

5.2.5　相关分析

变量之间的相关关系有两种：确定型关系和不确定型关系。确定型关系就是通常的函数关系。不确定型关系无法通过规律得出，具有一定的随机性、任意性，例如，人的身高与体重之间的关系。而相关分析就是研究变量之间不确定关系的统计方法。

具体来说，相关分析是描述客观事物相互间关系的密切程度并用适当的统计指标表示出来的过程。相关关系可以分为正相关关系和负相关关系，例如在一段时期内经济水平随着人口的上升而上升，这说明这两个指标是正相关关系。如果是随着人口的上升而下降，则说明这两个指标是负相关关系。

那么该如何确定相关变量之间的关系？首先收集一些数据，这些数据要求是相互关联的，成对的。例如，每个人的身高和体重。然后将这些点描绘在直角坐标系上，这其上形成的图形称为"散点图"。根据散点图，当自变量取某一值时，因变量对应特定的概率分布，如果对于所有的自变量取值因变量都是对应相同的概率分布，则说明因变量和自变量之间不存在相关关系。反之，如果因变量的概率分布随着自变量取值的变化而变化，则说明两者之间存在相关关系。

相关分析的种类多种多样。按相关的程度可分为完全相关、不完全相关和不相关。按相关的方向分为正相关和负相关，按相关的形式分为线性相关和非线性相关，按影响因素的多少分为单相关和复相关。

相关分析的方法有许多，主要包括图表相关分析和协方差相关分析。图表相关分析方法是将数据进行可视化处理，简单地说就是绘制图表。单纯从数据的角度很难发现其中的趋势和联系，而将数据点绘制成图表后，趋势和联系就会变得清晰起来。对于有明显时间维度的数据，可以选择使用折线图。协方差相关分析方法是计算协方差。协方差用来衡量两个变量的总体误差。如果两个变量的变化趋势一致，协方差就是正值，说明两个变量正相关；如果两个变量的变化趋势相反，协方差就是负值，说明两个变量负相关；如果两个变量相互独立，那么协方差就是 0，说明两个变量不相关。

5.2.6　异常检测

所谓异常检测就是寻找与大部分对象都不相同的对象，该对象的存在偏离常理。异常检测有时也称偏差检测，因为异常对象的属性值与期望的属性值之间存在较大的偏差。异常检测有时也称为例外挖掘，因为异常在某种意义上是例外的。

异常检测的基本思想：若发生了小概率事件，就认为出现了异常。最常用的异常检测方法就是利用高斯密度函数计算数据出现的概率，如果发现了概率小于某个阈值的数据，就认为该数据是异常的。

异常检测方法具体可分为三种：①基于模型的技术：许多异常检测技术都需要先建立一个数据模型，然后将数据与模型进行比对。异常就是那些同模型不能完美拟合的对象。②基于邻近度的技术：通常可以在对象之间定义邻近性度量，并且许多移仓检测方法都基于邻近度。异常对象是那些远离大部分其他对象的对象，这一领域的许多技术都基于距离，称做基于距离的离群点检测技术。③基于密度的技术：对象的密度估计可以相对直接地计算，特别是当对象之间存在邻近性度量时。低密度区域中的对象相对远离近邻，可能被看做异常。

常见的异常检测应用有：欺诈检测，主要通过检测异常行为来检测他人信用卡是否被盗刷；入侵检测：检测入侵计算机系统的行为；医疗领域，检测人的健康是否异常。

5.3　数据挖掘的流程

数据挖掘是面向应用的，是为解决问题而诞生的，要学会如何使用数据挖掘这个工具去解决问题。

本节主要介绍了数据挖掘对象（5.3.1 节）、数据挖掘分类（5.3.2 节）以及知识发现的过程（5.3.3 节）。通过阅读本小节，我们可以知道数据挖掘究竟能挖掘什么，可以怎样分类以及数据挖掘的具体流程。

5.3.1　数据挖掘对象

数据挖掘可以应用于任何类型的数据库，既包括传统的关系数据库，也包括非数据库组织的文本数据源、Web 数据源以及复杂的多媒体数据源等。数据挖掘的对象主要是关系数据库与数据仓库，这些数据库里存储的数据是典型的结构化数据。随着数据挖掘技术的不断发展更新，数据挖掘的对象已经扩大到了非结构化数据，如文本、图像、视频以及 Web 数据等。

1. 关系数据库

关系数据库具有坚实的数据基础、统一的组织结构、完整的规范化理论、一体化的查询语言等优点，因为这些优点，该类型的数据库成为当下数据挖掘最流行，也是信息最丰富的数据源。

2. 数据仓库

数据仓库是数据库技术发展到高级阶段的产物，它是面向主题的、集成的、内容相对稳定的、随时间变化的数据集合。我们可以利用该集合支持管理决策的制定过程。数据仓库系统可以将各种应用系统、多个数据库集成在一起，为统一的历史数据分析提供坚实的平台。

数据挖掘需要有良好组织形式的和"干净"的数据，数据的好坏会直接影响到数据挖掘的效率和效果，然而数据仓库的特点刚刚好符合数据挖掘的要求，数据在存入数据仓库之前都是经过清洗、集成、选择、转换等处理的，为数据挖掘提供了高质量的数据。可以说，数据挖掘为数据仓库提供了有效的分析处理手段，数据仓库为数据挖掘准备了良好的数据源。因此，随着数据仓库与数据挖掘的协调发展，数据仓库必然成为数据挖掘的最佳环境。

3. 文本数据库

文本是以文字符串的形式表示的数据文件，文本数据库所记载的内容均为文字，这些文字并不一定是简单的关键词，有可能是长句子，甚至是段落和全文。文本数据库多数为非结构化的，也有些是半结构化的，如 HTML、E – mail 等。如果文本数据具有良好的结构，可以使用关系数据库来实现。

4. 图像和视频数据

图像和视频数据是典型的多媒体数据。数据以点阵信息及帧形式存储，数据量很大。图像与视频的数据挖掘包括图像与视频特征提取、基于内容的相似检索、视频镜头的编辑与组织等。

5. Web 数据

随着 Internet 的发展和普及、网站数目的迅速增长，网络数据数量呈指数增长。Web 数据挖掘已经成为当下又一个新课题。Web 包含了丰富和动态的超链接信息，以及 Web 页面的访问和使用信息，这为数据挖掘提供了丰富的资源。Web 挖掘就是从 Web 文档和 Web 活动中抽取感兴趣的、潜在的有用模式和隐藏信息。

5.3.2 数据挖掘分类

由于数据挖掘是在多学科的基础上发展而来的，所以数据挖掘的分类也比较繁多。数据挖掘可按数据库类型、挖掘对象、挖掘任务、挖掘方法与技术以及应用等几方面进行分类。

1. 按数据库类型分类

数据挖掘主要是在关系数据库中挖掘知识。随着数据库类型的不断增加，逐步出现了不同数据库的数据挖掘、现有关系数据挖掘、模糊数据挖掘、历史数据挖掘，空间数据挖掘等多种不同数据库的数据挖掘类型。

2. 按数据挖掘对象分类

数据挖掘除对数据库这个主要对象进行挖掘外，还有文本数据挖掘、多媒体数据挖掘、Web 数据挖掘。由于对象不同，挖掘的方法相差很大，文本、多媒体、Web 数据均是非结构化数据，挖掘难度将很大。目前，Web 数据挖掘已逐步引起人们的关注。

3. 按数据挖掘任务分类

数据挖掘的任务有关联规则、聚类分析、分类分析、回归分析、相关分析、异常检测等。

按任务分类有关联规则挖掘、聚类数据挖掘、分类数据挖掘、回归数据挖掘、相关数据挖掘、异常数据挖掘等类型。各类数据挖掘由于任务不同，将会采用不同的数据挖掘方法和技术。

4. 按数据挖掘方法和技术分类

数据挖掘按方法和技术分可分为归纳学习类、仿生物类、公式发现类、统计分析类、模糊数学类、可视化技术类。

(1)归纳学习类

该类又分为基于信息论方法挖掘类和基于集合论方法挖掘类。基于信息论方法是在数据库中寻找信息量大的属性来建立属性的决策树，基于集合论方法是对数据库中各属性的元组集合之间关系来建立属性间的规则。各类中又包括多种方法，主要用于分类问题。

(2)仿生物技术类

该类又分为神经网络方法类和遗传算法类。神经网络方法是在模拟人脑神经元的基础上，提出了一系列的算法模型，用于识别、预测、联想、优化、聚类等实际问题。遗传算法是模拟生物遗传过程，对选择、交叉、变异过程建立了数学算子，主要用于问题的优化和规则的生成。

(3)公式发现类

在科学实验与工程数据库中，用人工智能方法寻找和发现连续属性之间的关系，建立变量之间公式。

(4)统计分析类

统计分析是一门独立的学科，由于能对数据库中数据求出各种不同的统计信息和知识，因此它也构成了数据挖掘中的一大类方法。

(5)模糊数学类

模糊数学是反映人们思维的一种方式，将模糊数学应用于数据挖掘的各项任务中，形成了模糊数据挖掘类。

(6)可视化技术类

可视化技术是一种图形显示技术。对于数据的分布规律进行可视化显示或对数据挖掘过程进行可视化显示，会提高人们对数据挖掘的理解和挖掘效果。该技术已形成了可视化数据挖掘类的多种方法。

5.3.3 知识发现的过程

知识发现(knowledge discovery in databases,KDD)是所谓数据挖掘的一种更广义的说法，该过程可以简单地定义为从数据集中识别出有效的、新颖的、潜在有用的，以及最终可理解的模式的高级处理过程。知识发现将信息变为知识，从数据矿山中找到蕴藏的知识金块，将为知识创新和知识经济的发展做出贡献。

知识发现的目的是向使用者屏蔽原始数据的烦琐细节，从原始数据中提炼出有意义的、简洁的知识，直接向使用者报告。基于数据库的知识发现(KDD)和数据挖掘还存在着混淆，通常这两个术语可以替换使用。数据挖掘可认为是数据中模式或模型的抽取，这是对数据挖掘的一般解释。虽然数据挖掘是知识发现过程的核心，但它通常仅占 KDD 的一部分(15% ~ 25%)。因此数据挖掘仅仅是整个 KDD 过程的一个步骤，对于到底有多少步以及哪一步必须包括在 KDD 过程中没有确切的定义。然而，通用的过程应该是接收原始数据输入，选择重要的数据项，缩减、预处理和浓缩数据组，将数据转换为合适的格式，从数据中找到模式，评价解释发现结果。

如图 5 - 1 所示，从数据集中发现有价值知识的过程可以简单地概括为：首先从数据源中抽取令人感兴趣的数据，这些数据中可能存在不完整、不一致、含噪声的数据，所以需要将数据进行预处理，然后通过数据转换把数据转换成适合数据挖掘的数据组织形式，接下来选择合适的数据挖掘算法对数据进行数据挖掘，最后对挖掘出的知识进行解释评价。

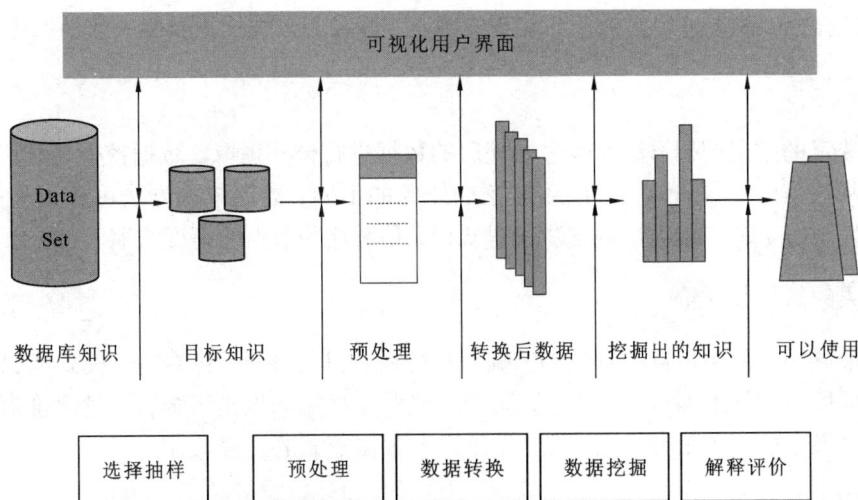

图 5 - 1　知识发现的过程

一般来说，KDD 是一个多步骤的处理过程，具体可以分为七个步骤：问题的理解和定义，相关数据收集和提取、数据探索和清理（预处理）、数据转换、算法选择、数据挖掘、结果的解释和评价。

1. 问题的理解和定义

数据挖掘人员与领域专家合作，对问题进行全面的分析，以确定可能的解决途径和对学习结果的评测方法。

2. 相关数据的收集和提取

数据的抽取与集成是知识发现的关键性工作。从现有的数据中，确定哪些数据是与本次数据分析任务相关的。根据挖掘目标，从原始数据中选择相关的数据集，通过高效的抽取工具将数据从不同数据源中抽取出来。

3. 数据探索和清理

收集提取出的数据集存在大量的"脏"数据，这些"脏"数据的数据质量非常差，存在着不完整、不一致、不准确和冗余等问题。需要先对数据进行清洗，将其转换为干净数据。

4. 数据转换

对数据进行再加工。主要包括选择相关的属性子集并剔除冗余属性、根据知识发现任务对数据进行采样以减少学习量以及对数据的表述方式进行转换以适于学习算法等。为了使数据与任务达到最佳的匹配，这个步骤可能反复多次。

5. 算法选择

使用合适的数据挖掘算法完成数据分析。首先保证实现挖掘目标数据的功能。其次选择合适的模式搜索算法，这包括模型和参数的确定，算法和数据挖掘目标一致性保障等。

6. 数据挖掘

根据选定的数据挖掘算法对经过处理后的数据进行模式提取。数据挖掘是利用一系列方法或算法从数据中获取知识。按照数据挖掘任务的不同，数据挖掘方法可分为聚类、分类、关联规则发现等。利用数据挖掘方法获得知识，是对这些数据的高度浓缩。

7. 结果的解释和评价

根据最终用户的决策目的对数据挖掘发现的模式进行评价，将有用的模式或描述有用模式的数据以可视化技术展示给用户，让用户能够对模型结果做出解释，同时评价模式的有效性。如果结果不能令决策者满意，需要重复以上数据挖掘的过程。

习 题

1. 数据挖掘与知识发现这两个概念有什么不同？
2. 数据挖掘的任务有哪些？每项任务的含义是什么？
3. 何谓聚类？它与分类有什么异同？
4. 数据挖掘的对象有哪些？它们各自的特点是什么？
5. 数据挖掘可以被分为哪几类？
6. 知识发现的过程由哪几个步骤组成？
7. 知识发现的过程中每个步骤的工作是什么？
8. 简述你对数据挖掘未来发展趋势的看法。

第6章 关联挖掘

关联规则可以有效地发现数据之间的重要关联关系，并且表达规则的形式简洁，易于解释和理解，从大型数据库中挖掘关联规则的问题已经成为近年来数据挖掘领域中的一个热点。

啤酒与尿布的故事是关联规则挖掘的一则经典案例，这是一则沃尔玛超市的趣闻：沃尔玛曾经对数据仓库中一年多的原始交易数据进行了详细的分析，意外地发现与尿布一起被购买最多的商品竟然是啤酒。借助数据仓库和关联规则，发现了这个隐藏在此现象背后的事实：美国的妇女经常会嘱咐丈夫下班后为孩子买尿布，而30% ~40%的丈夫在买完尿布之后会顺手购买自己爱喝的啤酒。沃尔玛超市利用这个规律，将啤酒和尿布摆在一起销售，大大增加了销量。这个故事能很好地解释关联规则挖掘的原理。

关联规则主要是通过挖掘频繁项集而实现的一种复杂的数据刻画方式，这样就导致了频繁项集发现算法的产生。我们首先介绍 Apriori 算法，该算法主要依据的基本原理是：如果一个集合的子集不是频繁项集，那么该集合也不可能是频繁项集。基于这种思路，该算法可以通过检查小集合而去掉大部分不合格的大集合。接着，我们介绍 Apriori 算法的改进算法，FP - Growth算法。

本章主要介绍关联挖掘，包括关联规则的概念和分类(6.1 节)、Apriori 算法(6.2 节)、FP - Growth 算法(6.3 节)及挖掘算法的进阶算法(6.4 节)。

6.1 关联规则的概念和分类

关联规则的概念产生于 1993 年，其最初的目的是为了寻找大量数据库中项集之间的联系以及相互的关联性，由 Agrawal、Imielinski 和 Swami 提出。

本节主要介绍关联规则的概念(6.1.1 节)以及关联规则的分类(6.1.2 节)等。

6.1.1 关联规则的概念

关联规则是指大量数据中项集之间有趣的关联或相关联系。随着数据的积累，许多业界人士对于从他们的数据库中挖掘关联规则越来越感兴趣。从大量商务事务记录中发现有趣的关联关系，可以帮助许多商务决策的制定。

关联规则发现最初的形式是类似于前面提到的货篮分析，货篮分析是通过发现顾客放入其货篮中的不同商品，即不同项之间的联系，分析顾客的购买习惯。通过了解哪些商品频繁地被顾客同时购买，分析得到商品之间的关联，这种关联规则很有价值，商场管理人员可以根据这些关联规则制订营销策略。货篮分析的典型应用是可以帮助经理规划不同的商店布局。一种策略是：经常一块购买的商品可以摆放在一起，以便进一步刺激顾客同时购买这些商品。例如，如果顾客购买计算机，也倾向于同时购买键盘和鼠标，那么如果将键盘和鼠标摆放得离计算机陈列近一点，就可能有助于增加二者的销售。另一种策略是：将计算机和键盘鼠标分别摆放在商店的两端，这可能诱发购买这些商品的顾客一路挑选其他商品。

当然，货篮分析是关联规则发现的最初形式，比较简单。有些数据不像售货数据那样能很容易地看出来哪些事务是许多物品的集合，但稍微转变一下思考的角度，也可以将一些数据像售货数据一样处理。关联规则发现的研究和应用还在不断地发展着。

关联规则用来发现在同一事件中出现的不同项的相关性，即找出事务中频繁发生的项或属性的所有子集，以及项目之间的相互关联性。为了说明这些概念，我们使用顾客购物单举一个小例子(表 6 - 1)。

表 6 - 1   实例

交易号 ID	产品
T01	啤酒、尿布
T02	啤酒、尿布
T03	尿布

定义 6.1(I)：项目(Item)集合，$I = \{i_1, i_2, \cdots, i_m\}$，其中，$i_1, i_2, \cdots, i_m$ 为数据库中的项目；这里 $I = \{$啤酒，尿布$\}$，在表 6 - 1 中显示了一个包含项目的小型数据库。

定义 6.2(D)：事务数据库(database)，$D = \{t_1, t_2, \cdots, t_m\}$，每个交易中 D 具有唯一的交易 ID 并且包含其中的项目的子集 I；

定义 6.3(R)：数据库中的事务(transaction)；

定义 6.4(X)：项集(itemset)，即项目的集合；

定义 6.5(k 项集)：包含上个项目的集合；

定义 6.6[支持度(support)]：表示包含该项集的交易数据的条数，如果一个项集的支持度大于用户指定的最小支持度 min - sup，则称它是频繁的，长度为点的频繁项集称为频繁人项集。关联规则是形如 $A \Rightarrow B$ 的蕴涵式，其中 $A \subset I$，$B \subset I$，并且 $A \cap B = \phi$ 规则 $A \Rightarrow B$ 在数据库 D 中具有支持度 S，即：

$$Support(A \cup B) = P(AB)$$

其中 $|AB|$ 表示 A、B 两个项集同时发生的事务个数。超市的一个例子规则可能是 $\{$尿布$\} \Rightarrow \{$啤酒$\}$，这意味着如果买了尿布，顾客很有可能还要买啤酒。例子中 Support(尿布) = 3，Support(啤酒) = 2。

定义 6.7[可信度(confidence)]：设事务集 D 中支持项集 X 的事务中，有 $c\%$ 的事务同时也支持项集 Y，$c\%$ 成为关联规则 $X \Rightarrow Y$ 的可信度，规则 $A \Rightarrow B$ 的置信度 confidence(min_con)定义为 D 中包含项集 $A \cup B$ 的事务数和包含项集 A 的事务数的比值，表示当项集 A 出现时，项集 B 出现的概率，置信度大于用户指定的最小置信度值的规则是可信的。相对于包含 A 项集的百分比，这是条件概率 $P(B|A)$，即：

$$confidence(A \Rightarrow B) = P(B|A) = \frac{|AB|}{|A|}$$

例如，$C($尿布$\Rightarrow$啤酒$) = \frac{|AB|}{|A|} = \frac{2}{3} = 66.6\%$，这意味着对于包含尿布和啤酒的交易 66.6% 的规则是正确的(客户购买尿布时同时购买啤酒的概率是 66.6%)。

关联规则挖掘的任务是找到事务数据库 D 中支持度和置信度分别满足用户指定的最小支持度 min_sup 和最小置信度 min_con 的规则 $A = B$。

定义 6.8(频繁项集)：也称为频繁模式，指支持度大于用户指定的最小支持度的项集。

定义 6.9[频繁 k – 项集(k frequent itemset)]：长度为 k 的频繁项集。

可信度是对关联规则的准确度的衡量，支持度是对关联规则重要性的衡量。支持度说明了这条规则在所有事务中有多大的代表性，显然支持度越大，关联规则越重要。有些关联规则可信度虽然很高，但支持度却很低，说明该关联规则使用的机会很少，因此也不重要。

6.1.2 关联规则的分类

从不同角度出发，对关联规则可以进行如下分类，下面介绍几种最常见的分类方法。

1. 基于规则中处理的变量类别分类

基于关联规则中处理的变量类别，可以将关联规则分为布尔型和数值型两种。

布尔型关联规则处理的值都是离散的、种类化的值，关联规则显示这些变量之间的关系；数值型关联规则是对数值型字段进行处理，将其进行动态地分割，或者直接对原始的数据进行处理，当然数值型关联规则中也可以包含种类变量。

例如：性别 = "男" $\Rightarrow$ 职业 = "老师"，是布尔型关联规则性别 = "男" $\Rightarrow avg($收入$) = 5000$，其中的收入项是数值类型，所以是一个数值型关联规则。

2. 基于规则中数据的抽象层次分类

基于规则中数据的抽象层次，可以将关联规则分为单层关联规则和多层关联规则。

在单层的关联规则中，所有的变量都不考虑现实数据具有多个不同层次的特点；在多层关联规则中，则需考虑数据的多层性。

例如：Adidas 篮球 $\Rightarrow$ Nike 篮球服，是一个细节数据上的单层关联规则；篮球 $\Rightarrow$ Nike 篮球服，是一个较高层次和细节层次之间的多层关联规则。

3. 基于规则中涉及的数据维数分类

基于规则中涉及的数据维数，可以将关联规则分为单维和多维。

在单维关联规则中，只涉及数据的一个维，如用户购买的商品；多维的关联规则中，要处理的数据将会涉及多个维。或者说，单维关联规则是处理单个属性中的某些关系；多维关联规则是处理多个属性之间的某些关系。

例如，尿布 $\Rightarrow$ 啤酒，这条规则只涉及用户购买的商品；性别 = "男" $\Rightarrow$ 职业 = "老师"，这条规则就涉及两个字段的信息，是一条两维关联规则。

4. 基于模式与规则之间的相互关系分类

基于模式与规则之间的相互关系，可以将关联规则分为完全频繁模式挖掘、最大频繁模式挖掘和闭合模式挖掘。

由于应用环境和目的不同，在以上多种关联规则挖掘方法中，一维单层布尔型关联规则挖掘方法是其他方法的基础。

6.2　Apriori 算法

Apriori 算法是一种用于关联规则挖掘(association rule mining)的代表性算法，也称 Breadth First 或 Level Wise 算法，Agrawal 和 Srikant 等人于 1993 年首先提出了挖掘顾客事务数据库中项集间的关联规则问题，并于 1994 年给出了一种挖掘算法，即 Apriori 算法。其核心思想是通过候选集生成和挖掘频繁项集。

本节主要介绍 Apriori 算法概述(6.2.1 节)、Apriori 算法的性质与步骤(6.2.2 节)和 Apriori 算法的实例(6.2.3 节)以及从频繁项集产生关联规则(6.2.4 节)。

6.2.1　Apriori 算法概述

要找出频繁项集，最早的朴素算法是三元矩阵方法、三元组方法，因为我们关注的都是计算两个项组成的项对的计数值，一个大型的连锁商店或许有 100 000 个不同的项，所收集的购物篮数据可能有几百万个。而且对于更大的集合，如三元组、四元组或更高的元组，数据量会更大。Apriori 算法就是为了解决这个问题而提出的。

Apriori 定律：

①如果一个集合是频繁项集，则它的所有子集都是频繁项集。举例：假设一个集合{A，B}是频繁项集，即 A，B 同时出现在一条记录中的次数小于 min_support，则它的子集{A}、{B}出现次数必定大于等于 min_support，即它的子集都是频繁项集。

②如果一个集合不是频繁项集，则它的所有超集都不是频繁项集。举例：假设集合{A}不是频繁项集，即 A 出现的次数小于 min_support，则它的任何超集如{A，B}出现的次数必定小于 min_support，因此其超集必定也不是频繁项集。

利用这两条定律，我们就能抛掉很多的候选项集，Apriori 算法就是利用这两个定理来实现快速挖掘频繁项集的。它是目前频繁项集发现算法的核心。该算法的核心是基于频集理论的递归方法，但具有一定的局限性。下面主要介绍 Apriori 算法。

6.2.2　Apriori 算法的性质与步骤

Apiori 算法的基本思想是将关联规则挖掘算法的设计分解为两步：

第一步，找到所有支持度大于最小支持度的项集，即频繁项集；

第二步，利用第一步找到的频繁项集产生所期望的关联规则。

第二步相对简单，所以第一步是算法的关键。这里只考虑规则的右边只有一项的情况。如果给定了一个频繁项集 $Y = I_1, I_2, \cdots, I_k, k \geq 2, I_i \in I$，那么，只包含集合 $I_1, \{I_2, \cdots, I_k\}$ 中项的规则最多有 k 条。这种规则形如 $I_1, I_2, \cdots, I_{i-1}, I_{i+1} \cdots, I_k \rightarrow I_i, 1 \leq i \leq k$。

在这些规则中，只有那些可信度大于用户给定的最小可信度的规则才会被留下来。

Apriori 算法为了生成所有频繁项集，使用了递归的方法。

该算法首先产生频繁 1 - 项集的集合 L_1，然后是频繁 2 - 项集的集合 L_2，直到有某个 r 值使得 L_r 为空，这时算法停止。在第 k 次循环中，先产生候选 k - 项集的集合 C_k，C_k 中的每一个项集是对两个只有一个项不同的属于 L_{k-1} 的频集做连接来产生的。C_k 中的项集是用来产生频集的候选集，最后的频集 L_k 必须是 C_k 的一个子集。C_k 中的每个项需要在事务数据库中进行验证来决定它是否加入 L_k。这里的验证过程需要很大的 I/O 开销，严重影响该算法的使用效果，因为，这个方法要求多次扫描事务数据库。

如果 L_{k-1} 中有 m 个频繁项集，那么用 L_{k-1} 自连接得到 C_k 时，C_k 会有 $m(m+1)/2$ 个项集，而这 $m(m+1)/2$ 个项集中可能只有少数项集是频繁 k - 项集。因此，有必要在生成时进行修剪。Agrawal 等人引入了剪枝技术来减小候选集 C_k 的大小，效果很显著。算法中引入的修剪策略基于这样一个性质：一个项集是频集当且仅当它的所有子集都是频集。

因此，如果 C_k 中某个候选项集有一个 $(k-1)$ - 子集不属于 L_{k-1}，那么，这个项集就可以被修剪掉而不再考虑。这个修剪过程可以降低计算所有的候选集的支持度的代价，这是利用了我们前面介绍过的性质：频繁项集的所有非空子集都是频繁项集。

根据上述两个关键步骤，Apriori 算法具体过程可以描述为：

从包含每个项的候选 1 - 项集中找出频繁 1 - 项集的集合 L_1。然后利用 L_{k-1} 连接产生候选 C_k，并根据 Apriori 性质删除那些具有非频繁子集的候选项集。接下来扫描数据库，统计候选项集的支持计数，与最小支持计数相比，形成频繁项集 L_k。

产生候选项集的过程描述如下：

假定 L_{k-1} 中各项按某一次序排列，候选项集的产生由以下两个步骤组合而成。

(1) 连接步骤：此步骤用于从频繁 $(k-1)$ - 项集集合产生候选 k - 项集集合。

为了计算出 L_k，根据 Apriori 性质，需要从 L_{k-1} 中选择所有可连接的、对连接产生候选 k - 项集的集合，记作 C_k。假设项集中的项按字典序排序，则可连接的对是指两个频繁项集仅有最后一项不同。例如，若 L_{k-1} 的元素 l_1 和 l_2 是可连接的，则 l_1 和 l_2 两个项集的 $k-1$ 个项中仅有最后一项不同，这个条件仅仅用于保证不产生重复。

(2) 剪枝步骤：此步骤用于快速缩小 C_k 包含的项集数目。

由 Apriori 性质可得，任何非频繁的 $(k-1)$ - 项集都不是频繁 k - 项集的子集，因此，如果 C_k 中的一条候选 k - 项集的任意一个 $(k-1)$ - 项子集不在 L_{k-1} 中，则这条候选 k - 项集必定不是频繁的，从而可以从 C_k 中删除。这种子集测试可以使用当前所有频繁项集的散列树快速完成。

C_k 是 L_k 的超集，经过子集测试压缩 C_k 后，即可扫描数据库，确定 C_k 中每个候选的计数，从而确定 L_k。

6.2.3 Apriori 算法的实例

看一个具体的例子。现在有沃尔玛超市的账单数据库 D 如表 6 - 2 所示。该数据库有 9 个事务，即 $|D| = 9$。图 6 - 1 演示了 Apriori 算法发现 D 中频繁项集的流程。

表 6-2　账单数据库 D

TID	商品 ID 的列表	TID	商品 ID 的列表
T100	啤酒，牛奶，炸鸡	T600	牛奶，尿布
T200	牛奶，面包	T700	啤酒，尿布
T300	牛奶，尿布	T800	啤酒，牛奶，尿布，炸鸡
T400	啤酒，牛奶，面包	T900	啤酒，牛奶，尿布
T500	啤酒，尿布		

（1）在算法的第一次迭代时，每个项都是候选 1-项集的集合 C_1 的成员。算法简单地扫描所有的事务，对每个项的出现次数计数。

（2）假设最小支持度计数为 2，即 min_sup = 2（这里谈论的是绝对支持度，因为使用的是支持度计算。对应的相对支持度为 2/9 = 22%）。可以确定频繁 1 项集的集合 L_1。它由满足最小支持度的候选 1-项集组成。在我们的例子中，C_1 中的所有候选都满足最小支持度。

（3）为了发现频繁 2-项集的集合 L_2，算法使用连接 $L_1 \bowtie L_1$ 产生候选 2-项集的集合 C_2。C_2 由 $C_2 | L_1 |$ 个 2-项集组成。注意，在剪枝步，没有候选从 C_2 中删除，因为这些候选的每个子集也是频繁的。

（4）扫描 D 中事务，累计 C_2 中每个候选项集的支持计数，如图 6-1 的第二行中间的表所示。

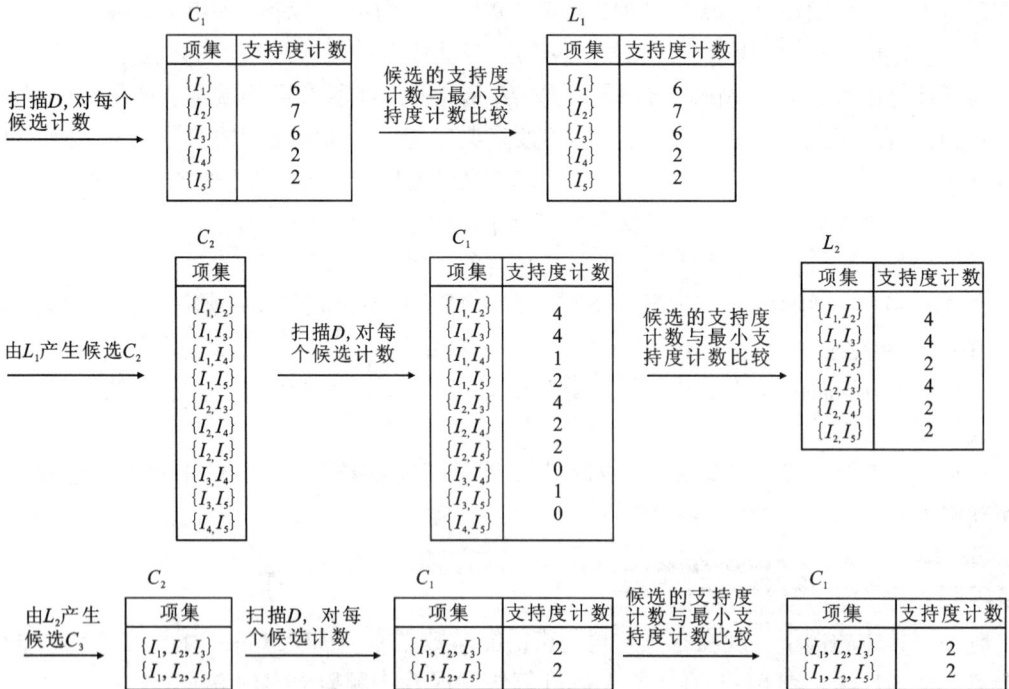

图 6-1　候选项集和频繁项集的产生，最小支持计数为 2

（5）然后，确定频繁 2 - 项集的集合 L_2，它由 C_2 中满足最小支持度的候选 2 - 项集组成。

（6）候选 3 - 项集的集合 C_3 的产生如图 6 - 2 所示。在连接步，首先令 $C_3 = L_2 \bowtie L_2 = \{I_1, I_2, I_3\}, \{I_1, I_2, I_5\}, \{I_1, I_3, I_5\}, \{I_2, I_3, I_4\}, \{I_2, I_3, I_5\}, \{I_2, I_4, I_5\}$。根据先验性质，频繁项集的所有子集必须是频繁的，可以确定后 4 个候选不可能是频繁的。因此，把它们从 C_3 中删除，这样，在此后扫描 D 确定 L_3 时就不必再求它们的计数值。注意，由于 Apriori 算法使用逐层搜索技术，给定一个候选 k - 项集，只需要检查它们的 $(k-1)$ - 子集是否频繁。C_3 剪枝后的版本在图 6 - 1 底部的第一个表中给出。

（7）扫描 D 中事务以确定 L_3，它由 C_3 中满足最小支持度的候选 3 - 项集组成（图 6 - 2）。

①连接：$C_3 = L_2 \bowtie L_2 = \{I_1, I_2\}, \{I_1, I_3\}, \{I_1, I_5\}, \{I_2, I_3\}, \{I_2, I_4\}, \{I_2, I_5\} \bowtie \{I_1, I_2\}, \{I_1, I_3\},$
$\{I_1, I_5\}, \{I_2, I_3\}, \{I_2, I_4\}, \{I_2, I_5\}$
$= \{I_1, I_2, I_3\}, \{I_1, I_2, I_5\}, \{I_1, I_3, I_5\}, \{I_2, I_3, I_4\}, \{I_2, I_3, I_5\}, \{I_2, I_4, I_5\}$

②使用先验性质剪枝：频繁项集的所有非空子集必须是频繁的，存在候选项集，其子集是频繁的。

◆ $\{I_1, I_2, I_3\}$ 的 2 项子集是 $\{I_1, I_2\}$、$\{I_1, I_3\}$ 和 $\{I_2, I_3\}$。$\{I_1, I_2, I_3\}$ 的所有 2 项子集都是 L_2 的元素。因此，$\{I_1, I_2, I_5\}$ 保留在 C_3 中。

◆ $\{I_1, I_2, I_5\}$ 的 2 项子集是 $\{I_1, I_2\}$、$\{I_1, I_5\}$ 和 $\{I_2, I_5\}$。$\{I_1, I_2, I_5\}$ 的所有 2 项子集都是 L_2 的元素。因此，$\{I_1, I_2, I_5\}$ 保留在 C_3 中。

◆ $\{I_1, I_3, I_5\}$ 的 2 项子集是 $\{I_1, I_3\}$、$\{I_1, I_5\}$ 和 $\{I_3, I_5\}$。$\{I_3, I_5\}$ 不是 L_1 的元素，因此，从 C_3 中删除 $\{I_2, I_3, I_5\}$。

◆ $\{I_2, I_3, I_4\}$ 的 2 项子集是 $\{I_2, I_3\}$、$\{I_2, I_4\}$ 和 $\{I_3, I_4\}$。$\{I_3, I_4\}$ 不是 L_2 的元素，因此，从 C_3 中删除 $\{I_2, I_3, I_4\}$。

◆ $\{I_2, I_3, I_5\}$ 的 2 项子集是 $\{I_2, I_3\}$、$\{I_2, I_5\}$ 和 $\{I_3, I_5\}$。$\{I_3, I_5\}$ 不是 L_2 的元素，因此，从 C_3 中删除 $\{I_2, I_3, I_5\}$。

◆ $\{I_2, I_4, I_5\}$ 的 2 项子集是 $\{I_2, I_4\}$、$\{I_2, I_5\}$ 和 $\{I_4, I_5\}$。$\{I_4, I_5\}$ 不是 L_2 的元素，因此，从 C_3 中删除 $\{I_2, I_4, I_5\}$。

③因此，剪枝后 $C_3 = \{\{I_1, I_2, I_3\}, \{I_1, I_2, I_5\}\}$。

图 6 - 2　使用先验性质，候选 3 - 项集的集合 C_3 由 L_2 产生和剪枝

（8）算法使用 $L_3 \bowtie L_3$ 产生候选 4 - 项集的集合 C_4。尽管连接产生结果 $\{\{I_1, I_2, I_3, I_5\}\}$，但是这个项集被剪去，因为它的子集 $\{I_2, I_3, I_5\}$ 不是频繁的。这样，$C_4 = \phi$，因此算法终止，找出了所有的频繁项集。

6.2.4　从频繁项集产生关联规则

一旦由数据库 D 中的事务找出频繁项集，就可以直接由它们产生强关联规则（强关联规则满足最小支持度和最小置信度）。对于置信度，可以用下式计算：

$$\text{confidence}(A \Rightarrow B) = P(A \mid B) = \frac{\text{support\_count}(A \cup B)}{\text{support\_count}(A)}$$

条件概率用项集的支持度计数表示，其中，support_count($A \cup B$) 是包含项集 $A \cup B$ 的事务数，而 support_count(A) 是包含项集 A 的事务数。根据该式，关联规则可以产生如下结论：

（1）对于每个频繁项集 l，产生 l 的所有非空子集。

（2）对于 l 的每个非空子集 s，如 $\dfrac{\text{support\_count}(A \cup B)}{\text{support\_count}(A)} \geqslant \text{min\_conf}$，，则输出规则"$S \Rightarrow (l-s)$"。其中，min_conf 是最小置信度阈值。

由于规则由频繁项集产生，因此每个规则都自动地满足最小支持度。频繁项集和它们的支持度可以预先存放在散列表中，使得它们可以被快速访问。

例 6 - 1　产生关联规则。让我们看一个例子，它基于前面表 6 - 1 中账单数据库 D。该数据包含频繁项集 $X = \{$啤酒，牛奶，炸鸡$\}$。可以由 X 产生哪些关联规则？X 的非空子集有 $\{$啤酒，牛奶$\}$、$\{$啤酒，炸鸡$\}$、$\{$啤酒，炸鸡$\}$、$\{$啤酒$\}$、$\{$牛奶$\}$ 和 $\{$炸鸡$\}$。结果关联规则如下，每个都列出了置信度。

$\{$啤酒，牛奶$\} \Rightarrow$ 炸鸡, confidence $= 2/4 = 50\%$

$\{$啤酒，炸鸡$\} \Rightarrow$ 牛奶, confidence $= 2/2 = 100\%$

$\{$牛奶，炸鸡$\} \Rightarrow$ 啤酒, confidence $= 2/2 = 100\%$

啤酒 $\Rightarrow \{$牛奶，炸鸡$\}$, confidence $= 2/6 = 33\%$

牛奶 $\Rightarrow \{$啤酒，炸鸡$\}$, confidence $= 2/7 = 29\%$

炸鸡 $\Rightarrow \{$啤酒，牛奶$\}$, confidence $= 2/2 = 100\%$

如果最小置信度阈值为 70%，则只有第 2、第 3 和第 6 个规则可以输出，因为只有这些是强规则。注意，与传统的分类规则不同，关联规则的右端可能包含多个合取项。

6.3　FP - Growth 算法

在使用 Apriori 方法时，可能会产生如下的问题：

可能产生大量的频繁项集：当长度为 1 的频繁项集有 10000 个时，长度为 2 的候选项集个数会超过 1000 万个。此外要生成相应的关联规则时，也会产生数量巨大的中间元素。

针对 Apriori 算法的固有缺陷，Jiawei Han 等人提出了不产生候选项集的方法：FP - Growth 算法。FP - Growth 算法采用一种称为频繁模式树（FP - tree）的结构，FP - tree 是为了存储与频繁模式相关的关键信息而设计的压缩的、扩展前缀树结构，采用分而治之的策略。理论和实验表明该算法质量优于 Apriori 算法。

FP - Growth 算法包括构成 FP - tree 频繁模式树和从 FP - tree 得到频繁模式两个阶段。在 FP 树中，每个节点由三个域组成：项目名称、节点计数以及节点链（指针）。另外，为了方便树的遍历，利用频繁项集 L_1，并增加节点链，通过节点链指向该项目在树中的位置，即节点链头（head），指向 FP - tree 中与之名称相同的第一个节点。

为了构成 FP - tree，需要扫描数据库两次，第一次统计事务中所有项的出现次数，与 Apriori 算法相似，并按照出现次数的大小排序，形成一个列表（假设所有事务中包含的项都以这个顺序排列）。第二次扫描数据库构建 FP - tree。树的根节点是一个空节点，用 null 表示，不代表任何信息，根节点之外的所有节点都代表一个项目，用数对（项目名：支持数）表示。为了方便对树的遍历，还采用了一个称为项目头的表格结构，表中按出现频率递减的顺序存放了所有项目，并且保存了项目在树中出现位置的指针，同一项目在树中的多次出现形成一个节点链。

由 FP - tree 得到频繁模式的过程是从频度最小的频繁项开始，采用一种称为 FP - Growth 的方法自下向上地在条件模式库上进行挖掘。

由于不产生大量的候选集，FP – Growth 算法的计算时间远远小于 Apriori（大约一个数量级），但是在处理长模式时，构造 FP – tree 的代价较高。到目前为止，FP – tree 是最杰出的关联规则挖掘算法。

本节主要介绍 FP – tree 的建立（6.3.1 节）、FP – tree 上挖掘关联规则（6.3.2 节）等。

6.3.1　FP – tree 的建立

FP – tree 的构建算法描述如下：

（1）数据库的第一次扫描与 Apriori 相同，它导出频繁项（1 – 项集）的集合，并得到它们的支持度计数。设最小支持度为 2，频繁项的集合按支持度计数的递减顺序排序，结果记为 L。这样就有：

$$L = \{牛奶：7，啤酒：6，尿布：6，面包：2，炸鸡：2\}$$

（2）FP – tree 构造如下：首先，创建 FP – tree 的根节点 T，以"null"标记。第二次扫描事务数据库。每个事务中的项按 L 中的次序处理（即按递减支持度计数排序）并对每个事务创建一个分支。

（3）将事务中的频繁项目按 L_1 中的次序排列。排序后的频繁项表示为 $[p|P]$，其中 p 是第一个频繁项，P 是剩余项目列表。

（4）调用 insert – tree（$[p|P]$，T），即由根节点 T 开始，如果 T 有子节点 N 满足 N. item – name = p. item – name，则节点 N 的计数增加 1；否则创建一个新节点 N，将其计数置为 1，连接到其父节点 T，并且通过节点链结构将其连接到具有相同 item – name 的节点。

（5）如果频繁项表 P 非空，递归地调用 inertee（P，N）。

例如，表 6 – 3 是一个事务数据库，第一个事务"T1：啤酒，牛奶，炸鸡"，按 L 的次序包括三个项{牛奶，啤酒，炸鸡}，导致构造树的第一个分支{牛奶：1，啤酒：1，炸鸡：1}。该分支具有三个节点，其中牛奶作为根节点的子链接，啤酒链接到牛奶，炸鸡链接到啤酒。从 L 表节点链中，牛奶、啤酒、炸鸡的指针分别指向树中牛奶、啤酒、炸鸡的节点。

第二个事务"T2：牛奶，面包"按 L 的次序也是{牛奶，面包}，仍以牛奶开头，这样在牛奶节点中产生一个分支，该分支与 T1 项集存在路径共享前缀——牛奶。这样，将节点牛奶的计数增加 1，即（牛奶：2），并创造一个面包的新节点（面包：1），作为（牛奶：2）的子链接。

第三个事务"T3：牛奶，尿布"同第二个事务一样处理，因为有相同的牛奶开头，在牛奶节点又产生了一个分支，出现新节点，记为（尿布：1），节点牛奶的计数再增加 1（为 3），即（牛奶：3）。

表 6 – 3　事务数据库 D

TID	商品 ID 的列表	TID	商品 ID 的列表
T100	啤酒，牛奶，炸鸡	T600	牛奶，尿布
T200	牛奶，面包	T700	啤酒，尿布
T300	牛奶，尿布	T800	啤酒，牛奶，尿布，炸鸡
T400	啤酒，牛奶，面包	T900	啤酒，牛奶，尿布
T500	啤酒，尿布		

第四个事务"T4：啤酒，牛奶，面包"，按 L 的次序为{牛奶，啤酒，面包}。在 FP - tree 中牛奶、啤酒已有节点，将共享前缀路径，从啤酒节点分支产生面包的另一新节点，记为（面包：1），共享牛奶节点，啤酒的计数均增加1，即（牛奶：4），（啤酒：2）。此（面包：1）节点用指针指向前面产生的（面包：1）节点，在 L 表中节点链接中指针指向该（面包：1）节点。

第五个事务"T5：啤酒，尿布"，按 L 表的次序为{啤酒，尿布}。在 FP - tree 中，由于该事务不含牛奶节点，不能共享牛奶分支。从 null 节点产生 FP - tree 的第二个分支，新建啤酒节点，记为（啤酒：1），由该节点产生分支，新建尿布节点，即（尿布：1）。由于牛奶分支中有（啤酒：2）节点。这样，从（啤酒：2）节点用指针指向此（啤酒：1）节点，牛奶分支中有（尿布：1）节点，它用指针指向此（尿布：1）节点。

第六个事务"T6：牛奶，尿布"，同第三个事务，沿 FP - tree 的牛奶 - 尿布分支的节点计数各增加1，变为（牛奶：5）和（尿布：2）。

第七个事务"T7：啤酒，尿布"，同第五个事务，沿 FP - tree 的啤酒 - 尿布分支的节点计数各增加1，变为（啤酒：2）和（尿布：2）。

第八个事务"T8：啤酒，牛奶，尿布，炸鸡"，按 L 表的次序为{牛奶，啤酒，尿布，炸鸡}，可沿分支牛奶 - 啤酒方向，在啤酒节点处新建分支，建尿布节点，记（尿布：1），由该节点再建分支，建炸鸡节点，记为（炸鸡：1），前面牛奶、啤酒节点计数各增加1，变为（牛奶：6），（啤酒：3）。FP - tree 中原炸鸡节点（炸鸡：1）中的指针指向该（炸鸡：1）节点。

第九个事务"T9：啤酒，牛奶，尿布"，按 L 表的次序为（牛奶，啤酒，尿布），同第八个事务，分支牛奶 - 啤酒 - 尿布方向，且已有节点，分别对牛奶、啤酒、尿布三个节点计数增加1，变为（牛奶：7），（啤酒：4），（尿布：2）。最终的 FP - tree 的表示如图 6 - 2 所示。

为了方便树的遍历，创建一个项头表，使每项通过一个节点链指向它在树中的位置。

这样，数据库频繁模式的挖掘问题就转换成挖掘 FP - tree 的问题。

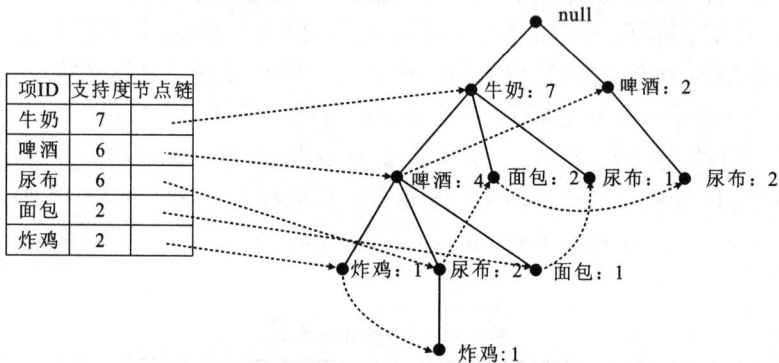

图 6 - 2　最终的 FP - tree

6.3.2　FP - tree 上挖掘关联规则

算法的第二部分是在算法第一部分所生成的 FP - tree 之上进行挖掘。

把图 6 - 2 中已经得到的 FP - tree 作为算法第二部分输入。按照从表尾到表头的顺序考察表中的每一个表项。

从表项"5"出发，通过算法第二部分可以得到包含 5 的所有模式。顺着 5 的 node_link，找到所有包含 5 的路径{(2,1,5:1)}、{(2,1,3,5:1)}和{(2,5:1)}。考虑 5 为后缀，它对应的 3 个前缀路径是{(2,1:1)}，{(2,1,3:1)}和{(2:1)}，它们形成 5 的条件模式基。把这个条件模式基看作一个新的事务数据库，运用算法的第一部分产生一个新的 FP - tree，这就是算法第二部分的条件 FP - tree。条件 FP - tree 中不包含 3，因为它的支持计数为 1，小于最小支持计数 2。该条件 FP - tree 的所有组合与 5 得到新的频繁模式(25:3)，(15:2)，(215:2)。包含项 5 的频繁集就被挖掘完了。

对于表项"4"，它的 4 个前缀形成条件模式基{(2,1:1)，(2:1)，(2,3:1)，(3:1)}，产生的条件 FP - tree 为{牛奶:2}，并导出频繁模式{牛奶，面包:2}。

对于表项"3"，它的 4 个前缀形成条件模式基{(2,1:2)，(2:2)，(1:2)}，产生的条件 FP - tree 为{牛奶:4，啤酒:2}，{啤酒:2}，并导出频繁模式{牛奶，尿布:4}，{啤酒，尿布:4}，{牛奶，啤酒，尿布:2}。

对于表项"1"，它的 4 个前缀形成条件模式基{牛奶:4}，产生的条件 FP - tree 为{牛奶:4}，并导出频繁模式{牛奶，啤酒:4}。

上述过程总结在表 6 - 4 中，这样便挖掘出了事务数据库中所有的频繁集。

表 6 - 4 通过创建条件 FP - tree 挖掘频繁模式

表项	条件模式集	条件 FP - tree	产生频繁项集
5	{(2,1:1)，(2,1,3:1)，(2:1)}	{2:3，1:2}	2 5:3，15:2，215:2
4	{(2,1:1)，(2:1)，(2,3:1)，(3:1)}	{2:3，3:1}，{3:1}	23:3，35:2
3	{(2,1:2)，(2:2)，(1:2)}	{2:4，1:2}，{1:2}	23:3，213:2，13:3
1	{2,1:5}	{2:4}	25:5

FP - Growth 的优点在于它不需要产生大量的候选集，它将发现长频繁模式的问题转换成递归的发现一些短模式，然后连接后缀，这样大大降低了搜索开销，提高了算法的效率。

当数据库很大时，构造基于内存的 FP - tree 是不现实的，此时可以先对数据库进行划分，然后对划分的各部分构造 FP - tree 进行挖掘。

对 FP - tree 方法的性能研究表明：对于挖掘长的和短的频繁模式，它都是有效的和可伸缩的，并且大约比 Apriori 算法快一个数量级。

6.4 挖掘算法的进阶算法

前面章节已经介绍的基础算法(Apriori 算法、FP - Growth 算法)是基于支持度来发现频繁项集的，即算法输出的模式是依据模式出现的频繁程度是否超过一定支持度阈值的。这种基于支持度框架的频繁模式(序列模式)挖掘方法没有去关注模式的其他信息，在一些应用(尤其是商业领域)中可用性和可解性方面都存在一定的局限。接下来会简要介绍一下挖掘算法的进阶算法——USpan。

在表 6 - 5 中的项 a，b，c 等，表示某个电子商务网站销售的商品，第二行对应的数字 2，

5，4等，表示对应商品 a，b，c 等的利润（或价格）。表 6-6 表示购买这些商品的客户的交易序列。对于商家而言，它们不仅关注哪些商品被频繁购买了，还关注这些商品被一起购买产生的利润。因此，仅仅看商品是否频繁购买是不够的，需要引入一个"效用"（utility）的概念。

例如，表 6-6 中，交易序列 2 中的 e 和 a 两种商品的组合 <ea> 的 utility 是 $\{(6\times1+1\times2)，(6\times1+2\times2)\}=\{8，10\}$，<ea> 在整个数据库里的 utility 是 $\{\{\}，\{8，10\}，\{\}，\{16，10\}，\{15，7\}\}$。我们在每个序列中选择最高的 utility，那么 <ea> 的最高 utility 是 $10+16+15=41$。如果这个值超过阈值，则 <ea> 作为输出模式，这样的结果反映了该商品组合所带来的总利润。J. Yin 和 Z. Zheng 等人结合到顺序模式挖掘中，定义了高效率序列挖掘的通用框架，提出了用于高效率序列模式的一个有效的算法——USpan。

表 6-5 单项利润表

项目	a	b	c	d	e	f
利润/价格	2	5	4	3	1	1

表 6-6 单项利润表

ID	序列
1	$<(e,5)[(c,2)(f,1)](b,2)>$
2	$<[(a,2)(e,6)][(a,1)(b,1)(c,2)][(a,2)(d,3)(e,3)]>$
3	$<(c,1)[(a,6)(d,3)(e,2)]>$
4	$<[(b,2)(e,2)][(a,7)(d,3)][(a,4)(b,1)(e,2)]>$
5	$<[(b,2)(e,3)][(a,6)(e,3)][(a,2)(b,1)]>$

下面先介绍相关定义。

定义 6.10（权重函数）：每个项 i_k 都有一个权重函数 $P(i_k)$，即效用值。

定义 6.11（q-项与 q-项集）：有序对 (i,q)，其中 $i\in I$，q 表示量（quality），称 (i,q) 为 q-项；$L=[(i_i,q_1)，(i_i,q_n)]$，称 l 为 q-项集（I 为所有项的集合）。

定义 6.12（q-序列与 q-序列数据库）：$s=(l_1,l_2,\cdots,l_m)$，称 s 为 q-序列；S 是元组 $<sid,s>$ 的集合，称 S 为 q-序列数据库，其中 sid 表示序列编号，s 表示一个 q-序列。

定义 6.13（q-项集包含与 q-序列包含）：给定两个 q-项集，$l_a=[(i_{a_1},q_{a_1})，(i_{a_2},q_{a_2})，\cdots，(i_{a_n},q_{a_n})]$ 和 $l_b=[(i_{b_1},q_{b_1})，(i_{b_2},q_{b_2})，\cdots，(i_{a_n},q_{b_n})]$，当且仅当存在一组整数 $1\leq j_1\leq j_2\leq\cdots\leq j_n\leq n'$，使得 $l_k\subseteq l'_{j_k}$，$1\leq k\leq n$，称 s 包含 s'，记为 $s\subseteq s'$。

定义 6.14（匹配）：给定一个 q-序列 $s=\{(s_1,q_1)，(s_2,q_2)，\cdots，(s_n,q_n)\}$ 和一个序列 $t=\{t_1,t_2,\cdots,t_m\}$，当且仅当 $n=m$ 且 $s_k=t_k$，$1\leq k<n$，称 s 匹配 t，记 $t\sim s$。

定义 6.15（q-项、q-项集、q-序列与 q-序列数据库的效用值）：
记 $u(i,q)=f_{u_i}(p(i),q)$ 为 (i,q) 的效用值，称为 q-项效用值；
记 $u(l)=f_{u_{is}}(\cup_{j=1}^{n'}u(i_j,q_j))$ 为 l 的效用值，称为 q-项集效用值；
记 $u(l)=f_{u_s}(\cup_{j=1}^{m}u(l_j))$ 为 s 的效用值，称为 q-序列效用值；

记 $u(l) = f_{u_{db}}(\bigcup_{j=1}^{r} u(s_j))$ 为 S 的效用值，称为 q – 序列数据库效用值。

定义 6.16（高效用值序列模式）： 给定一个序列 t，由于在一个 q – 序列 s 中可能会匹配多个 s'，即有多个效用值 $u(s')$，取最大值作为 t 关于 s 的效用值。若给定效用值的阈值 ξ 时，称序列 t 为高效用值序列模式。

其中，$u_{\max}(t) \geqslant \xi$ 时，称序列 t 为高效用值序列模式。

其中，$u_{\max}(t)$ 可以表示为 $\sum \max\{u(s') \mid s' \sim t \wedge s' \subseteq s \wedge s \in S\}$。

USpan 算法由 Lexicographic Q – sequence Tree（LQS – Tree）、两种拼接策略和两种剪枝策略组成：

（1）LQS – Tree 主要用于构建和组织 q – 序列和它的效用值列表。

（2）拼接策略分为项集内拼接（I – concatenate）和序列间拼接（S – concatenate），如序列 $<(ab)>$ 的项集内拼接为 $<(abe)>$，序列间拼接为 $<(ab)c>$。

（3）剪枝策略分为宽度剪枝（width pruning）和深度剪枝（depth pruning）。宽度剪枝依据促进规则进行剪枝，若 LQS – Tree 中节点拼接了新项不能促进效用值的增长，那么就不允许拼接。深度剪枝依据节点和拼接的新项的效用值的上界来限制 LQS – Tree 在深度方向的增长。

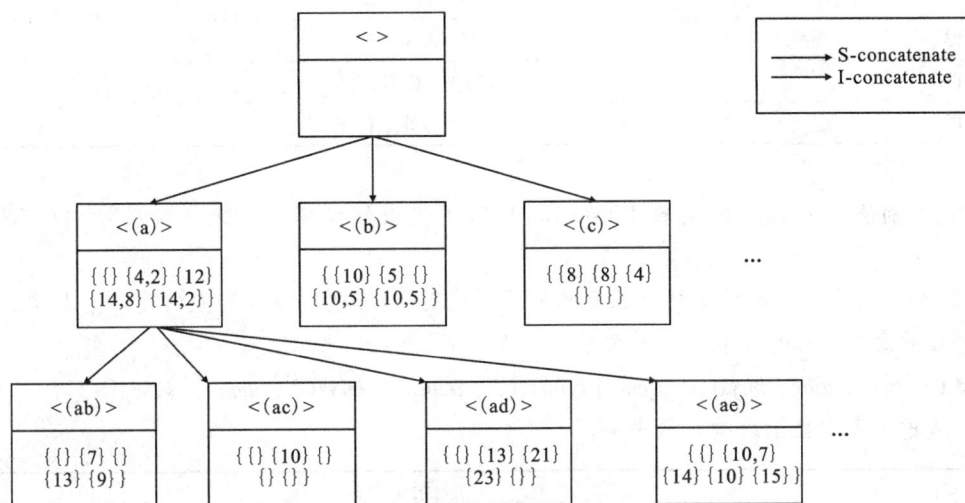

图 6 – 3　LQS – Tree 和拼接方式示意图

根据图 6 – 3 可以发现，如果不使用剪枝策略，那么基于 LQS – Tree 和两种拼接方式的方法会将 q – 序列数据库中的记录生成一棵庞大的 LQS – Tree，导致搜索空间里指数级的膨胀，算法效率严重下降，因此需要加入剪枝策略。

习　题

1. Apriori 算法使用子集支持度性质的先验知识。

（1）证明频繁项集的所有非空子集一定也是频繁的。

（2）证明项集 s 的任意非空子集 l 的支持度至少与 s 的支持度一样大。

（3）给定频繁项集 l 和 l 的子集 s，证明规则"$s \Rightarrow (s')$"的置信度不可能大于"$s \Rightarrow 1(s)$"的置信度。其中，s' 是 s 的子集。

（4）Apriori 算法的一种变形，将事务数据库 D 中的事务划分成 n 个不重叠的部分。证明在 D 中的频繁项集至少在 D 的一个分区中是频繁的。

2. 数据库有 5 个事务。设 min_sup = 60%，min_conf = 80%。

TID	购买的商品
T1	{M, O, N, K, E, Y}
T2	{D, O, N, K, E, Y}
T3	{M, A, K, E}
T4	{M, U, C, K, Y}
T5	{C, O, O, K, I, E}

（1）分别使用 Apriori 算法和 FP – Growth 算法找出频繁项集。比较两种挖掘过程的有效性。

（2）列举所有与下面的元规矩匹配的强关联规则（给出支持度 s 和置信度 c），其中，X 是代表顾客的变量，$item_i$ 是表示项的变量（如"A""B"等）：

$$\forall x \in transaction, buys(X, item_1) \wedge buys(X, item_2) \Rightarrow buys(X, item_3)[s, c]$$

3. 考虑下表中显示的购物篮事务。

事务 ID	购买项
1	{牛奶，啤酒，尿布}
2	{面包，黄油，牛奶}
3	{牛奶，尿布，饼干}
4	{面包，黄油，饼干}
5	{啤酒，饼干，尿布}
6	{牛奶，尿布，面包，黄油}
7	{面包，黄油，尿布}
8	{啤酒，尿布}
9	{牛奶，尿布，面包，黄油}
10	{啤酒，饼干}

（1）设 minsupport = 40%，利用 Apriori 算法求出所有的频繁项目集，指出其中的最大频繁项目集。

（2）设 minconfidence = 60%，利用 Apriori 算法找出所有的强关联规则。

4. 大部分频繁模式挖掘算法值只考虑事务中的不同项。然而，一种商品在一个购物篮中多次出现（如 4 块蛋糕，3 桶牛奶）的情况，在销售数据分析中可能是重要的。考虑项的多次出现，如何有效地挖掘频繁项集？对著名的算法，如 Apriori 算法和 FP – Growth 算法，提出修改方案，以适应这种情况。

5. 假定大型事务数据库 DB 的频繁项集已经存储。讨论：如果新的事务集 △DB（增量地）加进，在相同的最小支持度阈值下，如何有效地挖掘（全局）关联规则？

6.（实现项目）DBLP 数据集（http：//www. informatik. unitrier. de/ ~ ley/db/）包括超过 100 万篇发表在计算机科学会议和杂志上的论文项。在这些项中，很多作者都有合著关系。

（1）提出一种方法，挖掘密切相关的（即经常一起合写文章）合著者关系。

（2）根据挖掘结果和本章讨论的模式评估度量，讨论哪种度量可能比其他度量更令人信服地揭示紧密合作模式。

第7章 聚类分析

聚类分析是数据挖掘技术的一个重要组成部分。使用聚类分析能从潜在的数据中发现有意义的数据分布模式，能够寻找到感兴趣的数据并且寻找其间的关系，现阶段已经广泛应用于模式识别、数据分析、图像识别及其他许多方面。聚类是在事先不规定分组规则的情况下，将数据按照一定的特征划分成不同的群组。

聚类和分类的根本区别在于：分类需要根据对象的特征进行划分，而聚类是在不知道对象特征的基础上找到这个特征。如果仅仅只是靠人来研究数据，并且人工找出并将对象划分成有意义的组群的方法可能代价很大，甚至是不可行的，所以需要借助于聚类工具。

本章主要介绍聚类分析，包括聚类分析概述(7.1 节)、差异度的计算方法(7.2 节)、基于分割的聚类方法(7.3 节)、基于密度的聚类方法(7.4 节)、谱聚类方法(7.5 节)以及 ICA 聚类分析(7.6 节)。

7.1 聚类分析概述

本节为研究聚类分析做基础，重点在于熟悉聚类分析的定义并了解一些传统和新型的聚类算法，对聚类分析有个初步的把握。利用聚类分析的方法来寻找数据中潜在的自然分组结构和所感兴趣的关系。聚类被称作无监督学习。主要内容包括聚类分析的定义(7.1.1 节)及聚类分析的分类(7.1.2 节)。

7.1.1 聚类分析的定义

聚类就是将物理或抽象对象的集合组成为由类似的对象组成的多个类的过程。聚类的簇是由一组数据对象的集合所组成的，这些对象与同一簇中的对象彼此类似，与其他簇中的对象相异，即簇内对象间有较高相似度，簇间对象差别较大。在许多应用中，可以将一些簇中的数据对象作为一个整体来对待。

孩提时代，人们就通过不断改进下意识中的聚类模式来学会如何区分猫和狗，动物和植物。聚类分析源于许多研究领域，比如数据挖掘、统计学、生物学以及机器学习。作为一个数据挖掘的功能，聚类分析能作为一个独立的工具来获得数据分布的情况，观察每个簇的特点，集中对特定的或感兴趣的某些簇做进一步分析。此外，聚类分析可以作为其他算法的预处理步骤，之后这些算法将在检测到的簇和选择的属性或特征上进行操作。

聚类分析的目的：

利用聚类分析的方法来寻找数据中潜在的自然分组结构和所感兴趣的关系。由于簇是数据对象的集合,簇内的对象彼此类似,而与其他簇的对象不相似,因此数据对象的簇可以看做隐含的类。在这种意义下,聚类有时又称作自动分类。再次强调,至关重要的区别是,聚类可以自动地发现这些分组,这是聚类分析的突出优点。

在机器学习领域中,分类被称作监督学习,即它的学习算法是监督的,因为它被告知每个训练元组的类隶属关系。而聚类被称作无监督学习,因为没有提供类标号信息。由于这个原因,聚类是通过观察学习,而不是通过示例学习。

7.1.2 聚类分析的分类

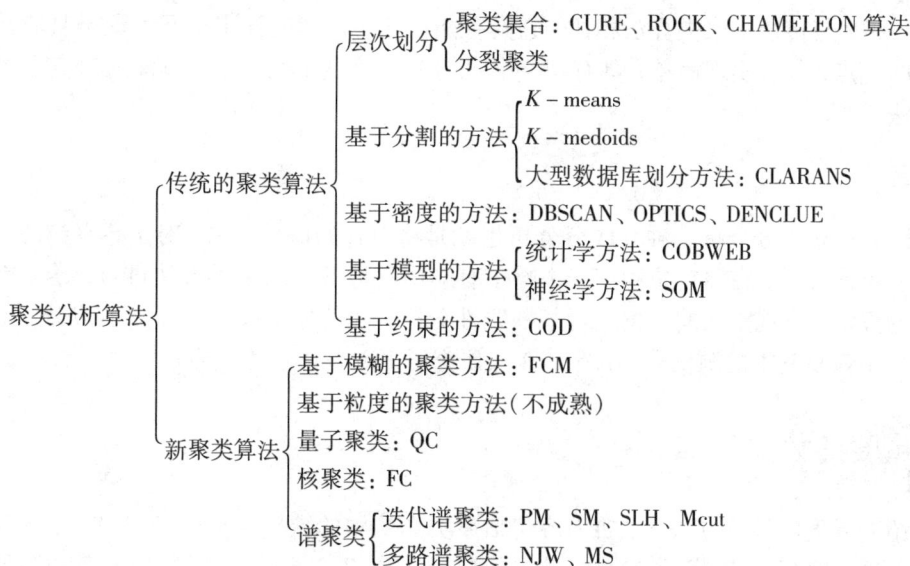

图 7-1 聚类分析的分类

本书中主要介绍了以下几种聚类分析方法。

1. 基于分割的方法

给定一个 n 个对象的集合,用分割方法构建数据的 k 个分区,其中每个分区表示一个簇,并且 $k \leqslant n$。也就是说,它把数据分割为 k 个组,使得每个组至少包含一个对象。

大部分分割方法都是基于距离的。首先,给定要构建的分区数 k,创建一个初始划分。然后,采用一种迭代的重定位技术,通过把对象从一个组移动到另一个组来改进分割效果。一个好的分割的一般准则是:同一个簇中的对象尽可能相互接近或相关,而不同簇中的对象尽可能远离或不同。当然,还存在许多其他评判分割质量的准则。

为了达到全局最优的效果,基于分割的聚类可能需要列举所有可能的划分,这样的话计算量极大,使用不便。实际上,大多数应用都采用了现代流行的启发式方法,如 k-均值算法和 k-中心点算法,能够渐近地提高聚类质量,逼近局部最优解。这类启发式聚类方法适合发现中小规模的和数据库中的球状簇。7.3 节深入研究了基于分割的聚类方法。

2. 基于密度的方法

大部分基于分割的方法都是基于对象间的距离进行聚类,而这样的方法只能发现球状簇，如果想发现任意形状的簇，就会遇到困难。基于密度的方法的主要思想是：只要"邻域"中的密度(对象或数据点的数目)超过某个阈值，就继续增长给定的簇。也就是说，对给定簇中的每个数据点，在给定半径的邻域中必须至少包括最少数目的点。这样的方法可以用来过滤噪声或离群点，从而发现任意形状的簇。7.4 节深入研究了基于密度的聚类方法。

3. 谱聚类

一种基于图论的聚类方法——将带权无向图划分为两个或两个以上的最优子图，使子图内部尽量相似，而子图间距离尽量较远，以达到常见的聚类的目的。谱聚类算法建立在谱图理论基础上，那么与传统的聚类算法相比，它具有能在任意形状的样本空间上聚类且收敛于全局最优解的优点，并且实现简单，具有识别非凸分布聚类的能力。7.5 节深入研究了谱聚类的聚类方法。

4. ICA 聚类

ICA 全称为独立成分分析。独立成分分析也就是将混合的信号分离，对于感兴趣的独立成分进行进一步的分析，在源定位和信号去噪中有应用。将 ICA 与聚类方法进行结合，能推出一种新型的算法，将观察到的数据进行某种线性分解，使其分解成统计独立的成分，即从线性混合信号中恢复基本的源信号。7.6 节深入研究了 ICA 聚类的聚类方法。

7.2 差异度的计算方法

七章介绍差异度的计算方法，主要内容包括聚类算法中的数据结构(7.2.1 节)、区间标度变量的差异度计算(7.2.2 节)、二元变量的差异度计算(7.2.3 节)、标称型变量的差异度计算(7.2.4 节)、序数型变量的差异度计算(7.2.5 节)、比例标度型变量的差异度计算(7.2.6 节)以及混合类型变量的差异度计算(7.2.7 节)。

7.2.1 聚类算法中的数据结构

聚类的数据集合包含 n 个数据对象，这些数据对象可能表示人、房子、文档、国家等，聚类分析可以将想要分析的对象量化成指定的数据进行分析。在聚类分析中存在两种代表性的数据结构。

(1)数据矩阵(对象－变量结构)

数据矩阵是二模矩阵，行和列表示不同的实体。是利用 m 个变量表现 n 个对象，例如用学号、姓名、性别、年龄、民族、所在系等属性来表现某个指定的对象如"某大学学生"。这种数据结构是关系表的形式，如下面所示的 $n \times m$ 的矩阵：

$$\begin{bmatrix} x_{11} & x_{12} & \cdots & x_{1m} \\ x_{21} & x_{22} & \cdots & x_{2m} \\ \vdots & \vdots & \vdots & \vdots \\ x_{n1} & x_{n2} & \cdots & x_{nm} \end{bmatrix}$$

(2)差异度矩阵(对象－对象结构)

差异度矩阵是单模矩阵，行和列代表的是相同的实体。是用来描述同一实体 n 个对象两两之间的近似性，表现为一个 $n \times n$ 的矩阵。差异度矩阵元素 $d(i, j)$ 是对象 i 和对象 j 之间差异性的量化表示，通常是一个非负的数值，当对象 i 和对象 j 越相似或接近时，其值越接近 0；两个对象越不同，其值越大。其中 $d(i, j) = d(j, i)$，$d(i, i) = 0$，则可以得到下面的矩阵表示：

$$\begin{bmatrix} 0 & & & & \\ d(2, 1) & 0 & & & \\ d(3, 1) & d(3, 2) & 0 & & \\ \vdots & \vdots & & \vdots & \\ d(n, 1) & d(n, 2) & \cdots & \cdots & 0 \end{bmatrix}$$

许多聚类算法都是以差异度矩阵为基础的，所以如果数据是用数据矩阵的形式表现的话，在使用算法之前都需要转化为差异度矩阵，然后用后续小节提到的各类不同变量差异度计算的方法进行计算。

7.2.2　区间标度变量的差异度计算

区间标度变量是一个粗略线性标度的连续度量，例如重量与高度、经度与纬度、大气温度等。选用不同的度量单位将直接影响聚类分析的结果。一般而言，选用的度量单位越小，变量所取的值域可能越大，这样对聚类的结果影响就会越大。为了避免数据对度量单位选择的依赖，必须对数据进行标准化。标准化度量值就是试图给所有的变量赋予相等的权重。

为了实现度量值的标准化，当给定一个变量 f 的值后，可以进行如下的变换将数据标准化。

（1）计算均值绝对偏差 s_f。

$$s_f = \frac{1}{n}(|x_{1f} - m_f| + |x_{2f} - m_f| + \cdots + |x_{nf} - m_f|) \tag{7.1}$$

其中，x_{1f}，x_{2f}，$\cdots$，x_{nf} 是 f 的 n 个度量值，m_f 是 f 的平均值，即

$$m_f = \frac{1}{n}(x_{1f} + x_{2f} + \cdots + x_{nf}) \tag{7.2}$$

（2）计算标准化的度量值，或可以称为 $z - score$ 值。

$$z_{if} = \frac{x_{if} - m_f}{s_f} \tag{7.3}$$

那么，采用均值绝对偏差的优点可以列出以下几点：

①均值绝对偏差比标准的偏差对于孤立点具有更好的鲁棒性。（注：鲁棒性指的是同一个算法适用于多个系统或系统的多个状态，即系统的特征参数发生较小变化之后仍能保持良好的性能，比如稳定性。稳定性指的是系统在某个稳定状态下受到较小的扰动后仍能回到原状态或另一个稳定状态。稳定性是形容系统的，鲁棒性是形容方法性能的。举个例子来说，自行车如果没有人的驾驶，是个不稳定的系统；而人骑上自行车组成的系统是个稳定的系统。一个人可以驾驭多种自行车，则说明这个人对这些自行车的使用具有鲁棒性。）

②在计算均值绝对偏差时，度量值与平均值的偏差没有被平方，因此孤立点的影响在一定程度上减小了。

③采用均值绝对偏差，可使孤立点的 $z - score$ 值不会太小，因此孤立点仍可被发现。

那么,在对数据进行标准化处理后,究竟如何计算差异度? 最常见的差异度计算是基于对象间的距离来计算的。

(1)欧几里德距离:

$$d(i,j) = \left[\sum_{k=1}^{n} (x_{ik} - x_{jk})^2 \right]^{1/2} \tag{7.4}$$

其中, $i = (x_{i1}, x_{i2}, \cdots, x_{in})$ 和 $j = (x_{j1}, x_{j2}, \cdots, x_{jn})$ 是两个 n 维的数据对象。

(2)曼哈顿距离:

$$d(i,j) = \sum_{k=1}^{n} |x_{ik} - x_{jk}| \tag{7.5}$$

(3)明考斯基距离:是欧几里德距离和曼哈顿距离的推广。

$$d(i,j) = \left[\sum_{k=1}^{n} (x_{ik} - x_{jk})^p \right] \tag{7.6}$$

如果对每个变量根据其重要性赋予一个权重,加权的欧几里德距离可以计算如下:

$$d(i,f) = \left[\sum_{k=1}^{n} (x_{ik} - x_{jk})^p \right]^{1/p} \tag{7.7}$$

同理,加权也可以用于曼哈顿距离和明考斯基距离。

7.2.3 二元变量的差异度计算

一个二元变量只有 0 或 1 两个状态。0 表示变量为空,1 表示变量存在。

评价两个对象 i 和 j 之间的差异度标准如下。

q 是对于对象 i 和 j 值都为 1 的变量的数目,r 是对于对象 i 值为 1 而对象 j 值为 0 的变量的数目,s 是对于对象 i 值为 0 而对象 j 值为 1 的变量的数目,t 是对于对象 i 和 j 值都为 0 的变量的数目,变量总数为 p,$p = q + r + s + t$。

然后,根据二元变量不同的特性给出不同的函数计算公式:

①对称二元变量,即这个二元变量的两个状态有相同的权重,0 或 1 没有优先权。基于对称二元变量的相似度被称为恒定的相似度,当一些或者全部二元变量编码改变时,计算结果不会发生变化。可以用简单匹配函数描述:

$$d(i,j) = \frac{r+s}{q+r+s+t} \tag{7.8}$$

②不对称二元变量,即两个状态的输出不是同样重要,可能在某些场合中 0 状态的二元变量具有更高的优先权,而在另外一些场合中 1 状态的二元变量具有更高的优先权。基于不对称变量的相似度被称为非恒定的相似度。可以用 Jaccard 系数描述:

$$d(i,j) = \frac{r+s}{q+r+s} \tag{7.9}$$

如表 7 - 1 所示,列出张某、李某和王某的疾病测试情况,依据二元变量差异度的计算公式,比较三个人的差异度。

表7-1 三人疾病测试情况

姓名	发烧	咳嗽	测试1	测试2	测试3	测试4
张某	Y	N	Y	N	N	N
李某	Y	N	Y	N	Y	N
王某	Y	Y	N	N	N	N

d(张某,李某): $q = 2$,$r = 0$,$s = 1$

d(张某,王某): $q = 1$,$r = 1$,$s = 1$

d(李某,王某): $q = 1$,$r = 1$,$s = 2$

d(张某,李某) $= (0 + 1)/(2 + 0 + 1) = 0.33$

d(张某,王某) $= (1 + 1)/(1 + 1 + 1) = 0.67$

d(李某,王某) $= (1 + 2)/(1 + 1 + 2) = 0.75$

通过以上的计算结果,相比较之下,可以得到如下结论。

结论:李某和王某不可能有相似的疾病,因为有最高的差异度。这三个病人中,张某和李某最可能有类似的疾病。

7.2.4 标称型变量的差异度计算

标称型变量是二元变量的推广,它可以具有多于两个状态的值。假设一个标称型变量的状态数目是 M,这些状态可以用字母、符号或者一组整数来表示,那么两个对象 i 和 j 之间的差异度可以用简单匹配方法来计算:

$$d(i, j) = \frac{p - m}{p} \tag{7.10}$$

式中:m 是匹配的数目,即对 i 和 j 取值相同的变量的数目;p 是全部变量的数目。还可以通过赋权重来增加 m 的影响,或者赋给有较多状态的变量更大的权重、较小状态的变量更小的权重。

下面举一个简单的例子,如表7-2所示。

表7-2 对象属性情况

	属性1	属性2	属性3	属性4	属性5
对象1	A1	B1	C2	D2	E1
对象2	A1	B3	C2	D2	E5
对象3	A2	B2	C2	D1	E4

$d(1, 2) = (5 - 3)/5 = 0.4$

$d(1, 3) = (5 - 1)/5 = 0.8$

$d(2, 3) = (5 - 1)/5 = 0.8$

通过以上计算,相比较之下,可以得到如下结论。

结论：对象 1 与对象 2 之间差异较小，对象 1 和对象 3 或对象 2 和对象 3 之间差异较大。

7.2.5 序数型变量的差异度计算

离散的序数型变量类似于标称型变量，M 个状态值以有意义的序列排列。一个连续序数型变量看起来就像一个刻度未知的连续数据的集合，其值的相对顺序重要，而实际的大小不重要。例如比赛的相对排名，金牌、银牌、铜牌代表第一名、第二名、第三名的排序。序数型变量的处理与区间标度变量极其相似。

f 是描述 n 个对象的一组序数型变量之一，具体的序数型变量的差异度计算步骤如下：

（1）第 i 个对象的 f 值为 x_f，变量 f 有 M_f 个有序的状态，对应于序列 1，2，$\cdots$，M_f。用对应的秩 r_{ij} 代替 f 值 x_f，$r \in \{1, \cdots, M_f\}$。

（2）既然每个序数型变量可以有不同数目的状态，必须经常将每个变量的值域映像到 $[0.0, 0.1]$ 上，以便每个变量都有相同的权重。这一点可以通过 z_{if} 代替 r_{ij} 来实现。z_{if} 的计算公式如下：

$$z_{if} = \frac{r_{ij} - 1}{M_f - 1} \tag{7.11}$$

从上面的式子中可以发现：利用秩值和状态值就可以得到 z_{if} 值并进行进一步计算。

（3）差异度的计算可以采用任意一种距离度量方法，采用 z_{if} 作为第 i 个对象的 f 值。

下面举一个简单的例子，如表 7 - 3 所示。

表 7 - 3　个体情况

Object	Test1
Identifier	Oridinal
1	Excellent
2	Fair
3	Good
4	Excellent

Test1 表示实验者的三种感觉，分别是一般、好、非常棒，也就是 $M_f = 3$。

（1）把 Test1 的每个值都替换为它相对应的秩值，四个对象分别赋值为 3，1，2，3。

（2）把秩值 r_{ij} 映射到 $[0.0, 1.0]$ 区间，z_{if} 分别为：$\frac{1-1}{3-1} = 0$，$\frac{2-1}{3-1} = 0.5$，$\frac{3-1}{3-1} = 1$。

（3）采用区间标度变量的差异度计算方法。

计算 f 的差异度，如使用欧几里德距离，可以得到下面的相异度矩阵：

$$\begin{bmatrix} 0 & & & \\ 1 & 0 & & \\ 0.5 & 0.5 & 0 & \\ 0 & 1.0 & 0.5 & 0 \end{bmatrix}$$

7.2.6　比例标度型变量的差异度计算

比例标度型变量在非线性的标度上总是取正的度量值, 例如指数标度, 近似地遵循 Ae^{BT} 或 Ae^{-BT}。计算用比例标度型变量描述对象之间的差异度, 目前有三种方法:

(1)采用与处理区间标度变量同样的方法, 其缺点是标度可能被扭曲。

(2)对比例标度型变量进行对数变换。

(3)将 x_{if} 看作连续的序数型数据, 将其秩作为区间标度的值来对待。

在实际中一般使用后两种方法计算比例标度型变量, 即对比例标度型变量进行对数变换和利用秩进行计算。

下面举一个简单的例子, 如表 7 – 4 所示。

表 7 – 4　个体测试结果

Object	Test2
Identifier	Ratio – scaled
1	445
2	22
3	164
4	1 210

(1)对属性 Test2 的值取以 10 为底的对数, 分别为 2.65, 1.34, 2.21 和 3.08。

(2)采用区间标度变量计算方法, 如使用欧几里德距离公式, 可得到如下差异度矩阵:

$$\begin{bmatrix} 0 & & & \\ 1.31 & 0 & & \\ 0.44 & 0.87 & 0 & \\ 0.43 & 1.74 & 0.87 & 0 \end{bmatrix}$$

7.2.7　混合类型变量的差异度计算

一个数据库可能包含区间标度变量、对称二元变量、不对称二元变量、标称型变量、序数型变量或者比例标度型变量等, 那么, 对于多类变量的差异度的计算现有两种方法:

方法一: 混合类型变量描述的对象之间的差异度计算方法是将变量按类型分组, 对每种类型的变量进行单独的聚类分析。如果在这些分析里可以得到兼容的结果, 那么这种做法是可行的。但在实际中不太实用。

方法二: 将所有变量一起处理, 只进行一次聚类分析。将不同意义的变量转换到共同的值域区间 $[0.0, 1.0]$ 上。

假设数据集包含 p 个不同类型的变量, 那么对象 i 和对象 j 之间的差异度 $d(i,j)$ 可以定义为下面这个公式:

$$d_{(i,j)} = \sum_{f=1}^{p} \delta_{ij}^{(f)} d_{ij}^{(f)} \Big/ \sum_{f=1}^{p} \delta_{ij}^{(f)} \tag{7.12}$$

在这个式子中，如果 x_{if} 或者 x_{jf} 缺失，或者 $x_{if} = x_{jf} = 0$，且变量 f 是不对称的二元变量，则指示项 $\delta_{ij}^{(f)} = 0$，否则 $\delta_{ij}^{(f)} = 1$。

接下来可以根据 f 属于不同的变量对上式进行简化：

①如果 f 是二元变量或标称型变量：

如果 $x_{if} = x_{jf}$，则 $d_{ij}^{(f)} = 0$；否则 $d_{ij}^{(f)} = 1$。

②如果 f 是区间标度变量：

$d_{ij}^{(f)} = |x_{if} - x_{jf}| / (\max_h x_{hf} - \min_h x_{hf})$，这里的 h 遍历 f 的所有非空缺对象。

③如果 f 是序数型或者比例标度型变量：

计算秩 r_{if} 和 $z_{if} = (r_f - 1) / (M_f - 1)$，并将 z_{if} 作为区间标度变量值对待。

这样就可以简化计算过程，更快得到想要的结果。

7.3　基于分割的聚类方法

采用分割方法来进行聚类是发展较早的一大聚类分析的方法，此方法属于传统的聚类方法，在许多实际应用中都有良好的表现，现阶段使用已经很成熟。大多数应用都采用了现代流行的启发式方法，如 K-均值算法和 K-中心点算法，这类启发式聚类方法适合发现中小规模的和数据库中的球状簇。本节主要内容包括分割聚类方法的描述(7.3.1 节)、K-means 均值算法(7.3.2 节)、PAM 算法(7.3.3 节)、CLARA 算法和 CLARANS 算法(7.3.4 节)。

7.3.1　分割聚类方法的描述

分割聚类方法作为一种基于原型的聚类方法，其本质是先从数据集中随机地选择几个对象来作为聚类的原型，然后再将其他的对象分别分配给与原型所代表的最相似，也就是距离最近的类中。

分割聚类方法采用迭代控制策略，即对原型进行不断的调整，从而使整个聚类质量得到进一步的优化。所采用的大部分分割方法都是基于距离的。分割聚类方法首先给定要构建的分区数 k，创建一个初始划分。然后，采用一种迭代的重定位技术，通过把对象从一个组移动到另一个组来改进分割效果。一个好的分割的一般准则是：同一个簇中的对象尽可能相互接近或相关，而不同簇中的对象尽可能远离或无关。当然，还存在许多评判分割质量的其他准则。

分割聚类方法给定一个含有 n 个对象的集合，具体划分方法为构建数据的 K 个分区，每个分区表示一个聚簇，并且 $K \leqslant n$。也就是说，它将数据划分为 K 个组，同时满足如下要求：

(1) 每个组至少包含一个对象；

(2) 每个对象必须属于一个组。

在某些模糊划分的技术中，第二个要求可以适当放宽。

为了达到全局最优的效果，基于分割的聚类可能需要来列举所有可能的划分，计算量极大。经常使用的划分方法有 K-均值算法和 K-中心点算法两种，采用了流行的启发式方法，逐渐提高聚类质量，逼近局部最优解。这些启发式聚类方法适合发现中小规模的和数据库中的球状簇。

7.3.2　$K-$means 均值算法

$K-$means 均值算法是将平均值作为类的"中心"的一种分割聚类的方法。该算法将 K 作为参数，将 n 个对象分成 K 个簇，使得簇内具有较高的相似度，而簇间相似度比较低。是分割聚类算法中最经典的算法之一。

$K-$means 均值算法的具体流程如下。

算法：$K-$means 算法。

输入：含有 n 个对象的数据库和簇的数目 K。

输出：K 个簇，使平方误差准则最小。

方法：

①任意地选择 K 个对象来作为初始的簇中心；

②对剩余的那些对象，根据其与各个簇中心之间的距离，将它赋给最近的簇；

③计算每个簇的平均值作为该簇的新的中心；

④根据离"中心"最近的原则，对所有对象重新分配到各个相应类；

⑤返回步骤③，直到不再发生变化。

接下来，通过一个具体例子和示意图来进一步了解 $K-$means 算法：

假设有 10 个对象 x_i，$i \in \{1, 2, \cdots, 10\}$，描述每一个对象的属性为 x_{i1}，x_{i2}，取值如表 7-5 所示，需要分成的聚类个数为 $k=2$，采用欧几里德距离进行差异度的计算，那么采用 $K-$means算法聚类的过程如图 7-2 所示，其中各个类的"中心"以黑色圆点表示，其他对象以白色圆圈表示。

表 7-5　采用 $K-$means 算法进行聚类的对象

	x_1	x_2	x_3	x_4	x_5	x_6	x_7	x_8	x_9	x_{10}
X_{11}	5	7	6	8	7	8	7	1	2	3
X_{12}	4	6	6	5	8	4	3	8	2	3

首先随机选择两个对象 $x_3(6, 6)$、$x_6(8, 4)$，分别作为将分成的两个类的"中心"。然后，根据距离"中心"最近的原则，将其他对象分配到各个相应的类中，形成两个类 $\{x_1, x_2, x_3, x_5, x_8, x_9, x_{10}\}$、$\{x_4, x_6, x_7\}$，见图 7-2(a)。通过计算可得第一个类的平均值 $f_1^{(1)}(4.43, 5.29)$ 和第二个类的平均值 $f_2^{(1)}(7.67, 4)$，将它们分别作为这两个类的新的"中心"，根据距离"中心"最近的原则，进行对象的重新分配，形成两个新的类 $\{x_1, x_3, x_5, x_8, x_9, x_{10}\}$、$\{x_2, x_4, x_6, x_7\}$，见图 7-2(b)。针对新类再计算平均值，得到 $f_1^{(2)}(4, 5.17)$ 和 $f_2^{(2)}(7.5, 4.5)$ 及新的类 $\{x_1, x_8, x_9, x_{10}\}$、$\{x_2, x_3, x_4, x_5, x_6, x_7\}$，见图 7-2(c)。由于根据更新的平均值 $f_1^{(3)}(2.75, 4.25)$ 和 $f_2^{(3)}(7.17, 5.33)$，对象的分配不再发生变化，所以 $\{x_1, x_8, x_9, x_{10}\}$ 和 $\{x_2, x_3, x_4, x_5, x_6, x_7\}$ 为最终的两个聚类，见图 7-2(d)。

聚类过程示意图如图 7 – 2 所示。

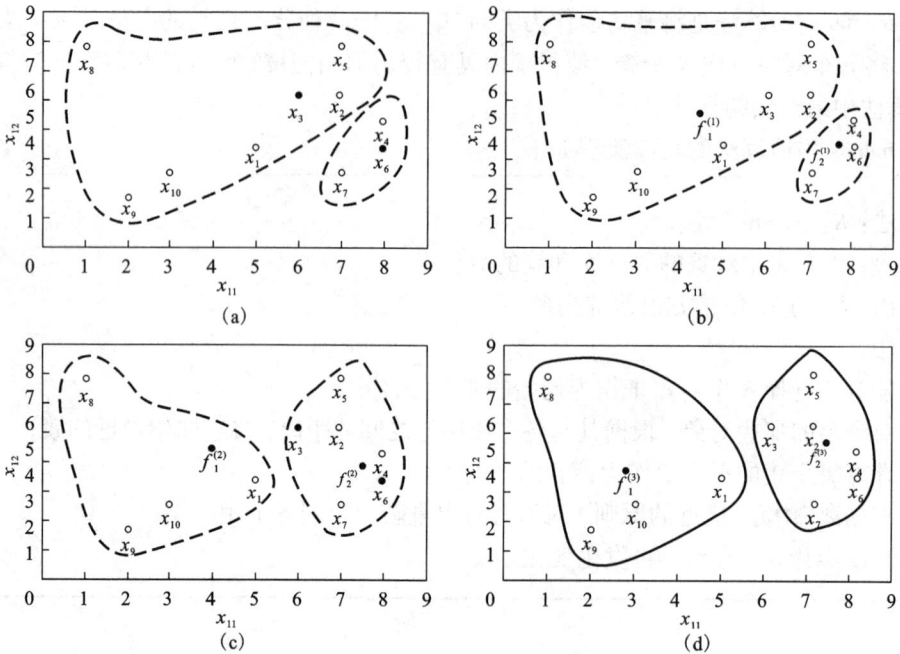

图 7 – 2   聚类过程图

K – means 均值算法的计算复杂度为 $O(nkt)$，其中，n 为对象的总数，k 为分成的聚类的个数，而 t 为迭代的次数。通常情况下 $k \ll n$，$t \ll n$，所以该方法也可以被应用于数据量比较大的情况，这是该种算法的一个优点，尤其是在当前计算机的应用数据量一般都非常大的情况下非常适用。

但是，K – means 均值算法只适用于形状像凸形的聚类，不能够处理像非凸形的聚类。并且，由于该方法采用了一个类中的所有对象平均值来作为该类的"中心"，因此聚类的结果会受到异常值的影响。另外，该算法所要求聚类的数目可以合理地估计，也就是要求预先指定聚类的个数 k，但在实际应用中往往很难做到这一点。

7.3.3   PAM 算法

PAM 算法实际上是 K – 中心点算法，它是对 K – 均值算法的一种改进，大大削弱了离群值的敏感度。其中心选用的是具体的某一个点，而不是 K 均值的几何中心，即中心点作为所选取的参照点来进行聚类的划分。但由于其运算量较大，故仅适合少量数据的分析。

PAM 聚类算法的处理流程如下。

算法：PAM 算法。

输入：若干点。

输出：确定新的簇心。

方法：

①选取若干点作为初始簇心，并将剩余的点分配到最近的簇；

②依次循环，将非簇心的点假设为簇心，替换现有的一个，计算更改前后的耗费差距；

③选择最小的为新的簇心；

④簇心的位置没有改变，停止。

下面来分析对象交换的过程：O_{random} 是非代表对象，当前一个代表对象 O_j，考虑 O_{random} 能否作为对象 O_j 的一个好的替代，对于每一个非中心点 p 都需要考虑下面四种情况：

（1）点 p 当前属于中心点对象 O_j。如果 O_j 被 O_{random} 代替作为中心点，而且点 p 距离一个 O_i 最近，$i \neq j$，那么点 p 就会被重新分配给 O_i。具体如图 7-3 所示。

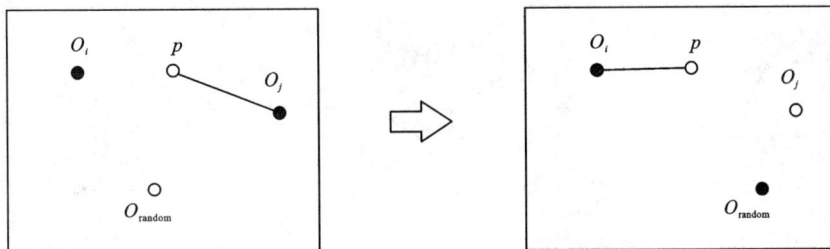

图 7-3　第一种情况

此时，中心点改变为 O_{random}。

（2）点 p 当前属于中心点对象 O_j。如果 O_j 被 O_{random} 代替作为一个中心点，而且点 p 距离 O_{random} 最近，那么点 p 就会被重新分配给 O_{random}。具体如图 7-4 所示。

此时，中心点改变为 O_{random}。

（3）点 p 当前属于中心点对象 O_i，$i \neq j$。如果 O_j 被 O_{random} 代替作为一个中心点，而且点 p 仍然距离 O_i 最近，那么对象之间的隶属关系不发生变化。具体如图 7-5 所示。

此时，中心点不改变。

（4）点 p 当前属于中心点对象 O_i，$i \neq j$。如果 O_j 被 O_{random} 代替作为一个中心点，而且点 p 距离 O_{random} 最近，那么点 p 就会被重新分配给 O_{random}。具体如图 7-6 所示。

此时，中心点改变为 O_{random}。

一个典型的 K-中心点算法描述如下。

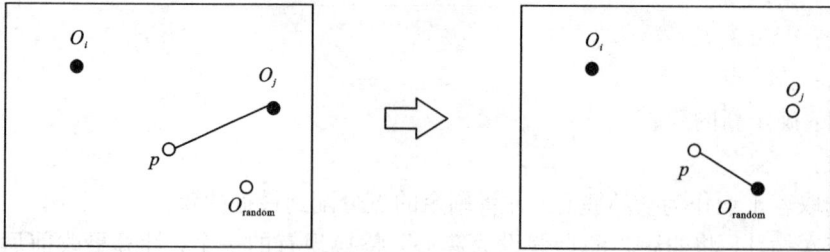

图 7 - 4　第二种情况

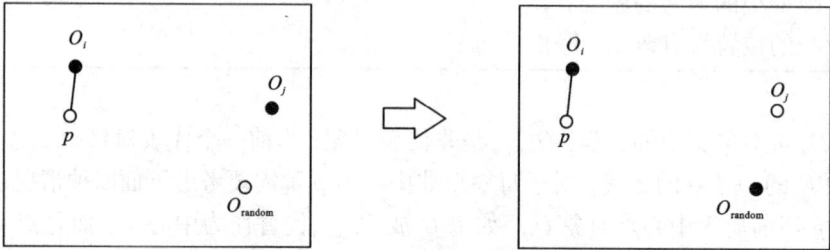

图 7 - 5　第三种情况

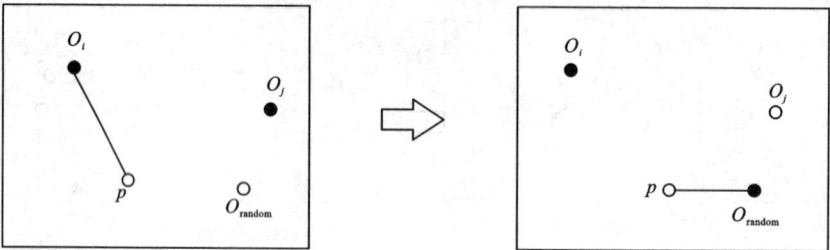

图 7 - 6　第四种情况

算法：基于中心点或者中心对象来划分的典型 K - 中心点算法。

输入：簇的数目 K 和含有 n 个对象的数据库。

输出：K 个簇，使得所有对象与其最近的中心点的差异度综合最小。

方法：

选择 K 个对象作为初始的中心点；

repeat；

指派每个剩余的对象给离它最近的中心点所代表的簇；

随机选择一个非中心点对象 O_{random}；

计算用 O_{random} 代替 O_j 的总代价 S；

if $S < 0$, then O_{random} 被替换为 O_j，从而形成新的 K 个中心点的集合，直到不发生变化。

　　PAM 算法每一迭代步骤的计算复杂度为 $O(K(n-K)^2)$，由于计算成本太高，不适用于数据量比较大、分类数目比较多的情况。另外，该算法也要求预先指定聚类的数目 K，这也是其一个局限。

7.3.4 CLARA 算法和 CLARANS 算法

较早时期，CLARA 算法是作为处理大数据集的一种算法。在具体的 CLARA 算法中，类的代表对象并不是从整个数据集中来选择的，而是首先从整个数据集中抽取一个样本，然后具体针对样本集采用 PAM 算法来寻找类的代表对象。如果抽取的样本较为合适，那么从样本中所得到的代表对象应该近似于从整个数据集中所得到的代表对象。这样，既可以减少一定的计算量，又基本不影响聚类的质量。

为了尽可能地减小因为抽样产生的聚类质量下降的情况，CLARA 算法随机地抽取多个样本，并针对每一个样本寻找其代表对象，并对全部的数据对象进行聚类，然后从中选择质量最好的聚类结果作为最终结果。聚类质量是以全部数据对象与其对应代表对象的平均差异度来衡量，而不是以样本自身的平均差异度来衡量。假设有 n 个数据对象，需要分成 K 类，一共选择 m 个样本，其中每个样本的大小为 s，CLARA 算法的具体聚类过程如下。

算法：CLARA 算法。

输入：簇的数目 K，含有 n 个对象的数据库和 m 个样本。

输出：K 个簇。

方法：

对于 $i = 1, 2, \cdots, m$，重复下列步骤：

①从整个数据集中随机地抽取一个包含 s 个对象的样本，使用 PAM 算法从该样本中寻找 K 个代表对象；

②根据最相似性原则，将整个数据集中的对象分配到 K 个代表对象所代表的类中。

③计算从上一步骤得到的类的平均差异度，如果 $i = 1$，则将其作为最小平均差异度，并将相应的 K 个代表对象作为最佳代表对象；如果 $i \neq 1$，并且新的平均差异度小于最小平均差异度，则将新的平均差异度作为最小平均差异度，并将新的 K 个代表对象作为最佳代表对象。

④计算 $i = i + 1$，返回步骤①。

实验结果表明选择大小为 $40 + 2K$ 的 5 个样本能够获得比较满意的聚类结果。按照这样的样本，CLARA 算法每一步迭代步骤的计算复杂度为 $O(K(40 + K)^2 + K(n - K))$，其中 $K(40 + K)^2$ 是一次迭代中对象个数为 $40 + 2K$ 的一个样本应用 PAM 算法引起的计算量，$K(n - K)$ 是一次迭代中进行整个数据集中非代表对象的分配以计算平均差异度所形成的计算量。从上一小节可知，PAM 算法每一个迭代步骤的计算复杂度为 $O(K(n - K)^2)$。因此，在 n 比较大的情况下 CLARA 算法比 PAM 算法更有效。

CLARANS 算法也是对 PAM 算法的进一步改进，但是具体改进的方法与 CLARA 算法有所不同。与 CLARA 算法相似，CLARANS 算法同样也采用了抽样的方法来减少数据量，并通过 PAM 算法来寻找代表对象，但是其具体抽样的内容和寻找代表对象的过程与 CLARA 算法有所不同。CLARA 算法通过在固定的样本中寻找代表对象来进行代表对象和非代表对象直接的替换；而 CLARANS 算法寻找代表对象并不仅仅局限于样本集，而是在整个数据集随机抽样中进行寻找。

CLARANS 算法的具体步骤如下。

算法：CLARANS 算法。

输入：numlocal 和 maxneighbor。

输出：K 个簇。

方法：

输入参数 numlocal 和 maxneighbor。numlocal 表示抽样的次数，maxneighbor 表示一个节点可以与任意特定邻居进行比较的数目。

①令 $i = 1$（i 用来表示已经选样的次数）。

mincost 为最小代价，初始时设为大数。

②设置当前节点 current 为 Gn 中的任意一个节点。

③令 $j = 1$（j 用来表示已经与 current 进行比较的邻居的个数）。

④考虑当前点的一个随机的邻居 S，并计算两个节点的代价差。

⑤如果 S 的代价较低，则 current：$= S$，转到步骤③。

⑥否则，令 $j = j + 1$。如果 $j < =$ maxneighbor，则转到步骤④。

⑦否则，当 $j >$ maxneighbor，当前节点为本次选样最小代价节点。如果其代价小于 mincost，令 mincost 为当前节点的代价，bestnode 为当前的节点。

⑧令 $i = i + 1$，如果 $i >$ numlocal，输出 bestnode，运算中止。否则，转到步骤②。

实验结果表明，CLARANS 算法比 PAM 算法和 CLARA 算法更有效。该算法的计算复杂度约为 $O(n^2)$，其中 n 是对象的总数。

7.4 基于密度的聚类方法

基于密度的聚类方法本质上是以局部数据特征作为聚类的判断标准，其中类被看作是一个数据区域，在该区域中对象是密集的，而对象稀疏的区域将各个类分割开来。多数基于密度的聚类方法所形成的聚类，其形状可以是任意的，并且一个类中对象的分布也可以是任意的，这能很好地克服分割方法中难以发现任意形状簇的缺点。本节将学习基于密度聚类的具体知识及算法。本节内容主要包括基于密度的聚类方法描述（7.4.1 节）、DBSCAN 算法（7.4.2）以及 OPTICS 算法（7.4.3 节）。

7.4.1 基于密度的聚类方法描述

由于大部分分割方法都是基于对象之间的距离进行聚类，所以往往只能发现凸形的聚类簇。那么为了进一步能发现任意形状的聚类结果，特别提出了基于密度的聚类方法。这类方法是将簇看作数据空间中被低密度的区域分割开的高密度对象区域。

基于密度的聚类方法的主要思想是：只要"邻域"中的密度（对象或数据点的数目）超过

某个阈值，就继续增长给定的簇。也就是说，对给定簇中的每个数据点，在给定半径的邻域中必须至少包括最少数目的点。这样的方法可以用来过滤噪声或离群点，从而发现任意形状的簇。

7.4.2　DBSCAN 算法

DBSCAN 算法作为一种基于高密度连通区域的聚类算法，它将类簇定义为高密度相连点的最大集合。它本身对噪声并不敏感，并且能发现任意形状的类簇。其基本的思想为：如果一个对象在它半径为 ε 的邻域中至少包含给定点在 ε 邻域内成为核心对象的最小邻域点数，那么该区域被认为是密集的。为了明确这样的密集区域，该算法涉及有关密度的一系列定义，进而根据这些定义来确定密集区域，即确定各个类并隔离出异常值。

DBSCAN 算法中运用到的几个定义：

(1) ε 邻域：对于一个给定的具体对象，其半径为 ε 的邻域称为该对象的 ε - 邻域。

(2) 核心对象：对于一个对象，如果在其 ε - 邻域内至少包含有 MinPts 个对象，那么该对象称为核心对象。

(3) 直接密度可达：在所给定的对象集 D 中，对于参数 ε 和 MinPts，如果其中 q 是一个核心对象，对象 p 在 q 的 ε - 邻域内，那么称对象 p 为从对象 q 是直接密度可达的。

(4) 密度可达：在给定的对象集 D 中，对于参数 ε 和 MinPts，如果存在对象 p_1，p_2，$\cdots$，p_n，$p_1 = q$，$p_n = p$，对于每一个 $i \in \{1, 2, \cdots, n-1\}$，对象 p_{i+1} 从对象 p_i 是直接密度可达的，那么称对象 p 为从对象 q 是密度可达的。

(5) 密度相连：在给定的对象集 D 中，对于参数 ε 和 MinPts，如果对象 p 和对象 q 都是从对象 o 密度可达的，那么称对象 p 和对象 q 是密度相连的。

(6) 采用 DBSCAN 算法的聚类过程是通过收集直接密度可达的对象个数来完成的。针对待聚类对象集的每一个对象 p，检查其 ε - 邻域内是否至少包含 MinPts 个对象，即确定对象 p 是否为核心对象，若 p 是核心对象，那么就创建一个初始的类 C，C 中包含对象 p 及从 p 直接密度可达的所有对象，也就是包含对象 p 及其 ε - 邻域内的所有对象。然后，再确定该邻域中每一个对象 q 是否为核心对象。如果是核心对象，那么就将其 ε - 邻域内尚未包含在类 C 中的所有对象追加到 C 中，并继续确定这些新追加到 C 中的对象是否为核心对象。如果是，则继续进行上述的对象追加过程，这一过程一直持续到没有新的对象可以追加到 C 中为止，类 C 也就完全确定下来了。从该过程可以看出：类 C 是一个密度相连的、基于密度可达性为最大的对象集。具体的执行步骤如图 7 - 7 所示。

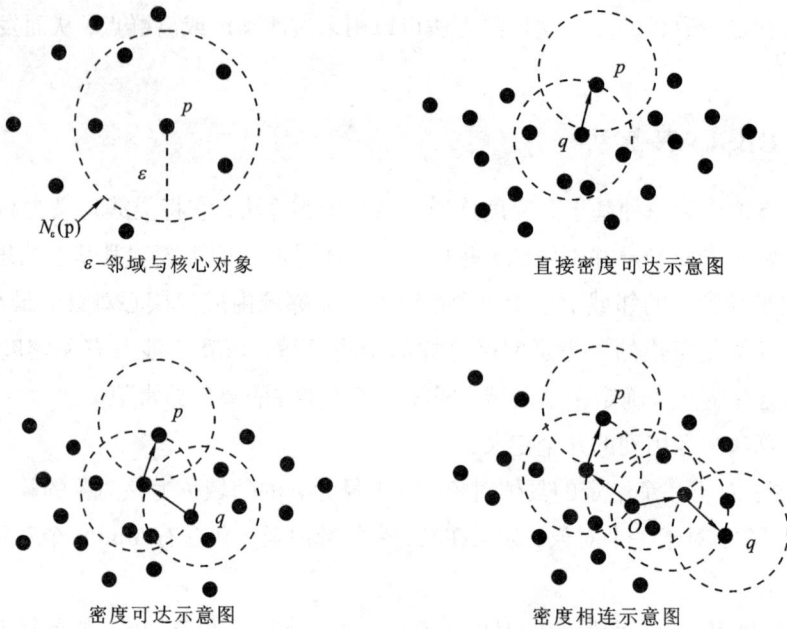

图 7-7   DBSCAN 算法示意图

算法：DBSCAN，一种基于密度的聚类算法.

输入：一个包含 n 个对象的数据集 D，半径参数 ε，邻域密度阈值 MinPts。

输出：基于密度的簇的集合。

方法：

①标记所有对象为 unvisited；

②do

③随机选择一个 unvisited 对象 p；

④标记 p 为 visited；

⑤If p 的 ε - 邻域至少有 MinPts 个对象；

⑥创建一个新簇 C，并把 p 添加到 C；

⑦令 N 为 p 的 ε - 邻域中的对象的集合；

⑧for N 中每个点 p'；

⑨if p' 是 unvisited，标记 p' 为 visited；

⑩if p' 的 ε - 邻域至少有 MinPts 个点，把这些点添加到 N；

⑪if p' 还不是任何簇的成员，把 p' 添加到 C；

⑫end for；

⑬输出 C；

⑭Else 标记 p 为噪声；

⑮until 没有标记为 unvisited 的对象。

采用 DBSCAN 算法的优点是其形成的聚类形状可以为任意的,而且不会受异常值的影响。但是,DBSCAN 算法要求预先确定两个参数(ε 及 MinPts),并且对这两个参数相当敏感,但是想要合理确定这两个参数却又是比较困难的。DBSCAN 算法的计算复杂度为 $O(n^2)$,在采用索引的情况下可以达到 $O(n\lg n)$,其中 n 是对象的总数。

7.4.3 OPTICS 算法

1. OPTICS 算法简述

在前面介绍的 DBSCAN 算法中,聚类的类簇结果对 ε - 邻域半径和 MinPts(ε - 邻域最小点数)两个参数的取值非常敏感,不同的取值将产生不同的聚类结果。为了克服 DBSCAN 算法这一缺点,提出了 OPTICS 算法。OPTICS 为聚类分析生成一个增广的簇排序,这个排序代表了各样本点基于密度的聚类结构,从这个排序中可以得到任何基于参数 ε 和 MinPts 的 DBSCAN 算法的聚类结果。

2. OPTICS 算法的两个概念

接下来介绍在 OPTICS 算法中会使用到的两个重要的距离概念。

(1)核心距离

对象 p 的核心距离是指使 p 成为核心对象的最小 ε' - 邻域。如果 p 不是核心对象,那么 p 的核心距离没有任何意义。

(2)可达距离

对象 q 到对象 p 的可达距离是指 p 的核心距离和 p 与 q 之间欧几里德距离两者之间的较大值。如果 p 不是核心对象,谈论 p 和 q 之间的可达距离没有意义。

为了进一步直观了解核心距离和可达距离(图 7 - 8)的区别,列举了一个具体的示例如下。

假设 $\varepsilon = 6$ mm,MinPts $= 5$,则:

核心距离:$\varepsilon' = 3$,ε' 是使对象 p 成为核心对象的最小半径。

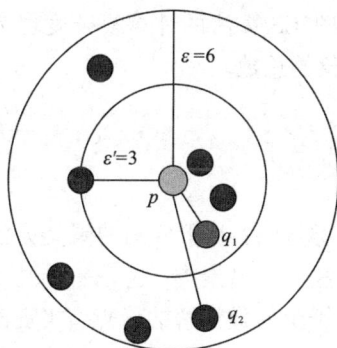

图 7 - 8　核心距离与可达距离

可达距离:一个点关于核心点的可达距离本质上就是将两点之间的距离和核心距离进行比较。例如,q_1 关于 p 的可达距离为核心距离 3,而 q_2 关于 p 的可达距离为 p 到 q_2 的欧几里德距离。

3. 算法描述

OPTICS 算法额外存储了每个对象的核心距离和可达距离。基于 OPTICS 产生的排序信息来提取类簇。

> 算法：OPTICS 算法。
>
> 输入：数据集 D，邻域半径 ε。
>
> 输出：按可达距离排序的数据集。
>
> 方法：
>
> ①建立两个队列：有序队列（核心点及该核心点的直接密度可达点），结果队列（存储样本输出及处理次序）。
>
> ②D 中数据全部处理完，算法结束，否则，从 D 中选取一个未处理且为核心对象的点，将该点放入结果队列，该点的直接密度可达点放入有序队列，并按可达距离升序排列。
>
> ③如果有序序列为空，则回到步骤②，否则从有序队列中取出第一个点。
>
> a. 判断该点是否为核心点，不是则回到步骤③，是的话则将该点存入结果队列；如果该点不在结果队列，则将其放入有序队列中，并按可达距离排序。
>
> b. 该点是核心点，找到其所有直接密度可达点，并将这些点放入有序队列，且将有序队列中的点按照可达距离重新排序，若该点已经在有序队列中且新的可达距离较小，则更新该点的可达距离。
>
> c. 重复步骤③，直至有序队列为空。
>
> ④算法结束。

OPTICS 算法的主要特色在于建立了一种聚类排序，通过该排序给出了基于密度的内在聚类结构，通过图形直观地显示了对象的分布及内在联系。由于 OPTICS 算法同 DBSCAN 算法的基本结构是一致的，所以 OPTICS 算法的计算复杂度也为 $O(n^2)$，在采用索引的情况下可以达到 $O(n \lg n)$，其中 n 是对象的总数。

7.5 谱聚类方法

前两节介绍了两类经典的聚类方法：基于分割的聚类方法和基于密度的聚类方法，接下来要介绍一类比较新型的聚类算法——谱聚类，这是一种基于图论的聚类方法，具有能在任意形状的样本空间上聚类且收敛于全局最优解的优点，实现简单，具有能够识别非凸分布聚类的能力。本节主要内容包括谱聚类描述（7.5.1 节）、谱聚类算法描述（7.5.2 节）及谱聚类实例（7.5.3 节）。

7.5.1 谱聚类描述

谱聚类（spectral clustering, SC）是一种基于图论的聚类方法——将带权无向图划分为两个或两个以上的最优子图，使子图内部尽量相似，而子图间距离尽量距离较大，以达到常见的聚类的目的。其中最优子图中的最优是指最优目标函数不同，可以是割边最小分割——如图中的 Min cut，也可以是分割规模差不多且割边最小的分割——如图 7 - 9 中的 Best cut。

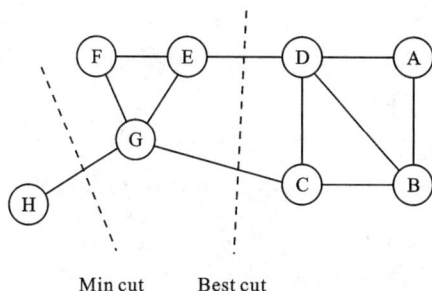

图 7 - 9　最小分割和最优分割

谱聚类的思想来源于谱图划分，它将数据聚类问题看成是一个无向图的多路划分问题。将数据点看成是一个无向图，D 表示待聚类数据点间的相似度矩阵，W 表示该无向图的邻接矩阵，它包含了聚类所需的所有信息。然后定义一个划分准则，并且最优化这一准则，使得同一类的点具有较高的相似性，而不同类之间的点具有较低的相似性甚至完全不同。

谱聚类算法建立在谱图理论基础上，与传统的聚类算法相比，它具有能在任意形状的样本空间上聚类且收敛于全局最优解的优点，实现简单，具有能够识别非凸分布聚类的能力。

谱聚类和传统的聚类方法（例如 K - means 算法）比起来有不少优点：

（1）与 K - medoids 类似，谱聚类只需要数据之间的相似度矩阵就可以了，而不必像 K - means 那样要求数据必须是 n 维欧氏空间中的向量。

（2）由于抓住了主要矛盾，忽略了次要的东西，因此比传统的聚类算法更加健壮一些，对于不规则的误差数据不是那么敏感，表现也要更好一些。许多实验都证明了这一点。事实上，在各种现代聚类算法的比较中，K - means 算法通常都是作为基线而存在的。

（3）计算复杂度比 K - means 要小，特别是在像文本数据或者平凡的图像数据这样维度非常高的数据上运行的时候，优势就会非常明显。

虽然谱聚类算法具有坚实的理论基础，并且已经在很多领域获得了成功应用，但是仍存在以下两个主要缺点：①对尺度参数比较敏感，这使得相似度矩阵 D 构造困难；②需要求解矩阵的特征值分解问题，对于大规模应用，其计算量和存储量太大让人难以接受。

7.5.2　谱聚类算法描述

接下来叙述谱聚类的具体步骤。首先，根据给定的样本数据集，定义一个描述成对数据点相似度的亲合矩阵，并且计算矩阵的特征值和特征向量，然后选择合适的特征向量来聚类不同的数据点。

如以下方框中内容所示：输入为 n 个数据点的集合，输出得到的是数据点集的划分。

算法：谱聚类，一种基于图论的聚类算法。

输入：n 个数据点集合 $\{x_1, x_2, \cdots, x_n\}$。

输出：数据点集的划分。

方法：

①选取数据构造一个 Graph，Graph 的每一节点对应一个数据点，将相似点连接，使用边的权重表示数据之间的相似度；

②将 Graph 用邻接矩阵的形式表示，记为 W；

③将 W 每一列元素相加，得到 N 个数，将其放在对角线上（其他地方都是零），组成一个 $N \times N$ 的矩阵，记为 D，令 $L = D - W$；

④计算 L 的前 k 个特征值 $\{1\}$；

⑤将这 k 个特征（列）向量排列，组成一个 $N \times k$ 矩阵，将其每一行看作 K 维空间中的一个向量，使用 $K-\text{means}$ 算法进行聚类；

⑥聚类的结果中，每一行所属的类别就是原来 Graph 中的节点，亦即最初的 n 个数据点分别所属的类别。

7.5.3 谱聚类实例

谱聚类算法最初用于计算机视觉、VLSI 设计等领域，最近才开始用于机器学习中，并且迅速成为国际上机器学习领域的研究热点。可以应用于图像分割、数据聚类、模式识别、大数据处理等应用场景。

接下来讲述一个简单的谱聚类例子：假设中南大学有 3 个学生，分别记为甲、乙、丙，3 个对象的相似度矩阵假设记为：

$$W = \begin{bmatrix} 1 & 1 & 0 \\ 1 & 1 & 0 \\ 0 & 0 & 1 \end{bmatrix}$$

将矩阵 W 转换成对角矩阵：

$$D = \begin{bmatrix} 2 & 0 & 0 \\ 0 & 2 & 0 \\ 0 & 0 & 1 \end{bmatrix}$$

矩阵 $L = W - D = \begin{bmatrix} 1 & -1 & 0 \\ -1 & 1 & 0 \\ 0 & 0 & 0 \end{bmatrix}$，特征值为：$0, 0, 2$。

特征向量为：$\begin{bmatrix} -0.7071 \\ -0.7071 \\ 0 \end{bmatrix}, \begin{bmatrix} 0 \\ 0 \\ 1 \end{bmatrix}, \begin{bmatrix} -0.7071 \\ 0.7071 \\ 0 \end{bmatrix}$。

在谱聚类中，一般根据等于 0 或接近于 0 的特征值的个数来确定聚类数目。根据这个原则，3 个对象应该聚成两类。

取这两个特征值对应的特征向量构成矩阵：

$$\begin{bmatrix} -0.7071 & 0 \\ -0.7071 & 0 \\ 0 & 1 \end{bmatrix}$$

将这个矩阵每行看成一个点，共得到 3 个点，$a(-0.7071, 0)$，$b(-0.7071, 0)$，$c(0, 1)$。a 和 b 聚成一类，c 聚成一类。即在对应的原来的 3 个对象中，甲、乙聚成一类，丙聚成一类。

7.6 ICA 聚类分析

本节将 ICA(独立成分分析)与聚类结合起来进行聚类知识的拓展。目的是将观察到的数据进行某种线性分解，使其分解成统计独立的成分，即从线性混合信号中恢复出基本的源信号。本节主要内容包括 ICA 的起源和目的(7.6.1 节)、ICA 模型和应用要求(7.6.2 节)及 ICA 应用场合(7.6.3 节)。

7.6.1 ICA 的起源和目的

20 世纪 90 年代后期，独立分量分析逐渐发展成为一种新型的盲源分离(blind source separation, BSS)方法。ICA 理论的提出和发展与盲源分离有密切的关系。

ICA 全称为独立成分分析(independent component correlation algorithm)，起源于"鸡尾酒会问题"，即在 20 世纪的某个鸡尾酒会上，许多嘈杂的声音混在一起，而人耳总是能分辨出其中特定的或者自己感兴趣的声音加以倾听。独立成分分析也就是将混合的信号分离，对于感兴趣的独立成分进行进一步的分析，在一些医学情景中应用于源定位和信号去噪。

ICA 的目的是：将观察到的数据进行某种线性分解，使其分解成统计独立的成分，即：从线性混合信号中恢复出基本的源信号。ICA 实际上就是一个寻优问题。接下来在下一小节中主要描述 ICA 模型的建立和其应用的具体要求。

7.6.2 ICA 模型和应用要求

在信号源和传输通道等先验知识缺乏的情况下，仅从观测信号推测信号源和通道的方法称为盲信号处理(blind signal processing, BSP)。盲信号处理主要包括盲源分离和盲辨识两大范畴，盲辨识的目的是恢复信号的传输通道，盲源分离是为了恢复源信号。把该问题抽象为数学模型过程，如图 7-10 所示。

空间中有三个放置在不同位置的声源，它们同时发出的声音 $[s_1(t), s_2(t), s_3(t)]$ 被三个录音设备同时记录下来，将三个录音设备记录的信号依次记为 $x_1(t)$，$x_2(t)$，$x_3(t)$。t 表示时间序列，$x_i(t)$ 表示声音信号的幅度。每个录音设备记录的信号 $x_i(t)$ 都是三个声源信号 $s_i(t)$ 的线性加权和，即：

$$x_i(t) = a_{i1}s_1(t) + a_{i2}s_2(t) + a_{i3}s_3(t) \tag{7.13}$$

问题的模型可描述为：$X = As$(X 为观测信号，A 为混合矩阵，s 为源信号)。

源信号 s 是不可观测的，混合系统 A 是未知的，所以，ICA 要做的事情就是：在已知被观测信号和尽可能少的假设条件下估计出 A 和 s。需要找到一个分离矩阵 W，使 $Y = WX$ 是 s 的

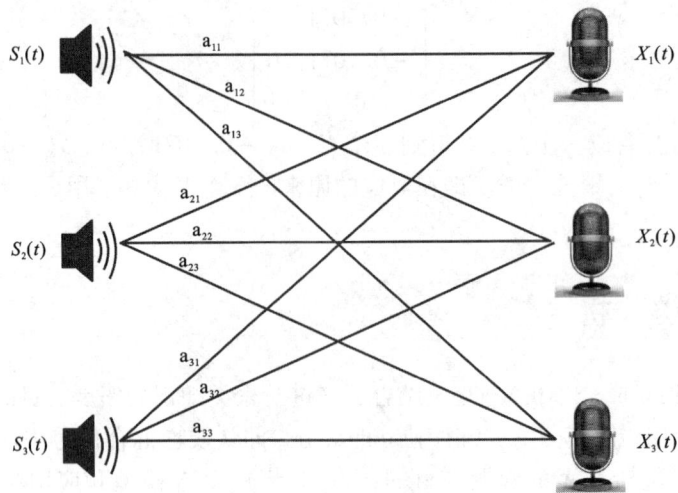

图 7 – 10　盲信号处理

最优逼近。即首先基于待求问题的真实解构建一个目标函数，然后通过优化算法不断地对目标函数进行优化，使目标函数尽可能地逼近真实解。

$$ICA = 目标函数 + 优化算法$$

算法：ICA 独立成分分析

输入：多维信号 s

输出：最优逼近解 Y

方法：

①s 经混合矩阵 A 之后得到观测信号 X；

②找到分离矩阵 W；

③使得 $Y = WX$ 是 s 最优逼近。

具体的 ICA 算法步骤如下：输入多维源信号 s，输出所需要的最优逼近 s 的 Y。

接下来探讨在 ICA 应用时，对于要处理的信号的要求，有以下四点：

（1）成分是统计独立。这是 ICA 成立的基本原则，同时，基本上可以说只需要这个原则就可以估计这个模型。

（2）独立成分是非高斯分布。高斯分布的高阶累计量是 0，但是高阶信息对于 ICA 的模型的估计却是十分必要的。

（3）未知的混合矩阵 A 是方阵，这样能够便于计算。

（4）一般假设被观测到的信号数量不小于源信号的数量，否则不能列出足够的方程得到 X。

7.6.3　ICA 应用场合

ICA 的主要应用是特征提取、盲源信号分离、生理学数据分析、语音信号处理、图像处理及人脸识别等。ICA 的主要应用范例为：

(1)在脑磁图(MEG)中分离非自然信号；

(2)在金融数据中找到隐藏的因素；

(3)自然图像减少噪声；

(4)人脸识别；

(5)图像分离；

(6)语音信号处理；

(7)远程通信。

近年来，采用独立成分分析实现盲源分离，对感兴趣的独立成分进行源定位成为研究热点，如在生物医学信号处理中主要用于去噪及提取所需的生物医学信号。利用聚类方法，将各个独立成分之间的相关特性进行有效归类，剔除伪迹干扰，为感兴趣的独立成分的选取提供可靠依据，减少人工特征识别和挑选中产生的误差，为后续的定位提供保障。也为神经、精神疾病的临床诊断提供科学依据，比如对阿尔茨海默病(老年痴呆)、遗忘型轻度认知损伤、自闭症、早产儿等疾病的研究就证明了 ICA 对脑功能网络研究的有效性。

习　题

1. 简单描述如何计算如下类型变量对象间的差异度：

(1)不对称的二元变量；(2)标称型变量；(3)比例标度型变量；(4)区间标度变量。

2. 给定如下变量值对数据进行变量标准化：18，22，25，42，28，33，43，35，56，28。

(1)计算均值绝对偏差；(2)计算前四个 $z - score$ 值。

3. 给定两个对象，分别用元组(22，1，42，10)，(20，0，36，8)表示，计算其欧几里德距离、曼哈顿距离和明考斯基距离($q = 3$)。

4. 假设数据挖掘的任务是将下面 8 个点聚类成 3 个簇：$A1(2，10)$，$A2(2，5)$，$A3(8，4)$，$B1(5，8)$，$B2(7，5)$，$B3(6，4)$，$C1(1，2)$，$C2(4，9)$，距离函数是欧几里德距离。假设初始选择 $A1$、$B1$ 和 $C1$ 分别为每个聚类的中心。用 $K -$ 均值算法来给出：

(1)在第一次循环执行后的三个聚类中心；(2)最后的三个簇。

5. 按如下标准对下列每种聚类算法进行描述：(1)可以确定的簇的形状；(2)必须指定的输入参数；(3)局限性

(1)$K -$ 均值；

(2)$K -$ 中心点；

(3)DBSCAN；

(4)CLARA。

6. 证明：在 DBSCAN 中，密度相连是等价关系。

7. 证明：在 DBSCAN 中，对于固定的 Minpts 值和两个邻域阈值 $\varepsilon_1 < \varepsilon_2$，关于 ε_1 和 Minpts 的簇 C 一定是关于 ε_1 和簇 C' 的子集。

8. 给出 OPTICS 算法的伪代码。

9. 指出在何种情况下，基于密度的聚类方法比基于分割的聚类方法更适合。并给出一些应用实例来支持你的观点。

10. 假设你打算在一个给定的区域分配一些自动取款机(ATM)，使得满足大量约束条件。住宅或工作场所可以被聚类以便每个簇被分配一个 ATM。然而，该聚类可能被两个因素所约束：(1)障碍物对象，即有一些可能影响 ATM 可达性的桥梁、河流和公路。(2)用户指定的其他约束，如每个 ATM 应该能为 10 000 户家庭服务。在这两个约束限制下，怎样修改聚类算法(如 K – 均值)来实现高质量的聚类？

第8章 分　类

分类是数据分析的一种重要方法，通过建立分类模型，将数据库中的数据对象进行分类。比如淘宝店将买家在一段时间内的购物情况分成不同的类，依据划分的类，向买家推荐相关产品。分类是数据挖掘、机器学习和模式识别中一个重要的研究领域，并且应用广泛，包括市场营销、疾病诊断、安全性预测等。

我们从介绍分类的基本知识开始(8.1节)，接下来的部分(8.2节)，主要是对经典的4种分类算法(决策树算法、ID3算法、C4.5算法和MTCS算法)进行阐述和对比。

8.1　分类的基本知识

数据分类是把具有某种共同属性或特性的数据归并在一起，通过其类别的属性或特征来对数据进行区分。

本节主要介绍分类的概念(8.1.1节)、分类的评价标准(8.1.2节)及分类的主要方法(8.1.3节)。

8.1.1　分类的概念

分类是找出数据库中具有共同特点的一组数据对象，并按照分类模型将其划分成不同的类型，比如淘宝店将买家在一段时间内的购物情况分成不同的类，依据划分的类向买家推荐相关产品，来提高产品的购买量；银行贷款员通过数据分析，将贷款申请者划分为"安全"和"有风险"这两类。

实现分类的两个阶段：

(1)第一阶段是学习阶段，构建相应的分类模型，对预定的数据类集或概念集进行描述。其中涉及的术语有：

①数据元组：参与分类的样本或实例；

②训练集：由数据元组和与它们相互关联的类标号组成；

③训练元组：构成训练数据集的元祖；

④训练样本：训练数据集中的单个元祖。

第一阶段的"学习"，可以看做是对一个映射或函数的学习。

(2)第二阶段是使用模型进行分类，通过两个步骤来实现，首先要对分类模型的预测准确率进行评估，当准确率达到要求之后，就用该模型对类标号未知的数据元组进行分类，也就是使用分类模型对给定数据的类标号进行预测。

（3）分类的目的：通过分类器，即分类模型或函数，将数据项分成不同类别。

（4）分类的应用：性能预测、医疗诊断（肿瘤为恶性或良性）、信誉证实（分为低、中、高三类不同级别的风险）、图像的模式识别等。

8.1.2　分类的评价标准

目前用于分类的算法很多，使用不同的分类算法，得到的分类效果也存在差异，因此如何对分类算法的优劣进行评价显得至关重要。

先假设分类目标只有正例（P）和负例（N）两种，下面介绍几个常用的分类评价术语：

（1）TP：本身为正例，并且被分类器正确划分为正例的样本数；

（2）FP：本身为负例，但被分类器错误地划分为正例的样本数；

（3）FN：本身为正例，但被分类器错误地划分为负例的样本数；

（4）TN：本身为负例，并且被分类器正确划分为负例的样本数。

在清楚了这些术语之后，就可以利用它们来描述不同的评价指标了。

不同的分类评价指标：

（1）正确率：所有被分类正确的样本占总的样本数的比例，可表示为（$TP+TN$）/（$P+N$），比例越大，说明分类器的分类效果越好。

（2）灵敏度：被分类正确的正例占总的正例样本的比例，可表示为 TP/P，用来评估分类器对正例的辨识能力。

（3）特效度：被分类正确的负例占总的负例的比例，可表示为 TN/N，用来评估分类器对负例的辨识能力。

（4）精度：被分类器正确划分为正例的样本数占实际正例个数的比例，可表示为 $TP/（TP+FP）$，用来衡量分类的精确度。

以上都是常见的分类评价指标，还有一些其他的用来衡量分类器性能的指标，比如计算速度（即分类器进行训练和预测所要耗费的时间）、可拓展性（即对大数据集进行分类的能力）、可解释性（即分类算法是否易于被理解）、鲁棒性（即处理异常数据和缺失数据的能力）。

8.1.3　分类的主要方法

目前比较常用的集中分类方法有：决策树、KNN 法、SVM 法、VSM 法、Bayes 法和神经网络法。

（1）决策树是最为经典的分类算法之一，采用自上而下进行各个击破的递归方式，进行决策树的构造。给定类标号未知的元祖，在决策树上进行元祖属性值的测试，跟踪一条由跟到叶节点的路径，元祖的类预测存放在叶节点中，但决策树存在过分拟合的问题。

（2）KNN 法（K - nearest neighbor），即 K 最邻近法，该方法的思路很简单：如果某个样本，与其在特征空间中最相邻的 K 个样本中的大部分属于同一样本，则该样本与这些多数样本属于同一类。由于 KNN 法只与极少的相邻样本相关，因此该方法能够很好地避免样本不平衡的问题，适用于类域重叠或交叉较多的待分样本集，但该方法的计算量较大，当类域的样本容量较小时，容易产生误差。

（3）SVM 法（support vector machine），即支持向量机法，是一种建立在统计学理论基础上的机器学习法，性能指标相对优良。支持向量机算法可以自动找到对分类区分具有较好能力的支持向量，通过该方法得到的分类器能够将类与类之间的间隔最大化，使得分类器具有良好的适应能力和准确率。

（4）VSM 法（vector space model），即向量空间模型法，它的主要思路是：把文本表示成加权特征向量，通过文本相似度的计算，来确定待分类样本的类别。实际应用中，对于待分类的样本，通过计算待分类样本与每个类别向量的内积，然后选取内积最大的，即相似度最高的类别，作为待分类样本所属的类别。每个特征项对类别的表达能力会随着其包含的非零向量的个数的变化而发生变化，非零向量个数越多，则表达能力就会越差，所以向量空间模型法更适用于专业文献的分类。

（5）Bayes 即贝叶斯法，使用该方法的前提是已知先验概率与类条件概率，各个类域中样本的整体决定了分类的效果。此外贝叶斯法还要求表达文本的主题词之间相互独立，实际中，很少有文本满足这样的条件，因此，该方法的分类结果很难达到理论的最佳值。

（6）神经网络法是一种基于经验风险最小化原则的一种分类算法，它的重点是阈值逻辑单元的构造，每个阈值逻辑单元对应一个分类对象，它可以输入一组加权系数的值，并且对这些值进行求和，如果得到的结果大于或等于某个阈值，则输出一个量。但神经网络法也存在一些缺点，如过学习现象以及因神经元个数和层数无法确定而导致陷入局部最小。

8.2 决策树分类

在 8.2.1 节，对决策树算法进行介绍，包括决策树算法的原理、算法流程。在 8.2.2 节中，阐述了如何生成决策树，以及构造过程中应该注意的方面。8.2.3 节中是对决策树规则提取的描述，有了相应的规则，决策模型便会更易于阅读和理解。在接下来的 8.2.4 小节、8.2.5 小节和 8.2.6 小节中，分别介绍了另外三种经典的分类算法：ID3 算法、C4.5 算法和MCTS 算法。

8.2.1 决策树算法概述

决策树是基本的分类方法之一，属于监督学习（supervised learning），所谓监督学习，就是给你一些数据，以及数据通过监督学习后的正确输出的结果，在学习过程中相应地输入与输出的关系也是已知的。使用监督学习进行分类时，首先会预测一个离散值，通过学习，分别将输入的数据与离散的类别进行一一对应。监督学习算法是在各种情况发生概率已知的基础上，进行决策树的构造，求净现值的期望值不小于零的概率。

决策树的结构与流程图的树形结构十分相似，它的每个内部节点代表的是一个属性上的测试，测试输出用树的分支来表示，每个叶节点代表着一种类别。基本组成部分为决策节点、状态节点和结果节点。决策节点是几种可能方案的选择，最后从这些可能的方案中选择出最佳方案。对于多级决策，则决策树中可以有多个决策点，以根部的决策点作为最终决策方案。

决策树上的每一个非树叶节点，代表在一个属性上的测试，每个分支代表测试的一个输出，一个类标号对应一个树叶节点。决策树算法中产生的决策节点用矩形来表示，状态节点用椭圆来表示，结果节点用三角形来表示。由图 8 - 1 是一棵单阶段决策树。

由图 8 - 1 可以看出，决策树的决策过程十分简单、直观，目前已经在商业、制造业、医

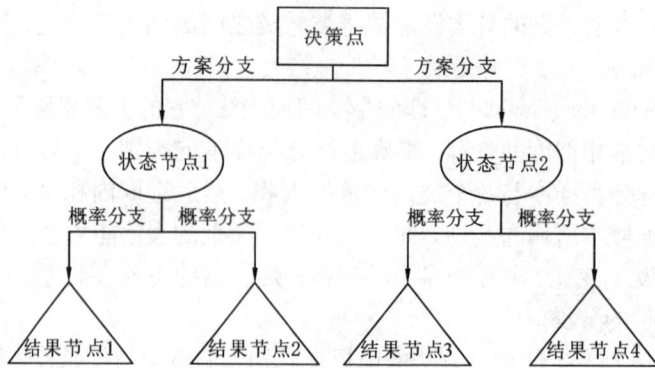

图 8-1　单阶段决策树

学、天文学等众多领域得到应用。

　　决策树算法的基础是贪心算法，该算法在每一步中都选择当前最佳的选择。该算法分为两部分，第一部分是对决策树的构建，这是算法的重点，也是难点；第二部分是使用第一步中构建的决策树进行样本的分类。使用决策树进行数据集的划分时，每次划分都依据的是不同的特征信息，最后划分的结果是一个二叉树或非二叉树。在决策树构建好了以后，让目标对象按照一定的规则遍历该决策树，就会得到最后的分类结果。

　　决策树算法的流程图如图 8-2 所示。

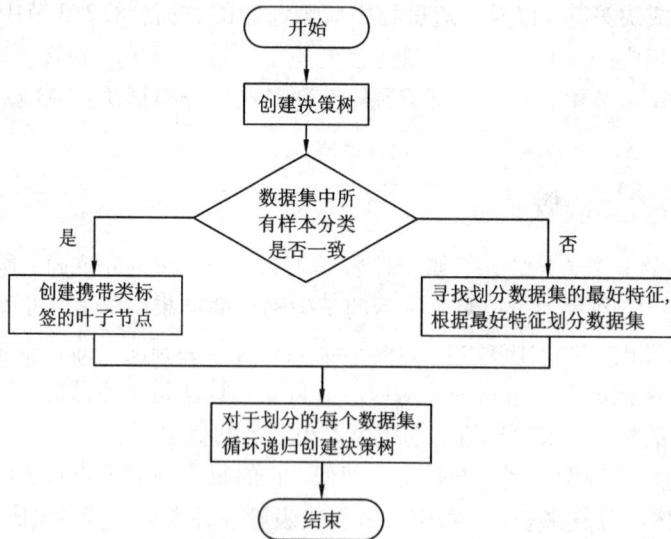

图 8-2　决策树算法流程图

　　构造决策树的过程是一个递归的过程，有三种情况会导致递归返回：

　　(1) 当前节点包含的样本属于同一类别，没必要再进行划分；

　　(2) 当前样本的属性集为空，或所有样本在所有属性上的取值相同，没有办法划分；

（3）当前节点包含的样本集为空，不能进行划分。

8.2.2 决策树的生成

决策树的构造过程不依赖于领域知识，通过属性选择度量，对元组进行选择，并且将其最优地划分成不同的类的属性，也就是说，构造的过程就是进行属性选择度量，也是确定各个特征属性之间的拓扑结构的过程。建立决策树的过程中，树也会不断向下延伸，并且不断地对数据进行划分，一次划分对应一个问题和一个节点。每次划分都要求被分成的组之间的"差异"最大化。不同的决策树算法之间的主要区别，就是对组间"差异"衡量方式的不同。通过算法对"差异"的要求，可以将划分看做是把一组数据分成几份，份与份之间的相似度越小越好，而对于划分在同一份里的数据，则要求"差异"最小化。所谓的划分过程，也可称之为数据的"纯化"。如果经过一次划分后得到了相应的分组，并且每个分组中的数据都属于同一个类别，则说明划分的效果达到了我们的预期。

构建决策树的流程如下：

（1）得到原始数据集；

（2）根据属性选择度量对数据集进行最优划分，由于特征值可能有多个，因此存在数据集的划分大于两个分支的情况；

（3）采用递归的原则对数据集进行处理，首次划分后，数据将会向下传递，到达树的分支的下一个节点，在该节点上，可对数据进行再次划分，不断重复该操作，直到达到递归结束条件，才结束递归；

（4）递归结束的条件是，算法遍历完所有划分好的数据集的属性，或每个分支下的所有实例都具有相同的分类。

依据将无序的数据集逐渐变得有序的原则，对数据集进行处理。对于数据的混乱程度，这里采用信息论来进行度量。信息论是量化处理信息的学科，使用信息论来分别度量数据集划分前后信息的内容，并将其量化，得到度量前后的差值，即信息增益。比较使用不同的特征进行数据集划分得到的信息增益，其中使得信息增益最高的特征就是我们要选择的，即最优的特征。

数据集的划分过程中会涉及分支的产生，创建分支的过程如流程图 8-3 所示。

选取哪一个特征作为分类特征，是决策树创建过程中最关键的问题。因为好的分类特征能够将数据集最大化地分开，使得无序的数据集变得有序，表现为随机变量的熵变小，从而实现数据集的分类。决策树的生成通常采用递归的方法，首先考虑结束条件，对于决策树的生成而言，它的结束条件有两个，第一个是划分的数据都属于同一个类，第二个是所有的特征都已使用。在生成决策树的过程中，首先通过比较不同特征划分得到的信息增益，得到划分该数据集最优的特征，对样本进行分类。在分类开始时，将分类的特征记录到决策树中，然后在特征标签集中将该特征删除，表示该特征已经使用过了。根据选中的特征，将数据集划分为若干个子数据集，再将子数据集作为参数，采用递归方式创建决策树，最终得到一棵完整的决策树。

在建立决策树的过程中，不能让树向下延伸得太多，因为树的层数太多时，会使得树的可理解性和可用性相应地降低，随着创建过程中树的不断生长，其对历史数据的依赖性也会逐渐变大，这样就会造成训练过度的情况，也成为过拟合的情况，即该决策树可以较高的准

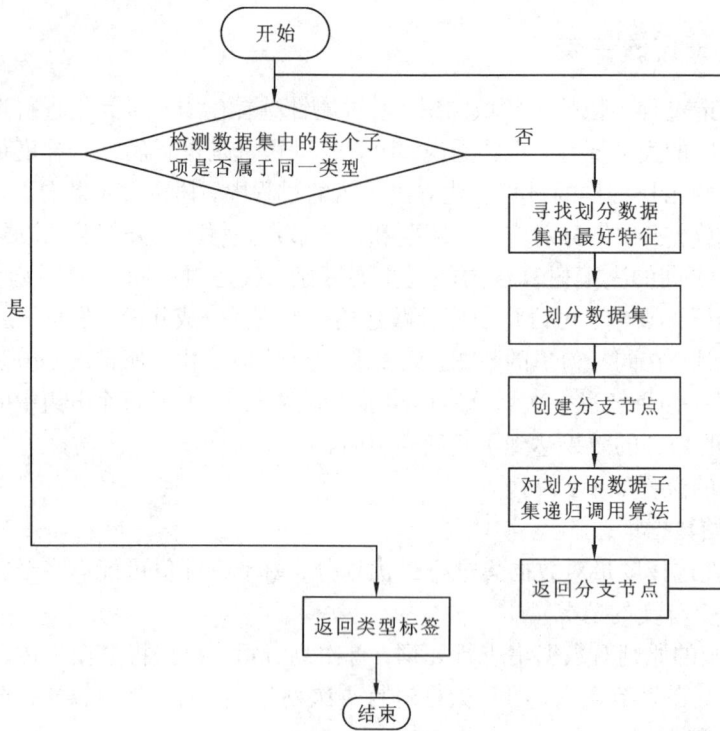

图 8 – 3　创建分支流程图

确率处理历史数据，但对于新输入的数据，准确率会急剧下降。为了使我们构造的决策树对于历史数据和新数据都有较好的处理效果，必须要对训练过度的情况进行处理，使得决策树的生长在可控的范围内，能够根据需要停止生长。但目前常用的方法有两种，一种方法是对决策树进行"先剪枝"，另外一种则是"后剪枝"。所谓"先剪枝"，就是首先设置一个指标，当决策树的生长达到这个指标时，就停止生长。与"先剪枝"不同，"后剪枝"中首先是让决策树充分生长，停止生长的条件是叶节点具有最大的纯度值。这样的操作可以避免"视界局限"的产生。对于所有的相邻成对叶节点，判断是否进行消去操作。如果消去使得不纯度向期望值增长，则执行消去操作，并令它们的公共父节点成为新的叶节点。经过剪枝操作后，叶节点将以较大的概率分布在很宽的层上，得到的决策树更优。"后剪枝"较"先剪枝"除了"视界局限"上的优势，还充分利用了全部训练集的信息。但后剪枝的计算量代价比先剪枝方法大得多，特别是对于大样本而言，但是"后剪枝"在处理小样本时还是优于"先剪枝"。

8.2.3　决策树中规则的提取

对构造的决策树进行剪枝操作会使得决策树更加紧凑，但阅读起来仍然很复杂，为了使决策模型更易于阅读和理解，可从决策树中提取决策规则，一般使用 if – then 规则来描述决策树中的路径，从决策树中提取规则涉及两个步骤。第一步是获得简单的规则，如上所述的 if – then 规则，if 用来判断决策树的分支将会往哪个方向走，then 表示最后分支到达的地方。第二步是对简单规则进行精简，进行精简时需要遵循一个条件，即在单个规则的前项中，对结论没有影响的条件可以删除。遵循的准则如下：

设规则 R 是：If S then 类 B 是对结论没有影响的条件，

则精简后的 R^- 是：If A^- then 类 B

以下从数学的概率角度说明，在什么情况下，可以说明条件 X 是可以删除的项。R^- 覆盖的实例包含以下四个部分，如表 8 - 1 所示。

表 8 - 1　实例

	类 B	其他类
满足条件 A	Y_1	E_1
满足条件 A^- 但不满足条件 X	Y_2	E_2

规则 R 包含了 $Y_1 + E_1$ 个实例，其中 E_1 表示被判断错误的实例个数，精简后的 R^- 包含的实例数为 $Y_1 + E_1 + Y_2 + E_2$，$E_1 + E_2$ 表示误判实例个数，所以规则 R 的误判概率为 U_F $(E_1, Y_1 + E_1)$，规则 R^- 的误判概率为 $U_F = (E_1 + E_2, Y_1 + E_1 + Y_2 + E_2)$，如果 U_F $(E_1, Y_1 + E_1) \geqslant U_F(E_1 + E_2, Y_1 + E_1 + Y_2 + E_2)$ 成立，说明条件 A 中的条件 X 可以删除。

8.2.4　ID3 算法

ID3 算法是经典的决策树算法之一，基于"奥康姆剃刀"（Occam's Razor）原理，也称为"简单有效"原理，即尽量用较少的东西做更多的事。ID3 算法（iterative dichotomiser 3），即迭代二叉树 3 代，该算法以"简单有效"原理为基础，使得决策树越小时，其处理数据集的效果越好。算法的理想效果是得到最小的树形结构，但实际不是每次都能得到。ID3 算法依据"最大信息熵增益"原则这里的熵描述的是数据集的混乱程度，数据越混乱，相应的熵就越大，算法每次都选择熵减少程度最大的特征，并用该特征对数据集进行划分，根据该原则，自顶向下遍历决策树空间。ID3 算法的基本思想是，随着决策树深度的增加，节点的熵迅速地降低，熵降低的速度越快越好。

ID3 算法的实现流程如图 8 - 4 所示，它是一种以信息熵和信息增益作为衡量标准的分类算法。

熵是用来度量随机变量的不确定性，可用来描述数据集的

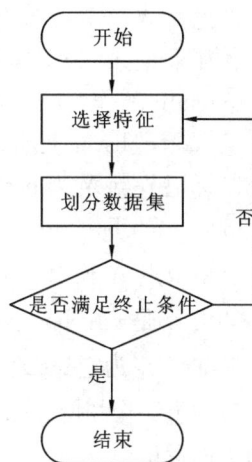

图 8 - 4　ID3 算法流程图

有序程度。信息熵就是离散随机事件出现的概率，一个系统越有序，其信息熵就越低，反之则越高，它也是度量样本纯度常用的指标之一。

假设样本集合为 $D = \{(x_1, y_1), (x_2, y_2), \cdots, (x_m, y_m)\}$，属性集为 $A = \{a_1, a_2, \cdots, a_d\}a$，在当前样本集合 D 中，假设第 k 类样本所占的比例为 $P_k(k = 1, 2, \cdots, |y|)$，则样本集合 D 的信息熵定义为：

$$Ent(D) = -\sum_{k=1}^{|y|} p_k \log_2 p_k \tag{8-1}$$

$Ent(D)$ 的值越小，说明样本集合 D 的信息熵越低，即纯度越高。

假设离散属性 a 有 V 个可能的取值，为 $\{a^1, a^2, \cdots, a^V\}$，如果使用 a 对样本集合 D 进行划分，会产生 V 个分支节点，其中第 v 个节点包含了样本集合 D 在属性 a 上取值为 a^v 的所有样本，记作 D^v，此时可以根据式(8-1)计算出 D^v 的信息熵，考虑到不同分支节点包含的样本数不同，给每个分支节点赋予权重为 $|D^v|/|D|$，则相应的求信息增益的方法如下式所示

$$Gain(D, a) = Ent(D) - \sum_1^v \frac{|D^v|}{|D|}Ent(D^v) \qquad (8-2)$$

式(8-2)表示在特征属性 α 的条件下，样本 D 的信息增益，当信息增益越大时，说明使用属性 α 来进行划分所获得的纯度越高，也是用来判定是否可以作为属性划分的依据，由此得到下式，也是 ID3 算法的原理，

$$a_* = \operatorname{argmin} Gain(D, a), a \in A \qquad (8-3)$$

ID3 算法实现的描述如下：

算法：通过给定的训练数据构造决策树。

输入：训练样本 s，由离散值属性表示；候选属性的集合 a_list。

输出：一棵决策树。

方法：

生成决策树(s, a_list)

①创建节点 N；

②如果 s 都在同一个类 C 那么　//类标号属性的值均为 C，其候选属性值不考虑

③返回 N 作为叶节点，以类 C 标记；

④如果 a_list 为空那么

⑤return N 作为叶节点，标记为 s 中最普通的类；//类标号属性值数量最大的那个

⑥选择 a_list 中具有最高信息增益的属性 best_attribute；//找出最好的划分属性

⑦标记节点 N 为 best_attribute；

⑧for each best_attribute 中的未知值 a_1//将样本 s 按照 best_attribute 进行划分

⑨由节点 N 长出一个条件为 best_attribute $=a_1$ 的分枝；

⑩设 s_1 是 s 中 best_attribute $=a_1$ 的样本的集合；//a partition

⑪如果 s_1 为空那么

⑫加上一个树叶，标记为 s 中最普通的类；//从样本中找出类标号数量最多的，作为此节点的标记

⑬否则加上一个由生成决策树(s_1, a_list - best_attribute)返回的节点；//对数据子集 s_1，递归调用，此时候选属性已删除 best_attribute。

ID3 算法作为比较经典的分类算法之一，在搜索的每一步中，都使用了当前所有的训练样本，大大降低了对个别训练错误样例的敏感度。ID3 算法采用信息增益作为属性评价标准。该方法的缺点在于，信息增益偏向于选择值较多的属性，但在某些情况下，这类属性可能并不会提供太多有价值的信息，并且 ID3 算法只能对属性为离散型的数据集构造决策树，在搜索过程中不进行回溯，所以容易受无回溯搜索中常见风险的影响，这些是 ID3 算法的缺

陷,而接下来要讲的 C4.5 算法则是对 ID3 算法的改进。

8.2.5 C4.5 算法

C4.5 算法属于经典的决策树算法之一,是基于 ID3 算法的改进,用于决策树的产生。该算法的目标是通过学习找到一个从属性值到类别的映射关系,并且这个映射能用于对类别未知的实体进行分类。C4.5 算法与 ID3 算法一样使用了信息熵的概念,但不同的是,ID3 算法使用信息增益进行子树的属性选择,而 C4.5 算法使用的是信息增益率,并且该算法能够处理非离散数据和不完整数据。在使用该算法构造决策树的过程中,会进行基于误差的后剪枝操作,避免训练过度的情况产生。

信息增益率使用分类信息值将信息增益规范化。分类信息类似于 $Ent(D)$,定义如下:

$$SplitInfo_A(D) = -\sum_{j=1}^{v} \frac{|D_j|}{|D|} \times \log_2\left(\frac{|D_j|}{|D|}\right) \tag{8-4}$$

表示将训练数据集 D 进行划分,分别对应于属性 A 测试的 v 个输出。信息增益率定义如下式所示。

$$GainRatio(A) = \frac{Gain(A)}{SplitInfo(A)} \tag{8-5}$$

选择具有最大增益率的属性作为分裂属性。信息增益率的本质是在信息增益之外乘上一个惩罚参数,惩罚参数的大小视特征的个数而定,特征个数越多,惩罚参数就要设置越小。

C4.5 算法的基本原理说明如下:

假设 S 是 s 个数据样本的集合,类标号 $C_i(i = 1, 2\cdots, m)$,分别具有 m 个不同的值,设 s_i 是类 C_i 中的样本数,对一个样本分类所需的期望值由下式计算得到

$$L(s_1, \cdots, s_m) = \sum_{i=1}^{m} p_i \log_2 p_i \tag{8-6}$$

其中 p_i 是任意样本属于 C_i 的概率,用 s_i/s 来进行估计。

设属性 A 有 v 个子集,分别为 $s_1, s_2, \cdots, s_v$,s_j 包含 S 中一些样本,在 A 上具有值 a_j。当选择 A 作为测试属性时,这些子集对应于由包含集合 S 的节点生长出来的分支。设 s_{ij} 代表子集 s_j 中类 C_i 的样本数,根据由 A 划分成子集的熵由下式给出

$$E(A) = \sum_{i=1}^{v} \frac{s_{ij} + \cdots + s_{mj}}{s} I(S_{ij}, \cdots, S_{mj}) \tag{8-7}$$

项 $\frac{s_{ij} + \cdots + s_{mj}}{s}$ 作为第 j 个子集的权,且等于子集(即 A 值为 a_j)中的样本个数除以 s 中的样本数。对给定的子集 s_j 有下式的关系存在

$$L(S_{1j}, S_{2j}, \cdots, S_{mj}) = -\sum_{i=1}^{m} p_{ij} \log_2 p_{ij} \tag{8-8}$$

式中:$p_{ij} = \frac{s_{ij}}{s_j}$ 是 s_j 中样本属于类 C_i 的概率。

在 A 上,分支将获得的编码信息是如下式所示

$$Gain(A) = L(s_1, \cdots, s_m) - E(A) \tag{8-9}$$

C4.5 算法的原理与 ID3 基本相同,但 C4.5 在后面使用信息增益率取代了信息增益,

$$SplitInfo(S, A) = -\sum_{i=1}^{c} \frac{|s_i|}{|s|} \log_2 \frac{|s_i|}{|s|} \tag{8-10}$$

s_1 到 s_c 表示的是 c 个值的属性 A 分割 S 所形成的 c 个样本子集。

此时，在属性 A 上得到的信息增益如下式所示

$$GainRatio(S, A) = \frac{Gain(S, A)}{SplitInfo(S, A)} \qquad (8-11)$$

C4.5 算法通过计算每个属性的信息增益比，选出具有最高信息增益比的属性作为给定集合的测试属性，然后创建一个节点，以该测试属性进行标记，对属性的每个值创建分支，并以此作为划分样本的依据。

假设用 S 代表当前样本集，当前候选属性集用 A 表示，则 C4.5 的算法如下：

算法：生成决策树( )由给定的训练数据产生一棵决策树

输入：训练样本 samples；候选属性的集合 attributelist

输出：一棵决策树

方法：

①创建根节点 N；

②如果 S 都属于同一类 C，则返回 N 为叶节点，标记为类 C；

③如果 attributelist 为空 ORS 中所剩的样本数少于某给定值，则返回 N 为叶节点，标记 N 为 S 中出现最多的类；

④FOReachattributelist 中的属性，计算信息增益率 informationgainratio；

⑤N 的测试属性 test. attribute = attributelist 具有最高信息增益率的属性；

⑥如果测试属性为连续型，则找到该属性的分割阈值；

⑦Foreach 由节点 N 一个新的叶子节点{

如果该叶子节点对应的样本子集 S' 为空

则分裂此叶子节点生成新叶节点，将其标记为 S 中出现最多的类

否则

在该叶子节点上执行 C4.5formtree(S', S'. attributelist)，继续对它分裂；

}

⑧计算每个节点的分类错误，进行剪枝。

C4.5 算法继承了 ID3 算法的优点，并在以下几方面对 ID3 算法进行了改进：

(1)用信息增益率来选择属性，克服了用信息增益选择属性时偏向选择取值多的属性的不足；

(2)在树构造过程中进行剪枝；

(3)能够完成对连续属性的离散化处理；

(4)能够对不完整数据进行处理。

8.2.6 蒙特卡洛树搜索(MCTS)算法

蒙特卡洛树搜索即 Mont Carlo Tree Search，简称 MCTS，常用来处理人工智能中最优决策问题。算法实质上是一种增强学习算法，会逐渐地建立一棵不对称的树，MCTS 算法的基本

原理很容易理解，就是根据模拟的输出结果，按照节点构造一棵搜索树，具体的步骤分为四步，并对树中的节点进行反复的迭代操作：

MCTS 算法的具体步骤如下：

算法：蒙特卡洛树搜索算法

输入：根节点

输出：搜索树

方法：

①选择，从搜索树的根节点 R 开始，采用递归操作选择最优的子节点，直到操作到达搜索树的叶子节点 L；

②扩展，验证叶子节点 L 是否为终止节点，如果不是，就创建一个或者多个子节点，选择其中的一个子节点 C 作为终止节点；

③模拟，从子节点 C 开始，运行一个模拟，并得到相应的输出，直到算法结束；

④反向传播，通过模拟得到的结果，更新当前的行动序列。

需要注意的一点是，算法中涉及到的节点都必须包含根据模拟结果估计的值和该节点已经被访问的次数。

借助计算机技术，蒙特卡洛方法实现了两大优点：

一是简单，省去了复杂烦琐的数学推导和演算过程，使得算法易于被理解和掌握；二是快速，使用蒙特卡洛搜索算法能够很快得到最优解。简单和快速这两大优势，是蒙特卡洛方法被越来越多的项目采纳的技术基础。

8.3 SVM 预测

支持向量机(简称 SVM)是由 Cotes 和 Vannik 首先提出来的，是多年来关注度很高的分类技术，它可以很好地解决小样本、非线性及高维度数据识别分类问题，这种技术具有坚实的统计理论基础，并在许多实际应用(如手写数字的识别、文本分类)中达到了很好的效果，并能推广应用到函数拟合等其他机器学习过程中。支持向量机作为数据挖掘的一种算法，在实践应用中总能表现出更好的性能和效果，是因为 SVM 在原理上是一个根本性的解决方案，它给出的是全局最优解。

支持向量机的基本思想是：首先，在线性可分情况下，在原空间寻找两类样本的最优分类超平面。在线性不可分的情况下，加入了松弛变量进行分析，通过使用非线性映射将低维输入空间的样本映射到高维属性空间使其变为线性情况，从而使得在高维属性空间采用线性算法对样本的非线性进行分析成为可能，并在该特征空间中寻找最优分类超平面。

8.3.1 线性可分的 SVM

1. 最大边缘超平面

理解 SVM 算法，首先要理解最大边缘超平面的概念和原理，如图 8-5 所示的一个数据集，包含分别用圆形和方形表示的两类训练样本。显然这个数据集是线性可分的，所以可以找到一个超平面，比如找到了 L_1，L_2，L_3，它们将所有方形位于超平面的一侧，而圆形位于另一侧。但是如图 8-5 所示，会存在大量那样的平面，即使训练误差都为零，但是不能使每个超平面在未知数据集上分类效果同样好。所以根据在验证样本上的分类效果，分类器必须从这些超平面中选出一个来表示它的决策边界。

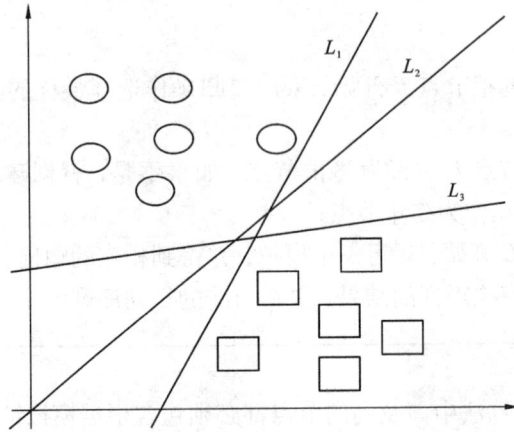

图 8-5 线性可分数据集上可能的三个决策边界

下面通过一个例子更好地理解不同的超平面对泛化误差的影响，如图 8-6 所示，已知两个决策边界 C_1 和 C_2，显然这两个决策边界都能把训练数据划分到各自的类中。两个决策边界都对应一对平行的超平面，这对超平面是通过平行移动决策边界直到接触到最近的三角形和圆形为止。由此得到 C_1 对应的超平面 C_{11} 和 C_{12} 和 C_2 对应的超平面 C_{21}、C_{22}。那么，称 C_{11} 和 C_{12} 之间的间距为 C_1 分类器的边缘，C_{21} 和 C_{22} 之间的间距为 C_2 分类器的边缘。

通过观察图 8-6 可知，C_1 的边缘明显大于 C_2 的边缘。在这个例子中，C_1 就是训练样本的最大边缘超平面。

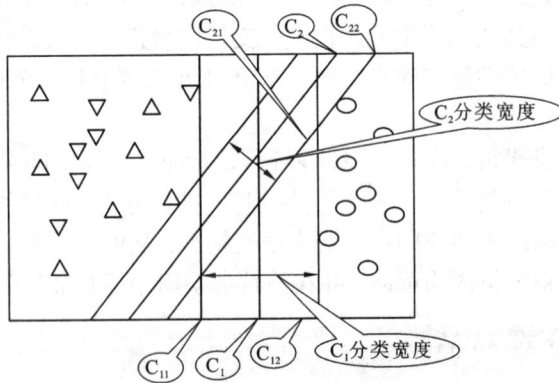

图 8-6 决策边界的边缘

根据最大边缘的基本原理，具有较大边缘的决策比小边缘的决策具有更好的泛化能力。从直觉上来说，如果边缘较小，未知数据在决策边界附近分布会对分类效果产生明显影响。因此那些决策边缘较小的分类器对模型过拟合更加敏感，从而泛化能力变差。因此，需要最大化决策边界的边缘，以确保在最坏的情况下泛化误差最小。线性 SVM 就是解决这个问题的分类器。

2. 线性支持向量机

线性 SVM 是一个寻找最大边缘超平面的分类器，SVM 来源于最为基本的线性分类器。如图 8-7 所示，线性分类器通过一个超平面将数据分成两个类别，该超平面上的点满足：

$$w^T x + b = 0 \tag{8-12}$$

其中 w, b 是模型的参数。

SVM 采用了这种方式，将分类问题简化为确定 $w^T x + b$ 的符号，大于 0 为一类，小于 0 的为另一类，如何寻找这样的一个最优的超平面是线性 SVM 要解决的基本问题。

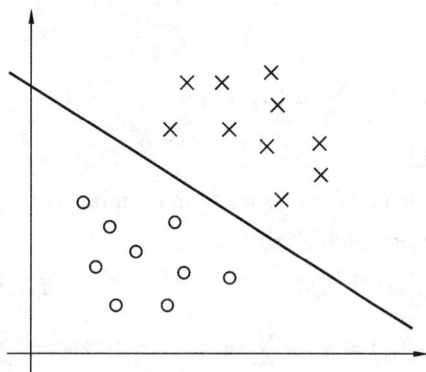

图 8-7　超平面 $w^T x + b = 0$

SVM 是要寻找具有最大边缘的超平面，那么如何计算超平面的边缘呢？调整决策边界参数 w 和 b，将 b_{i1} 和 b_{i2} 表示为：

$$b_{i1} : w \cdot x + b = 1$$
$$b_{i2} : w \cdot x + b = -1$$

通过计算两个超平面之间的距离来确定决策边界的边缘。另 X_1 是 C_{i1} 上的数据点，X_2 是 C_{i2} 上的数据点，将两点代入可得：

$$w \cdot (x_1 - x_2) = 2$$
$$\| w \| \times d = 2$$

得出 $d = \dfrac{2}{\| w \|}$。

因为 SVM 要求决策边界的边缘是最大的，所以把最大边缘等价于最小化下面的目标函数：

$$f(x) = \frac{\| w \|^2}{2} \tag{8-13}$$

那么，线性 SVM 在可分的情况下学习任务可以描述为以下有约束条件的优化问题：

$$\min_{w,b} \frac{1}{2} \parallel \omega \parallel^2 \tag{8-14}$$

$$\text{s.t.} \ y_i(\omega \cdot x_i + b) - 1 \geqslant 0, \ i = 1, 2, \cdots, N$$

当求解出了 ω^*，b^* 后，就可以得到超平面 $\omega^* \cdot x + b^*$，那么怎么进行分类呢？在线性可分 SVM 中，分类决策的依据就是 $f(x) = \omega \cdot x + b$ 的正负性，写成函数的形式就是 $f(x) = \text{sign}(\omega \cdot x + b)$。

在约束最优化问题中，常常利用拉格朗日对偶性将原始问题转换为对偶问题，通过求解对偶问题而得到原始问题的解。SVM 使用对偶算法求解最优化的问题。通过给每一个约束条件加上一个拉格朗日乘子 $\alpha_i \geqslant 0$，$i = 1, 2, \cdots, N$ 来定义拉格朗日函数，然后使用拉格朗日函数进一步简化目标目标函数，从而只用一个函数表达式便能清楚地表达出问题。

有了拉格朗日对偶性作为保证，再回到最初的优化问题

$$\min_{w,b} \frac{1}{2} \parallel \omega \parallel^2$$

$$\text{s.t.} \ y_i(\omega \cdot x_i + b) - 1 \geqslant 0, \ i = 1, 2, \cdots, N$$

定义拉格朗日函数

$$L(w, b, a) = \sum_{i=1}^{N} a_i [y_i(w \cdot x_i + b) - 1] + \frac{1}{2} \parallel w \parallel^2$$

将原问题转化为对偶问题

$$\min_{(w,b)} \max_a L(w, b, a) \Rightarrow \max_a \min_{w,b} L(w, b, a) \tag{8-15}$$

（1）先处理对偶问题中的极小问题 $\min L(w, b, \alpha)$。

将拉格朗日函数 $L(w, b, \alpha)$ 分别对 w，b 求偏导并令其等于 0

$$\nabla_w L(w, b, \alpha) = w - \sum_{i=1}^{N} a_i y_i x_i = 0 \Rightarrow w = \sum_{i=1}^{N} a_i y_i x_i$$

$$\nabla_b L(w, b, \alpha) = \sum_{i=1}^{N} a_i y_i = 0 \Rightarrow \sum_{i=1}^{N} a_i y_i = 0$$

然后将 $\sum_{i=1}^{N} a_i y_i = 0$ 和 $w = \sum_{i=1}^{N} a_i y_i x_i$ 代入朗格朗日函数，可以得到如下形式：

$$\min_{(w,b)} L(w, b, a) = \sum_{i=1}^{N} \alpha_i - \frac{1}{2} \sum_{i=1}^{N} \sum_{j=1}^{N} \alpha_i \alpha_j y_i y_j (x_i \cdot x_j)$$

（2）求 $L(w, b, a)$ 关于 α 的极大值，便得到对偶问题的标准形式。

$$\min_{(a)} L(w, b, a) = \sum_{i=1}^{N} \alpha_i - \frac{1}{2} \sum_{i=1}^{N} \sum_{j=1}^{N} \alpha_i \alpha_j y_i y_j (x_i \cdot x_j) \tag{8-16}$$

$$\text{s.t} \sum_{i=1}^{N} a_i y_i = 0$$

$$\alpha_i \geqslant 0, \ i = 1, 2, \cdots, N$$

8.3.2　线性不可分的 SVM

1. 线性 SVM：不可分情况

图 8-8 给出了两个十分相似的数据点集，不用之处在于它包含了一个新的样本点 P，在

右边的图中，尽管 L_2 正确将数据分开，而 L_1 将新样本分错了，但是这不意味着 L_2 是一个比 L_1 更好的分类器。存在这样一种情况：新样本 P 或许只是训练数据中的噪音点。这种情况下，仍然认为，L_1 是比 L_2 更好的决策边界。如果利用上一节的 SVM 公式，只能得出没有错误地决策边界的结论，如何处理在有噪声点情况下的 SVM 分类问题呢？这里引入一种称为软边缘的方法。更加有意义的是，给出的这种方法可以应用于构造在线性不可分情况下的决策边界。

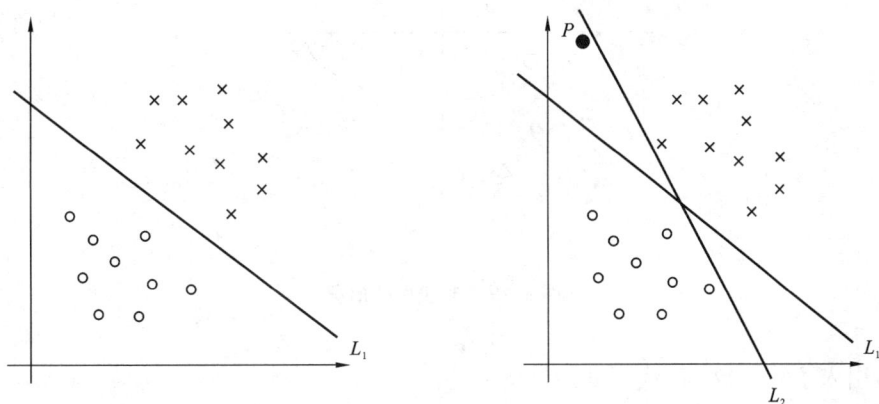

图 8-8 可分与不可分情况下的决策边界

因为决策边界 L_1 已经不满足原公式的约束条件，所以在约束条件上引入正值松弛变量 ξ 来放松不等式的约束，以适应非线性可分的数据集。那么新的约束优化条件如下式所示：

$$y_i(\omega \cdot x_i + b) \geqslant 1 - \xi_i, \ i = 1, 2, \cdots, N \tag{8-17}$$

由于在决策边界误分样本的数量上没有限制，如果使用上节相同的目标函数，然后加上公式(8-17)的约束条件来构造出决策边界，算法可能会出现这样的一种情况，得到的决策边界的边缘很宽，但是却错误地分了很多训练数据。必须修改目标函数来惩罚那些松弛变量值很大的决策边界来避免上述这种情况。修改后的目标函数为：

$$f(x) = \frac{\|w\|^2}{2} + c\left(\sum_{i=1}^{N} \xi_i\right)^k$$

其中参数 C, k 可由用户指定，表示对误分训练数据的惩罚。这里取 $k=1$。那么被约束的优化问题的拉格朗日的算式可以写作：

$$L(w, b, a) = \sum_{i=1}^{N} a_i[y_i(w \cdot x_i + b) - 1 + \xi_i] + \frac{1}{2}\|w\|^2 + C\sum_{i=1}^{N} \xi_i \tag{8-18}$$

同样令 L 关于 w, b 和 ξ_i 的一阶导数等于零，得到如下的对偶拉格朗日算子：

$$L(w, b, a) = \sum_{i=1}^{N} \alpha_i - \frac{1}{2}\sum_{i=1}^{N}\sum_{j=1}^{N} \alpha_i \alpha_j y_i y_j (x_i \cdot x_j) \tag{8-19}$$

发现式(8-18)与线性可分的对偶拉格朗日算子一样。但是，式(8-18)拉格朗日乘子 α_i 的约束与线性可分略有不用。

2. 非线性 SVM

图 8-9 就是一个典型的非线性的例子。从图 8-9 中可以看到，对于三角形和圆形两种

不同的类别，任何一个超平面都不能完整地分开，和对于这样的一种情况，

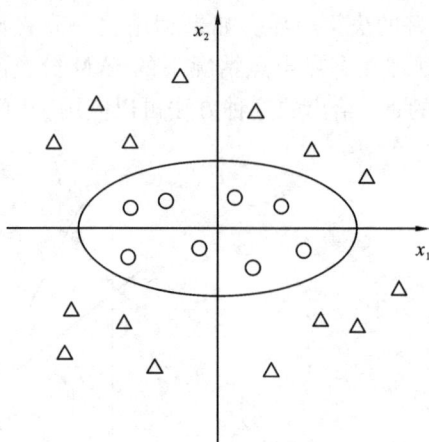

图 8-9　非线性的情况

SVM 引入了核函数，解决了非线性的问题。

知道 SVM 的判别函数是，$f(x) = \omega \cdot x + b$，将之前对偶问题中求得的 $w = \sum_{i=1}^{N} a_i y_i x_i$ 代入 SVM 判别函数中，就能够算得对偶问题中的判别函数：

$$f(x) = \sum_{i=1}^{N} \alpha_i y_i (x_i, x) + b$$

这种形式特点在于，对于新点 x 的预测，只需要计算它与训练数据点的内积即可，这一点很关键，这是核函数使用的基础。

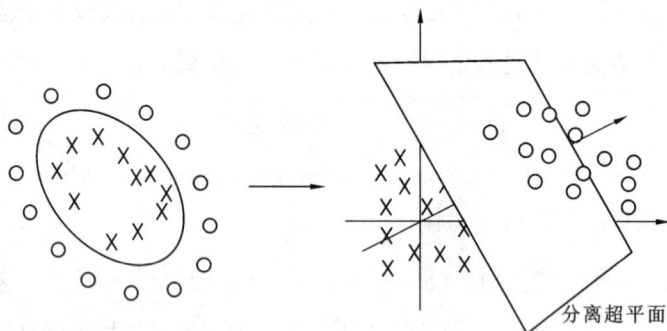

图 8-10　低维空间到高维空间的映射

图 8-9 是处理线性不可分的一种常见的方式，也就是将处在低维的线性不可分的数据通过映射的方式投影到高维的空间中，使这些数据变成线性可分的数据，这样就可以使用线性可分 SVM 进行分类。先假设这种映射关系为：

$$\varphi(x): X \rightarrow \Psi$$

那么根据上文中提到的内积计算方式，可以容易地得到映射之后的最优化目标函数为：

$$\max \sum_{i=1}^{N} \alpha_i - \frac{1}{2} \sum_{i=1}^{N} \sum_{j=1}^{N} \alpha_i \alpha_j y_i y_j (\varphi(x_i), \varphi(x_j))$$

如此看来，通过一个低维到高维的映射，就可以把线性不可分的问题解决了。但实际使用过程中，这种方式的运算开销很大。因此，要使用一种能够不进行低维到高维的映射，直接可以在当前现有维度进行计算的方式来解决线性不可分的问题，这种计算方法就是所谓的"核函数"。

设 X 是输入空间，又设 Ψ 为特征空间，如果存在一个从 X 到 Ψ 的映射：

$$\varphi(x): X \rightarrow \Psi$$

使得所有的 $x, Z \in X$，函数 $K(x, z)$ 满足

$$K(x, z) = \varphi(x) \cdot \varphi(z)$$

称 $K(x, z)$ 为核函数，其中 $\varphi(x) \cdot \varphi(z)$ 为两者的内积。

核函数的基本思想是，在 SVM 中只使用核函数 $K(x, z)$，而不需要关心映射函数和映射空间。使用核函数后，SVM 的目标函数就可以改写为：

$$w(\alpha) = \sum_{i=1}^{N} \alpha_i - \frac{1}{2} \sum_{i=1}^{N} \sum_{j=1}^{N} \alpha_i \alpha_j y_i y_j K(x_i, x_j)$$

决策函数当然也可以使用核函数进行计算，核函数的决策函数为：

$$f(x) = \text{sign}(\sum_{i=1}^{N} \alpha_i y_i K(x_i, x) + b)$$

以上就是 SVM 利用核函数解决线性不可分问题的方法，从线性可分到线性不可分，SVM 的基本思想依然没有改变，仍是寻找最优决策边界，只是在非线性的时候，需要通过核函数求解。

8.3.3 SVM 的实现——手写数字图片的识别

1. 问题描述

手写数字识别是一个非常经典的分类问题，如图 8－11 所示，通过人眼很容易就能够认出这些数字为"504192"。如果尝试让计算机程序来识别诸如上面的数字，就会明显感受到视觉模式识别的困难。

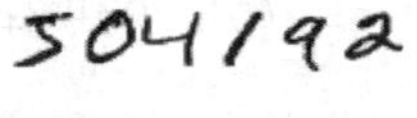

图 8－11 人的手写数字

SVM 分类算法以另一个角度来考虑问题。其思路是获取大量的手写数字，常称做训练样本，然后开发出一个可以从这些训练样本中进行学习的系统。换言之，SVM 使用样本来自动推断出识别手写数字的规则。随着样本数量的增加，算法可以学到更多关于手写数字的知识，这样就能够提高自身的准确性。图 8－12 所示为部分训练数据据集的样本。

本书采用的数据集就是著名的"MNIST 数据集"。这个数据集有 60 000 个训练样本数据集和 10 000 个测试用例。直接调用 scikit－learn 计算库中的 SVM 算法，使用默认的参数，10 000 张手写数字图片，判断准确的图片就高达 9 435 张。

图 8 – 12　部分训练数据集的样本

2. SVM 的算法过程

通常，会将数据集分成三部分——训练集、测试集、交叉验证集。用训练集训练生成模型，用测试集和交叉验证集验证模型的准确性。

通过 SVM 实现手写数字识别步骤如下：

算法：SVM。

输入：MNIST 手写数字图片数据集。

输出：预测测试集的结果。

方法：

①导入"MNIST 数据集"；

②导入 scikit – learn 库中的 SVM 算法；

③将 MNIST 中的数据划分为训练集、测试集和交叉验证集；

④定义 SVM 训练模型的参数；

⑤传递 SVM 模型参数，并对模型进行训练；

⑥用训练好的模型来预测测试集的结果，并统计其准确率。

8.4　KNN 算法

KNN 算法，又叫 K 最邻近分类算法，是数据挖掘分类技术中最简单的方法之一，是一种典型的消极的学习方法。概括来说，KNN 算法就是已知一个样本空间里的部分样本分成几个类，然后，给定一个待分类的数据，通过计算找出与自己最接近的 K 个样本，由这 K 个样本投票决定待分类数据归为哪一类。KNN 算法在类别决策时，只与极少量的相邻样本有关。由于 KNN 方法主要靠周围有限的邻近的样本,而不是靠判别类域的方法来确定所属类别的,因此对于类域的交叉或重叠较多的待分样本集来说,KNN 方法较其他方法更为适合。

8.4.1 KNN 算法的描述

下面通过一个简单的例子说明 KNN 算法的思路:如图 8 - 13 所示,圆形要被决定赋予哪个类,是三角形还是四方形? 如果 $K=3$,由于三角形所占比例为 2/3,圆将被赋予红色三角形那个类;如果 $K=5$,由于蓝色四方形比例为 3/5,因此圆形被认定为四方形类。

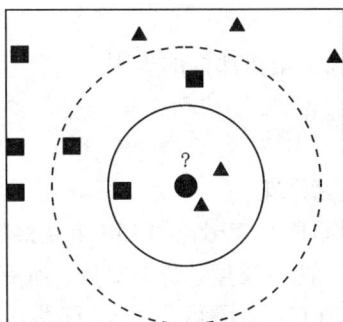

图 8 - 13 使用 KNN 算法后的结果

由此可以看出 KNN 算法的结果很大程度上取决于 K 的选择。

在 KNN 中,通过计算对象间距离来作为各个对象之间的非相似性指标,避免了对象之间的匹配问题,在这里距离一般使用欧氏距离或曼哈顿距离:

欧氏距离 $d_{12} = \sqrt{\sum_{k=1}^{n}(x_{1k}-x_{2k})^2}$

曼哈顿距离 $d_{12} = \sum_{k=1}^{n}|x_{1k}-x_{2k}|$

同时,KNN 通过依据 k 个对象中占优的类别进行决策,而不是单一的对象类别决策。这两点就是 KNN 算法的优势。

KNN 算法步骤如下:

算法:KNN,一种基于几何距离的分类算法。

输入:D:一个包含 n 个对象的数据集,参数 K,测试集数据。

输出:测试集数据的分类结果。

方法和步骤:

①计算测试数据与各个训练数据之间的距离;

②按照距离的递增关系进行排序;

③选取距离最小的 K 个点;

④确定前 K 个点所在类别的出现频率;

⑤返回前 K 个点中出现频率最高的类别作为测试数据的预测分类。

KNN 算法的优点包括：

(1)简单，易于理解，易于实现，无须估计参数，无须训练。

(2)适合对稀有事件进行分类。

(3)特别适合于多分类问题(对象具有多个类别标签)，KNN 比 SVM 的表现要好。

KNN 算法的缺点有：

(1)当样本不平衡时，如一个类的样本容量很大，而其他类样本容量很小时，可能导致当输入一个新样本时，该样本的 K 个邻居中大容量类的样本占多数。

(2)计算量较大，因为对每一个待分类的文本都要计算它到全体已知样本的距离，才能求得它的 K 个最近邻点。

(3)可理解性差，无法给出像决策树那样的规则。

8.4.2 KNN 算法的实现

本书使用的练习问题是分类鸢尾花。

已有的数据集由对 3 个不同品种的鸢尾花的 150 组观察数据组成。对于这些花有 4 个测量维度——萼片长度、萼片宽度、花瓣长度、花瓣宽度，所有的数值都以厘米为单位。需要预测的属性是品种，品种的可能值有：清风藤、云芝、锦葵。

有一个标准数据集，在这个数据集中品种是已知的。可以把这个数据集切分成训练数据集和测试数据集，然后用测试结果来评估算法的准确程度。在这个问题上，好的分类算法应该有大于 90% 的正确率，通常都会达到 96% 甚至更高。

读者可以从 https：//archive. ics. uci. edu/ml/machine－learning－databases/iris/iris. data 免费下载这个数据集。

用 KNN 实现这个分类问题的步骤如下。

1. 处理数据

我们要做的第一件事是加载我们的数据文件。数据文件是 CSV 格式的，并且没有标题行和备注。我们可以使用 open 方法打开文件，并用 csv 模块读取数据。

接下来我们要把数据集切分成用来做预测的训练数据集和用来评估准确度的测试数据集。首先，我们要把加载进来的特征数据从字符串转换成整数。然后我们随机地切分训练数据集和测试数据集。训练数据集数据量/测试数据集数据量的比值取 67/33 是一个常用的惯例。

2. 计算相似度

为了做出预测，我们需要计算两个数据实例之间的相似度。有了计算相似度的函数，我们后面才能获取最相似的 N 个实例来做出预测。因为有关花的 4 个测量维度的数据都是数字形式的，并且具有相同的单位。我们可以直接使用欧式距离来测量。欧式距离就是两列数中对应数做差的平方和，之后再开方。另外，我们要确定哪些维度参与计算。在这个问题里，我们只需要包含测量好的 4 个维度，这 4 个维度放在数组的前几个位置。限制维度的一个办法就是增加一个参数，告诉函数前几个维度需要处理，忽略后面的维度。

3. 寻找邻近元素

现在我们有了相似度计算的方法，我们可以获取跟需要预测数据最接近的 N 个数据实例了。最直接的方法就是计算待预测数据到所有数据实例的距离，取其中距离最小的 N 个。

4. 计算分类结果

接下来的任务就是基于最近的几个实例来得到预测结果。我们可以让这些近邻元素来对预测属性投票，得票最多的选项作为预测结果。下面这个函数实现了投票的逻辑，它假设需预测的属性放在数据实例(数组)的最后。如果投票结果是平局，这个函数还是返回了一个预测结果。

5. 评估准确度

接下来是评估这个算法的准确度。一个简单的评估方法是，计算在测试数据集中算法正确预测的比例，这个比例叫做分类准确度。

习 题

1. 简述分类的意义以及常用的分类方法。
2. 列举四种经典的决策树算法，并比较不同算法之间的优缺点。
3. C4.5 算法和 ID3 算法之间有什么联系？
4. 某货运站的收费标准如下：若收件地址在本省内，则快件收费 8 元/kg，慢件收费 5 元/kg，若收件地址在省外，则在 24 kg 以内(包括 24 kg)，快件收费 10 元/kg，慢件收费 8 元/kg，当超过 24 kg 时，快件收费 12 元/kg，慢件收费 10 元/kg。请画出相应的决策表和决策树。
5. 某投资者兴建一个工厂，建设方案有 2 种：(1)大规模投资 320 万元；(2)小规模投资 180 万元。两个方案的生产期均为 10 年，每年的损益值及销售状况的规律见下表，试用决策树法选择最优方案。

销售状况	概率	大规模投资损益值(万元/年)	小规模投资损益值(万元/年)
销路好	0.7	120	80
销路差	0.3	-20	-30

6. 简述什么是 SVM 的泛化误差？
7. 请简要说明 SVM 的效率依赖哪些因素。
8. SVM 是一种具有高准确率的分类方法。然而，在训练大规模数据时，SVM 处理的速度很慢。试讨论如何克服这一困难，并为大型数据集有效的 SVM 分类开发一种可伸缩的 SVM 算法。
9. 为什么 SVM 在含噪声数据与重叠数据的情况下表现糟糕？

10. 举例说明 SVM 有哪些应用场景，并且简述 SVM 是如何应用到这些场景中去的。

11. 假设你训练 SVM 后，得到一个线性决策边界，你认为该模型欠拟合，如何调整 SVM 模型来避免模型的欠拟合？

12. 简述最邻近算法(NN)和 K 邻近算法(KNN)的区别。

第 9 章 神经网络

神经网络(neural networks)发展至今，已经成为一个相当大的、多学科交叉的学科领域。神经网络由传统意义上的生物神经网络出发，采取"模拟生物神经网络"方式来对人工神经网络进行认知。而从计算机科学角度看，可以将神经网络看做包含许多参数、由许多函数构成的数学模型。这种网络会依靠系统的复杂程度，通过调整内部大量节点之间相互连接的关系，从而达到处理信息的目的，并具有自学习和自适应的能力。

本章首先从神经网络概述与定义(9.1 节)出发，结合数据分析与数据建模等手段，简单介绍限制玻尔兹曼机(RBM)(9.2 节)及其相关的模型，紧接着介绍典型神经网络模型深度信念网络(9.3 节)、卷积神经网络(CNN)(9.4 节)、循环神经网络(RNN)(9.5 节)等。结合不同模型的函数特点，从函数选择、代价分析、信息输入输出以及模型函数列举等方面对神经网络进行展开描述。

9.1 神经网络概述与定义

神经网络是由诸多神经元组成的，人工神经网络已经飞速发展并应用在诸多领域。利用神经网络模型来对随着大数据时代来临产生的海量数据进行数据挖掘以及进一步的数据处理是当前较为流行的一种重要手段。

本节主要包括神经网络概述(9.1.1 节)，介绍了神经网络的组成、结构、分类；剖析了神经网络的学习过程(9.1.2 节)，如信息输入、模式加工、知识输出等。

9.1.1 神经网络概述

以冯·诺依曼型计算机为中心的信息处理技术的高速发展，使得计算机在当今的信息化社会中起着十分重要的作用。但是，当用它来解决某些人工智能问题时却遇到了很大的困难。由此，关于神经网络方面的研究慢慢出现。

神经网络概述

例如，一个人可以很容易地识别他人的脸孔，但计算机都很难做到这一点。这是因为脸孔的识别不能用一个精确的数学模型加以描述，而计算机工作则必须有对模型进行各种运算的指令才行。得不到精确的模型，程序也就无法编制。而大脑是由生物神经元构成的巨型网络，它在本质上不同于计算机，是一种大规模的并行处理系统，它具有学习、联想记忆、综合等能力，并有巧妙的信息处理方法。人工神经网络[简称神经网络(neural networks)]也是由大量的、功能比较简单的神经元互相连接而构成的复杂网络系统，用它可以模拟大脑的许多基本功能和简单的思维方式。尽管它还不是大脑的完美无缺的模型，但它

可以通过学习来获取外部的知识并存贮在网络内，可以解决计算机不易处理的难题，特别是语音和图像的识别、理解、知识的处理、组合优化计算和智能控制等一系列本质上是非计算的问题。

神经网络是由多个非常简单的处理单元彼此按照某种方式相互连接而形成的计算系统，该系统是靠其状态对外部输入信息的动态响应来处理信息的。而这些处理单元就是神经网络中最基本的成分——神经元(neuron)模型。在生物神经网络中，每个神经元会与其他的神经元相连，当它"兴奋"时候，就会向其他相连的神经元发送化学物质，从而会改变这些神经元内的电位；如果某神经元内的电位超过一个"阈值"(threshold)，那它会被激活，即兴奋起来，继续向其他神经元发送化学物质。

神经网络会从神经元涉及对输入值求加权和进行计算这一概念而获得灵感，如图9-1所示的简单神经元例子。这些加权和是对应于突触完成值的缩放以及其和神经元值间的组合。此外，因为计算与神经元级联相关联，并且其为简单线性代数的运算，所以神经元不会仅仅输出加权和。相反，在神经元中有函数执行组合输入的运算，而这种函数应该是非线性运算。在非线性运算的过程中，神经元只有在输入超过一定阈值时才生成输出。因此通过类比，神经网络将非线性函数运用到输入值的加权和中。

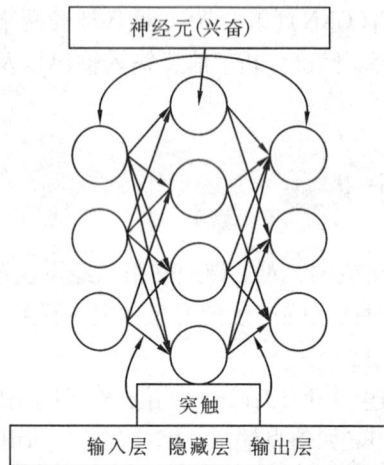

图9-1 简单神经元例子：神经元和突触

9.1.2 神经网络的学习过程

就当前的神经网络学习而言，神经网络的计算能力具有以下优点：大规模的并行分布式结构；神经网络学习能力以及由此而来的泛化能力（泛化是指神经网络对具有同一规律的学习集以外的数据进行训练，也可以产生合理的输出）。那神经网络是如何学习的呢？

一般来讲在平时学习、思考和识别事物时，就是可以看做为一个线路连接问题。能做的每一件事、能记住的事都是很多神经细胞连接起来以后产生的结果，刚出生的时候，这种连接很少，其中很多都是本能，接下来会经历人生的很多第一次，有的行为会不断地重复，在这期间，大脑会不断地工作，神经元形成无数条链接。

这些链接是在不断与外界信息交互时大脑的内部形成的，我们通过类比于大脑的学习过程研究来神经网络学习，其学习过程包括信息输入、模式加工和动作输出。

信息输入是指外界环境中的刺激作用于人的感觉器官之后，感受器将外部刺激转化为神经冲动传向大脑，并给大脑带来信息，供大脑进行加工。这里可以类比开始需要送给深度神经网络的数据，比如图像信息，有可能还需要做一定的处理，如 resize、去均值、归一化、PCA 等。只不过大脑能够自动处理这些输入的信息。

模式加工是在信息输入的基础上，得到的感觉进入大脑内部的不同处理中心，在处理中心对信息进行分析和模式识别，然后编译存储到脑内相应的记忆区。例如第一次看到狗，大脑的视觉皮层至少有 30 个不同的区域会参与到这个过程中去，每一块区域负责处理一个图像的一个方面，比如皮毛、尾巴、面部特征和动作等（这里可以类比卷积神经网络中的不同的卷积核提取不同的 feature map，每一个 feature map 观测不同的图像信息）。这些综合起来形成一幅完整的图像存储到大脑的记忆中。之后在看到狗的时候，这个神经网络就会被加强，每一块处理区域之间的连接变得更稳定更高效，可能会看到很多种类的狗，每次接收的新的种类的信息，都会重复该模式（这里有点类似选用一类物体的很多图片，它们的颜色、体型等不同，去训练一个神经网络，使得网络识别效果更好）。而大脑就会存储更多的信息模式，在见到狗的时候能够快速准确地判断是狗。

动作输出是大脑根据上面学习到的模型，在处理新的输入信息的时候会产生一系列的信号送给其他的神经元，比如运动神经元，以做出相应的动作。

9.2　限制玻尔兹曼机(RBM)

作为最早的人工神经网络玻尔兹曼机的变体，限制玻尔兹曼机(RBM)相比较之前的玻尔兹曼机来讲最大的异同在于 RBM 更加容易训练，可以表示任意的离散分布；后来许多专家学者又对其进行许多优化，典型的像梯度下降算法，旨在提高算法训练的高效性与可行性。

本节主要包括理解并掌握 RBM 的定义(9.2.1 节)以及 RBM 的能量模型与学习方法(9.2.2 节)。

9.2.1　RBM 的定义

受限玻耳兹曼机(RBM)是一种随机生成人工神经网络，可以学习其输入集合的概率分布。RBM 最初是由 Paul Smolensky 于 1986 年以 Harmonium 的名义发明的，在 Geoffrey Hinton 和合作者在 20 年代中期发明了快速学习算法之后才出现了 RBM。RBM 已经在降维、分类、协同过滤、特征学习和主题建模等方面得到了应用。它们可以受到监督或无监督的方式进行培训，具体取决于任务。顾名思义，RBM 是玻尔兹曼机的一个变体，其限制是它们的神经元必须形成一个二部图：来自两组单元(通常称为"可见"和"隐藏"单位)之间可能有一个对称的连接；并且组内的节点之间没有连接。相比之下，"不受限制的"玻尔兹曼机可能在隐藏单元之间有连接。这种限制允许比一般玻耳兹曼机类型更有效的训练算法，特别是基于梯度的对比散度算法。受限玻尔兹曼机也可用于深度学习网络。具体而言，深层信念网络可以通过"堆叠"，并可选地通过梯度下降和反向传播对生成的深层网络进行微调来形成。整个网络是一个二部图，只有可见单元和隐藏单元之间才会存在边，可见单元之间以及隐藏单元之间都不会有边连接。

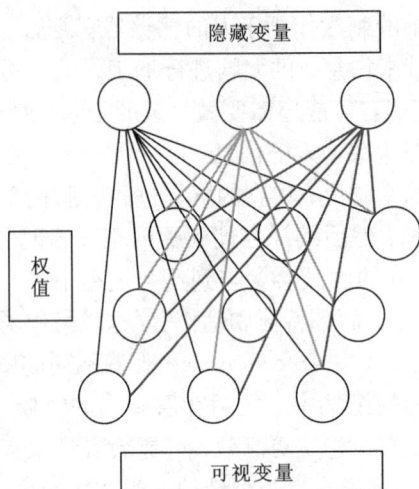

图 9 - 2   受限玻尔兹曼机网络模型

图 9 - 2 所示的 RBM 含有 9 个可见单元(构成一个向量 v)和 3 个隐藏单元(构成一个向量 h),权值是一个 9×3 的矩阵,表示可见单元和隐藏单元之间的边的权重。

9.2.2　RBM 的能量模型与学习方法

限制玻尔兹曼机 RBM 与 Hopfield 网络及其能量函数密切相关。对于 Hopfield 神经网络来说,当信号输入后,各神经元的状态会不断变化,最后趋于稳定,或呈现周期性震荡。假设神经元 i 连接其他神经元 j 的权重为 $W(i, j)$,则在 Hopfield 中,有 $W(i, i) = 0$,即神经元不与自己连接,$W(i, j) = W(j, i)$,即权重矩阵对称。

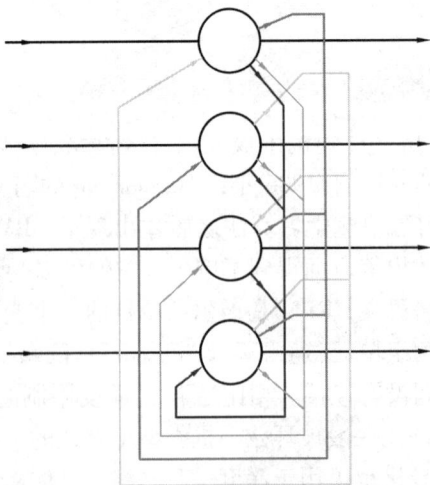

图 9 - 3   受限玻尔兹曼机能量函数

如图 9-3 所示，假设输入的变量为 (a_1, a_2, a_3, a_4)，而在每一轮 t 神经元 i 的状态用 $y(i, t)$ 来表示，再假设神经元激发函数为 sigmod，其中激发界用 $t(i)$ 表示，则容易得到以下递推式

$$y(i, 0) = \text{sigmod}(a_i - t(i)) \tag{9-1}$$

$$Y_j(t + 1) = f\left[\sum_{i=1}^{m} W_{ij}Y_i(t) + X_i - \theta_j\right] \tag{9-2}$$

关于这个递推式(9-1)、式(9-2)，简而言之就是这个神经元在下一轮是否会被激发，依赖原始的输入和其他神经元的反馈输入，这样整个神经元的状态就呈现一个随着时间进行变化的过程。而如果权值给定、输入给定，这个变化过程就是确定的。假设对于任意输入，对于任意节点 i 在有限的时刻内能得到 $y(i, t+1) = y(i, t)$，就说这个神经网络是稳定的。可以证明，当神经元激发函数是有界连续的，且神经网络各节点连接权重对阵，则 Hopfield 网络一定是稳定的。对于一个稳定的神经网络，本书定义"能量"的增量为以下式子：

$$\Delta E_j = \left(-\sum_{\substack{i=1 \\ i=j}}^{n} W_{ij}Y_i - X_j + \theta_j\right)\Delta Y_j = -\left(\sum_{\substack{i=1 \\ i=j}}^{n} W_{ij}Y_i + X_j - \theta_j\right)\Delta Y_j \tag{9-3}$$

式(9-3)是增量公式，可以根据式(9-1)、式(9-2)推导出来的，节点 j 的能量增量是小于 0 的，所以就能把能量的增量在时间域上进行积分，得到每个节点的能量，再把所有节点的能量加起来得到这个神经网络的能量。可以看到，神经网络的变化过程实质是一个能量不断减少的过程，最终达到能量的极小值点，也就是稳态。

总结一下就是：递归神经网络由于其结构特性，神经元状态可随时间而变化，此过程可以抽象成能量递减过程，变化最终会导致稳态，此稳态为能量极小值点。而关于 RBM 的学习目标方法主要是包括两种：最大似然法(maximizing likelihood)和 CD(contrastive divergence，对比散列)。

1. RBM 的学习目标——最大化似然

RBM 是一种基于能量(energy-based)的模型，其可见变量 v 和隐藏变量 h 的联合配置(joint configuration)的能量为：

$$E(v, h; \theta) = -\sum_{ij} W_{ij}v_ih_j - \sum_i b_iv_i = \sum_j a_jh_j \tag{9-4}$$

其中 θ 是 RBM 的参数 $\{W, a, b\}$，W 为可见单元和隐藏单元之间的边的权重，b 和 a 分别为可见单元和隐藏单元的偏置(bias)。

有了 v 和 h 的联合配置的能量之后，就可以得到 v 和 h 的联合概率：

$$P_\theta(v, h) = \frac{1}{z(\theta)}\exp[-E(v, h, \theta)] \tag{9-5}$$

其中 $Z(\theta)$ 是归一化因子，也称为配分函数(partition function)。根据式(9-4)，可以将式(9-5)写为：

$$P_\theta(v, h) = \frac{1}{z(\theta)}\exp\left(\sum_{i=1}^{D}\sum_{j=1}^{F} W_{ij}v_ih_j + \sum_{i=1}^{D} v_ib_i + \sum_{j=1}^{F} h_ja_j\right) \tag{9-6}$$

通过最大化测试数据结果可以得到 $P(v)$，$P(v)$ 可由式(9-6)求 $P(v, h)$ 对 h 的边缘分布得到：

$$P_\theta(v) = \frac{1}{z(\theta)} \sum_h \exp(v^T W h + a^T h + b^T v) \tag{9-7}$$

通过最大化 $P(v)$ 来得到 RBM 的参数，最大化 $P(v)$ 等同于最大化 $\lg[P(v)] = L(\theta)$，如下式：

$$L(\theta) = \frac{1}{N} \sum_{n=1}^{D} \lg P_\theta(v^{(n)}) \tag{9-8}$$

2. RBM 的学习方法 – CD

一般来讲，RBM 可以通过随机梯度下降（stichastic gradient descent）来最大化 $L(\theta)$，首先需要求得 $L(\theta)$ 对 W 的导数：

$$\frac{\partial L(\theta)}{\partial W_{ij}} = \frac{1}{N} \sum_{n=1}^{N} \frac{\partial}{\partial W_{ij}} \lg \Big[\sum_h \exp(v^{(n)T} W h + a^T h + b^T v^{(n)}) - \frac{\partial}{\partial W_{ij}} \lg z(\theta) \Big] \tag{9-9}$$

通过式 $(9-5)$ 和式 $(9-6)$ 将式 $(9-9)$ 进行简化标记有：

$$\frac{\partial L(\theta)}{\partial W_{ij}} = \frac{1}{N} \sum_{n=1}^{N} \frac{\partial}{\partial W_{ij}} \lg \Big[\sum_h \exp(v^{(n)T} W h + a^T h + b^T v^{(n)}) - \frac{\partial}{\partial W_{ij}} \lg z(\theta) \Big]$$
$$= E_{P_{dota}}[v_i h_j] - E_{P_\theta}[v_i h_j] \tag{9-10}$$

式 $(9-10)$ 后者

$$E_{P_\theta}[v_i h_j] = \sum_{v,h} v_i h_j P_\theta(v, h) \tag{9-11}$$

式 $(9-9)$ 中的前者比较好计算，只需要求 $v_i h_j$ 在全部数据集上的平均值即可，而后者涉及 v，h 的全部 $2^{|v|+|h|}$ 种组合，计算量非常大（基本不可解）。

为了解决式 $(9-11)$ 的计算问题，Hinton 等人提出了一种高效的学习算法 CD，其基本思想如图 $9-4$ 所示。

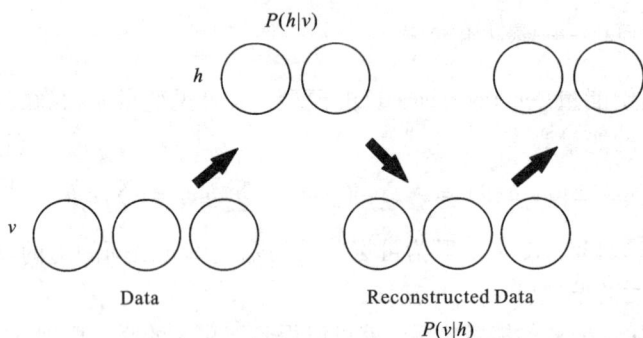

图 9 – 4　CD 学习算法

首先根据数据 v 来得到 h 的状态，然后通过 h 来重构（reconstruct）可见向量 v_1，然后再根据 v_1 来生成新的隐藏向量 h_1。因为 RBM 的特殊结构（层内无连接，层间有连接），所以在给定 v 时，各个隐藏单元 h_j 的激活状态之间是相互独立的，反之，在给定 h 时，各个可见单元的激活状态 v_i 也是相互独立的，亦即：

$$P(h \mid v) = \prod_j P(h_j \mid v) P(h_j = 1 \mid v) = \frac{1}{1 + \exp\left(-\sum_i W_{ij} v_i - a_j\right)}$$

$$P(v \mid h) = \prod_i P(v_j \mid h) P(v_j = 1 \mid h) = \frac{1}{1 + \exp\left(-\sum_i W_{ij} h_i - b_j\right)}$$

$$(9-12)$$

重构的可见向量 v_1 和隐藏向量 h_1 就是对 $P(v, h)$ 的一次抽样，多次抽样得到的样本集合可以看做是对 $P(v, h)$ 的一种近似，使得式(9-10)的计算变得可行。

关于 RBM 的权重的学习算法：

(1)取一个样本数据，把可见变量的状态设置为这个样本数据。随机初始化 W。

(2)根据式(9-12)的第一个公式来更新隐藏变量的状态，亦即 h_j 以 $P(h_j = 1 \mid v)$ 的概率设置为状态 1，否则为 0。然后对于每个边 $v_i h_j$，计算 $P_{data}(v_i h_j) = v_i \cdot h_j$（注意，$v_i$ 和 h_j 的状态都是取 $\{0, 1\}$）。

(3)根据 h 的状态和式(9-12)的第二个公式来重构 v_1，并且根据 v_1 和式(9-12)的第一个公式来求得 h_1，计算 $P_{model}(v_{1i} h_{1j}) = v_{1i} \cdot h_{1j}$。

(4)更新边 $v_i h_j$ 的权重 W_{ij} 为 $W_{ij} = W_{ij} + L \cdot [P_{data}(v_i h_j) = P_{model}(v_{1i} h_{1j})]$。

(5)取下一个数据样本，重复(1)-(4)的步骤。

(6)以上过程迭代 K 次。

9.3 深度信念网络

在神经网络中，我们将使用层叠玻尔兹曼机组成深度神经网络的方法称之为深度信念网络，经典的深度信念网络结构是由若干个 RBM 和一层 BP 组成的深层神经网络。由于自编码网络对原始数据在不同概念的粒度上进行抽象，深度网络一般具有两个重要的自然应用——降维和特征提取。

本节总体介绍了 DNN 定义、分类和代价函数，主要包括 DBN 反向传播算法介绍与改进(9.3.1 节)及 DNN 分类与代价函数选择(9.3.2 节)，同时要求熟练掌握 DNN 的几大激活函数，这里关键问题在于对于 DNN 代价函数的选择。

9.3.1 DBN 反向传播算法介绍与改进

深度信念网络(deep belief networks)是一个概率生成模型，与传统的判别模型的神经网络相对比，生成模型是建立一个观察数据和标签之间的联合分布，对目标先验概率和目标后验概率都做了评估，而判别模型仅仅评估后者已，也就是目标后验概率。对于在深度神经网络应用传统的 BP 算法的时候，DBNs 遇到了以下问题：

(1)需要为训练提供一个有标签的样本集；

(2)学习过程较慢；

(3)不适当的参数选择会导致学习收敛于局部最优解。

DBNs 由多个限制玻尔兹曼机(Restricted Boltzmann Machines)层组成，一个典型的神经网络类型如图 9-5 所示。这些网络被"限制"为一个可视层和一个隐层，层间存在连接，但层内的单元间不存在连接。隐层单元被训练去捕捉在可视层表现出来的高阶数据的相关性。

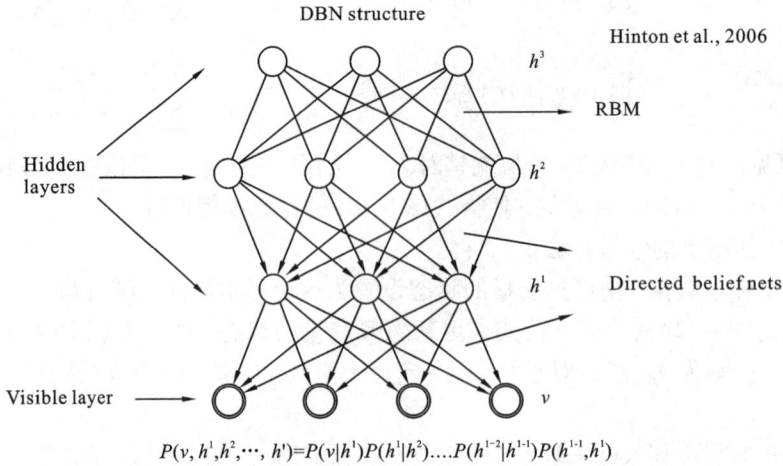

DBN structure

Hinton et al., 2006

Hidden layers

RBM

h^3

h^2

h^1

Directed belief nets

Visible layer

v

$$P(v, h^1, h^2, \cdots, h^l)=P(v|h^1)P(h^1|h^2)\ldots P(h^{l-2}|h^{l-1})P(h^{l-1}, h^l)$$

图 9-5　一个典型的神经网络

首先，先不考虑构成一个联想记忆(associative memory)的两层，一个 DBN 的连接是通过自顶向下的生成权值来指导确定的，RBMs 就像建筑块一样，相比传统和深度分层的 sigmoid 信念网络，它能易于连接权值的学习。

最开始的时候，通过一个非监督贪婪逐层方法去预训练获得生成模型的权值，非监督贪婪逐层方法被 Hinton 证明是有效的，并被其称为对比分歧(contrastive divergence)。在这个训练阶段，在可视层会产生一个向量 v，通过它将值传递到隐层。反过来，可视层的输入会被随机地选择，以尝试去重构原始的输入信号。

最后，这些新的可视的神经元激活单元将前向传递重构隐层激活单元，获得 h(在训练过程中，首先将可视向量值映射给隐单元；然后可视单元由隐层单元重建；这些新可视单元再次映射给隐单元，这样就获取了新的隐单元。执行这种反复步骤叫做吉布斯采样)。这些后退和前进的步骤就是熟悉的 Gibbs 采样，而隐层激活单元和可视层输入之间的相关性差别就作为权值更新的主要依据。训练时间会显著地减少，因为只需要单个步骤就可以接近最大似然学习。增加进网络的每一层都会改进训练数据的对数概率，可以理解为越来越接近能量的真实表达。这个有意义的拓展，和无标签数据的使用，是任何一个深度学习应用的决定性的因素。

DNN 中有一种较常使用的学习算法，该算法的机制前身是梯度下降法，不过更加适合多层神经元网络，这种算法是反向传播算法(BP)。在了解 DNN 的反向传播算法前，先要知道 DNN 反向传播算法要解决的问题，也就是说，什么时候需要这个反向传播算法？

回到监督学习的一般问题，假设有 m 个训练样本：$\{(x_1, y_1), (x_2, y_2), \cdots, (x_m, y_m)\}$，其中 x 为输入向量，特征维度为 n_{in}，而 y 为输出向量，特征维度为 n_{out}。需要利用这 m 个样本训练出一个模型，当有一个新的测试样本$(x_{test}, ?)$来到时，可以预测 y_{test} 向量的输出。

如果采用 DNN 的模型，即使输入层有 n_{in} 个神经元，而输出层有 n_{out} 个神经元，再加上一些含有若干神经元的隐藏层。此时需要找到合适所有隐藏层和输出层对应的线性系数矩阵 W，偏倚向量 b，让所有的训练样本输入计算出的输出尽可能地等于或很接近样本输出。怎么找到合适的参数呢？

如果大家对传统的机器学习的算法优化过程熟悉的话，这里就很容易联想到可以用一个合适的损失函数来度量训练样本的输出损失，接着对这个损失函数进行优化求最小化的极值，对应的一系列线性系数矩阵 W，偏倚向量 b 即为最终结果。在 DNN 中，损失函数优化极值求解的过程最常见的方法一般是通过梯度下降法来一步步迭代完成的，当然也可以是其他的迭代方法，比如牛顿法与拟牛顿法。

对 DNN 的损失函数用梯度下降法进行迭代优化求极小值的过程即为反向传播算法。本书中所介绍的 DNN 反向传播算法的基本思路是在进行 DNN 反向传播算法前，需要选择一个损失函数，来度量训练样本计算出的输出和真实的训练样本输出之间的损失。训练样本计算出的输出是怎么得来的？这个输出是随机选择一系列 W，b，用前向传播算法计算出来的。即通过一系列的计算：$a^l = \sigma(z^l) = \sigma(W^l a^{l-1} + b^l)$。计算到输出层第 L 层对应的 a^L 即为前向传播算法计算出来的输出。

回到损失函数，DNN 可选择的损失函数有不少，为了专注算法，这里使用最常见的均方差来度量损失。即对于每个样本，期望最小化下式：

$$J(W, b, x, y) = \frac{1}{2} \| a^L - y \|_2^2 \qquad (9-13)$$

其中，a^L 和 y 为特征维度为 n_{out} 的向量，而 $\| s \|_2$ 为 S 的 L_2 范数。

损失函数有了，现在开始用梯度下降法迭代求解每一层的 W，b。首先是输出层第 L 层。注意到输出层的 W，b 满足下式：

$$a^L = \sigma(z^L)\sigma(W^L a^{L-1} + b^L) \qquad (9-14)$$

这样对于输出层的参数的损失函数变为：

$$J(W, b, x, y) = \frac{1}{2} \| a^L - y \|_2^2 = \frac{1}{2} \| \sigma(W^L a^{L-1} + b^L) - y \|_2^2 \qquad (9-15)$$

这样求解 W，b 的梯度就简单了：

$$\frac{\partial J(W, b, x, y)}{\partial W^L} = \frac{\partial J(W, b, x, y)}{\partial z^L}\frac{\partial z^L}{\partial W^L} = (a^L - y)(a^{L-1T}) \otimes \sigma(z) \qquad (9-16)$$

$$\frac{\partial J(W, b, x, y)}{\partial W^L} = \frac{\partial J(W, b, x, y)}{\partial z^L}\frac{\partial z^L}{\partial b^L} = (a^L - y) \otimes \sigma(z) \qquad (9-17)$$

注意上式中有一个符号 $\otimes$，它代表 Hadamard 积，对于两个维度相同的向量 $A(a_1, a_2, \cdots, a_n)^T$ 和 $B(b_1, b_2, \cdots, b_n)^T$，则 $A \otimes B(a_1 b_1, a_2 b_2, \cdots, a_n b_n)^T$。

注意到在求解输出层的 W，b 的时候，有公共的部分 $\dfrac{\partial(W, b, x, y)}{\partial z^L}$，因此可以把公共的部分即 z^L 先算出来，记为：

$$\delta^L = \frac{\partial(W, b, x, y)}{\partial z^L} = (a^L - y) \otimes \sigma(z^L) \qquad (9-18)$$

通过计算出输出层的梯度之后，如何计算上一层 $L-1$ 层的梯度，上上层 $L-2$ 层的梯度这里需要一步步地递推，注意到对于第 l 层的未激活输出 z^l，它的梯度可以表示为：

$$\delta^l = \frac{\partial(W, b, x, y)}{\partial z^L} = \frac{\partial(W, b, x, y)}{\partial z^L}\frac{\partial z^L}{\partial z^{L-1}}\frac{\partial z^{L+1}}{\partial Z^{L-2}} \cdots \frac{\partial z^{l+1}}{\partial z^l} \qquad (9-19)$$

如果可以依次计算出第 L 层的 δ^L，则该层的 W^l，b^l 很容易计算。为什么呢？注意到根据前向传播算法，有：

$$z^l = W^l a^{l-1} + b^l \tag{9-20}$$

所以根据上式可以很方便地计算出第 l 层的 W^l，b^l 的梯度如下：

$$\frac{\partial J(W,\,b,\,x,\,y)}{\partial W^l} = \frac{\partial J(W,\,b,\,x,\,y)}{\partial z^l}\frac{\partial z^l}{\partial W^l} = \delta^l (a^{l-1})^T \tag{9-21}$$

$$\frac{\partial J(W,\,b,\,x,\,y)}{\partial b^l} = \frac{\partial J(W,\,b,\,x,\,y)}{\partial z^l}\frac{\partial z^l}{\partial b^l} = \delta^l \tag{9-22}$$

那么现在问题的关键就是要求出 δ^l 了。这里用数学归纳法，第 L 层的 δ^L 上面已经求出，假设第 $L+1$ 层的 δ^{l+1} 已经求出来了，那么如何求出第 L 层的 δ^l 呢？注意到：

$$\delta^l = \frac{\partial J(W,\,b,\,x,\,y)}{\partial z^l} = \frac{\partial J(W,\,b,\,x,\,y)}{\partial z^{l+1}}\frac{\partial z^{l+1}}{\partial z^l} = \delta^{l+1}\frac{\partial z^{l+1}}{\partial z^l} \tag{9-23}$$

可见，用归纳法递推 δ^{l+1} 和 δ^l 的关键在于求解 $\frac{\partial z^{l+1}}{\partial z^l}$。而 δ^{l+1} 和 δ^l 的关系其实很容易找出：

$$z^{l+1} = W^{l+1}a^l + b^{l+1} = W^{l+1}\sigma(z^L) + b^{l+1} \tag{9-24}$$

这样很容易求出：

$$\frac{\partial z^{l+1}}{\partial z^l} = (W^{l+1})^T \otimes \sigma(z^l) \tag{9-25}$$

将式（9-25）代入上面 δ^{l+1} 和 δ^l 关系式得到：

$$\delta^l = \delta^{l+1}\frac{\partial z^{l+1}}{\partial z^l} = (W^{l+1})^T \delta^{l+1} \otimes \sigma(z^l) \tag{9-26}$$

现在得到了 δ^l 的递推关系式，只要求出了某一层的 δ^l，求解 W^l，b^l 的对应梯度就很简单。

由于梯度下降法有批量（Batch）、小批量（mini-Batch）、随机三个变种，为了简化描述，这里以最基本的批量梯度下降法为例来描述反向传播算法，实际上在业界使用最多的是 mini-Batch 的梯度下降法，不过区别仅仅在于迭代时训练样本的选择。

输入：

总层数 L，以及各隐藏层与输出层的神经元个数，激活函数，损失函数，迭代步长 α，最大迭代次数 MAX 与停止迭代阈值 ε，输入的 m 个训练样本 $\{(x_1, y_1), (x_2, y_2), \cdots, (x_m, y_m)\}$

输出：

各隐藏层与输出层的线性关系系数矩阵 W 和偏倚向量 b。

（1）初始化各隐藏层与输出层的线性关系系数矩阵 W 和偏倚向量 b 的值为一个随机值。

（2）for iter to 1 to MAX：

    a. for i = 1 to m：

        a）将 DNN 输入 a^1 设置为 x_i

        b）for l = 2 to L，进行前向传播算法计算

$$a^{i,\,l} = \sigma(z^{i,\,l}) = \sigma(W^l a^{i,\,l-1} + b^l) \tag{9-27}$$

        c）通过损失函数计算输出层的 $\delta^{i,\,l}$

        d）for ι = L to 2，进行反向传播算法计算

$$\delta^{i,\,l} = (W^{l+1})^T \delta^{i,\,l+1} \otimes \sigma(z^{i,\,l}) \tag{9-28}$$

    b. for l = 2 to L，更新第 ι 层的 W^l，b^l：

$$W^l = W^l - \alpha \sum_{i=1}^{m} \delta^{i,l} (a^{i,l})^T$$

$$b^l = b^l - \alpha \sum_{i=1}^{m} \delta^{i,l} \tag{9-29}$$

如果所有 W, b 的变化值都小于停止迭代阈值 ε，则跳出迭代循环到步骤(3)。

(3)输出各隐藏层与输出层的线性关系系数矩阵 W 和偏倚向量 b。

在讲反向传播算法时，用均方差损失函数和 Sigmoid 激活函数做了实例，首先就来看看均方差 + Sigmoid 的组合有什么问题。

Sigmoid 激活函数的表达式为：$\sigma(z) = \dfrac{1}{1+e^{-z}}$，$\sigma(z)$ 的函数图像如图 9-6 所示：

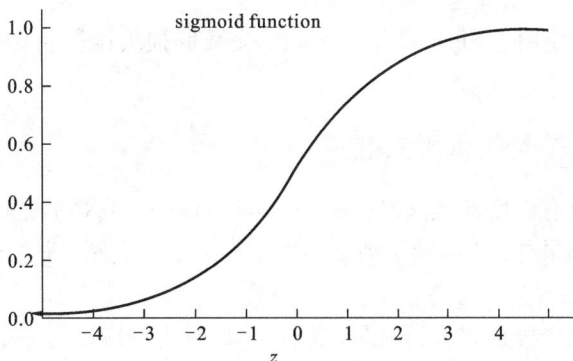

图 9-6 Sigmoid 函数曲线图

从图上可以看出，对于 Sigmoid，当 z 的取值越来越大后，函数曲线变得越来越平缓，意味着此时的导数 $\sigma'(z)$ 也越来越小。同样地，当 z 的取值越来越小时，也有这个问题。仅仅在 z 取值为 0 附近时导数 $\sigma'(z)$ 的取值较大。

在均方差加 Sigmoid 的反向传播算法中，每一层向前递推都要乘以 $\sigma'(z)$，得到梯度变化值。Sigmoid 的这个曲线意味着在大多数时候的梯度变化值很小，导致的 W, b 更新到极值的速度较慢，也就是算法收敛速度较慢。

由于 Sigmoid 的函数特性导致反向传播算法收敛速度慢的问题，可以选择更换掉 Sigmoid，这是一种选择。不过另一种常见的选择是用交叉熵损失函数来代替均方差损失函数。

每个样本的交叉熵损失函数的形式如下：

$$J(W, b, a, y) = -y \cdot \ln a - (1-y) \cdot \ln(1-a) \tag{9-30}$$

其中，$\cdot$ 为向量内积。这个损失函数的学名叫交叉熵，当使用交叉熵时，输出层 δ^L 梯度为：

$$\delta^L = \frac{\partial J(W, b, aL, y)}{\partial z^L}$$

$$= -y \frac{1}{a^L}(a^L)(1-a^L) + (1-y)\frac{1}{1-a^L}(a^L)(1-a^L)$$

$$= -y \frac{1}{a^L}(a^L)(1-a^L) + (1-y)\frac{1}{1-a^L}(a^L)(A-a^L)$$

$$= y(1-a^L) + (1-y)(a^L)$$

$$= a^L - y \tag{9-31}$$

可见此时的 δ^l 梯度表达式里面已经没有 $\sigma'(z)$ 了项，作为一个特例，均方差损失函数时在 δ^L 梯度，

$$\frac{\partial J(W, b, a^L, y)}{\partial z^L} = (a^L - y) \otimes \sigma'(z) \tag{9-32}$$

对比两者在第 L 层的 δ^L 梯度表达式，就可以看出使用交叉熵，得到的 δ^L 的梯度表达式(9-32)没有了 $\sigma'(z)$，梯度为预测值和真实值的差距，这样求得的 W^l，b^l 也不包含 $\sigma'(z)$，因此避免了反向传播收敛速度慢的问题。

通常情况下，如果使用了 Sigmoid 激活函数，交叉熵损失函数肯定会比均方差损失函数存在性能上的优势。

9.3.2　DNN 分类与代价函数选择

在前面本书讲的所有深度神经网络(deep neural network，DNN)相关知识中都假设输出是连续可导的值。但是如果是分类问题，那么输出是一个个的类别，那怎么用 DNN 来解决这个问题呢？

比如假设有一个三个类别的分类问题，这样 DNN 输出层应该有三个神经元，假设第一个神经元对应类别一，第二个对应类别二，第三个对应类别三，这样期望的输出应该是(1, 0, 0)，(0, 1, 0)和(0, 0, 1)三种。即样本真实类别对应的神经元输出应该无限接近或者等于 1，而非样本真实类别对应的神经元的输出应该无限接近或者等于 0。或者说希望输出层的神经元对应的输出是若干个概率值，这若干个概率值即 DNN 模型对于输入值对各类别的输出预测，同时为满足概率模型，这若干个概率值之和应该等于 1。

DNN 分类模型要求是输出层神经元输出的值在 0 到 1 之间，同时所有输出值之和为 1。很明显，现有的普通 DNN 是无法满足这个要求的。但是只需要对现有的全连接 DNN 稍作改良，即可用于解决分类问题。在现有的 DNN 模型中，可以将输出层第 i 个神经元的激活函数定义为如式(9-33)所示形式：

$$a_i^L = \frac{e^{z_i^L}}{\sum_{j=1}^{n} e^{z_j^L}} \tag{9-33}$$

其中，n_L 是输出层第 L 层的神经元个数，或者是分类问题的类别数。很容易看出，所有的 a_i^l 都是在(0, 1)之间的数字，而 $\sum_{j=1}^{n_L} e^{z_j^l}$ 作为归一化因子保证了所有的 a_i^l 之和为 1。

这个方法十分适用于分类问题的解决，仅仅只需要将输出层的激活函数从 Sigmoid 之类的函数转变为上式的激活函数即可。上式这个激活函数就是 Softmax 激活函数。它在分类问题中有广泛的应用。将 DNN 用于分类问题，在输出层用 Softmax 激活函数也最为常见。

下面这个例子清晰地描述了 Softmax 激活函数在前向传播算法时的使用。假设输出层为三个神经元，而未激活的输出为 3，1 和 -3，求出各自的指数表达式为：20，2.7 和 0.05，归一化因子即为 22.75，这样就求出了三个类别的概率输出分布为 0.88，0.12 和 0。

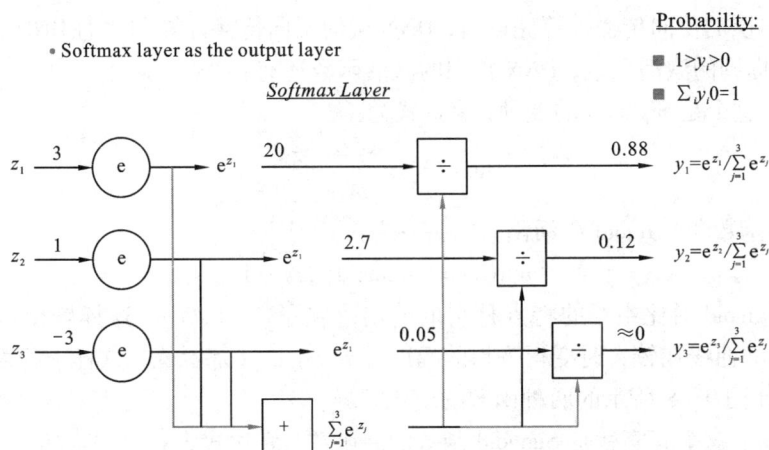

图 9 – 7　Softmax 函数示意图

从图 9 – 7 可以看出，Softmax 函数同样适用于前向传播算法。那么在反向传播算法时应该如何使用反向传播算法的梯度来解决函数使用问题呢？

对于用于分类的 Softmax 激活函数，对应的损失函数一般都是用对数似然函数，即：

$$J(W, b, a^L, y) = -\sum y_k \ln a_k^L \qquad (9-34)$$

其中 y_k 的取值为 0 或者 1，如果某一训练样本的输出为第 i 类。则 $y_k = 1$，其余的 $j \neq i$，都有 $y_i = 0$。由于每个样本只属于一个类别，所以这个对数似然函数可以简化为：

$$J(W, b, a^L, y) = -\ln a_k^L \qquad (9-35)$$

其中 i 即为训练样本真实的类别序号。可见损失函数只和真实类别对应的输出有关，这样假设真实类别是第 i 类，则其他不属于第 i 类序号对应的神经元的梯度导数直接为 0。对于真实类别第 i 类，它的 W_i^L 对应的梯度计算为：

$$\frac{\partial J(W, b, a^L, y)}{\partial W_i^L} = \frac{\partial J(W, b, a^L, y)}{\partial a_i^L} \frac{\partial a_i^L}{\partial z_i^L} \frac{\partial Z_i^L}{\partial W_{Li}}$$

$$= \frac{1}{a_i^L} \frac{(e^{z_i^L}) \sum_{j=1}^{n_i} e^{z_j^L} - e^{z_j^L} e^{z_j^L}}{\left(\sum_{j=1}^{n_j} e^{z_j^L}\right)^2} \cdot a_I^{L-1}$$

$$= -\frac{1}{a_i^L} \left(\frac{e^{z_i^L}}{\sum_{j=1}^{n_L} e^{z_j^L}} - \frac{e^{z_i^L}}{\sum_{j=1}^{n_L} e^{z_j^L}} \frac{e^{z_i^L}}{\sum_{j=1}^{n_L} e^{z_j^L}} \right) a_i^{L-1} \qquad (9-36)$$

同样的可以得到 b_i^L 的梯度表达式为：

$$\frac{\partial J(W, b, a^L, y)}{b_i^L} = a_i^L - 1 \qquad (9-37)$$

可见，梯度计算不会产生训练速度慢的问题。举个例子，假如对于第 2 类的训练样本，通过前向算法计算的未激活输出为 (1, 5, 3)，则得到 Softmax 激活后的概率输出为：(0.015，

0.866, 0.117)。由于类别是第 2 类，则反向传播的梯度应该为：(0.015, 0.866 − 1, 0.117)。当 Softmax 输出层的反向传播计算完以后，DNN 层的反向传播计算和普通 DNN 没有区别。

除了上面提到的激活函数，DNN 常用的激活函数还有：

(1)Tanh：这个是 Sigmoid 的变种，表达式为：

$$\tanh(z) = \frac{e^z - e^{-z}}{e^z + e^z} \tag{9 − 38}$$

Tanh 激活函数和 Sigmoid 激活函数的关系为：

$$\tanh(z) = 2\text{sigmoid}(2z) - 1 \tag{9 − 38}$$

Tanh 和 Sigmoid 对比主要的特点是它的输出落在了[− 1, 1]，这样输出可以进行标准化。同时 tanh 的曲线在较大时变得平坦的幅度没有 Sigmoid 那么大，这样求梯度变化值会具有一些优势，如图 9 − 8 所示的两种函数的变化差异。

(2)Softplus：这个其实就是 Sigmoid 函数的原函数，表达式为：

$$\text{softplus}(z) = \lg(1 + e^z) \tag{9 − 40}$$

它的导数就是 Sigmoid 函数。Softplus 的函数图像和 ReLU 有些类似。它出现的比 ReLU 早，可以视为 ReLU 的鼻祖。

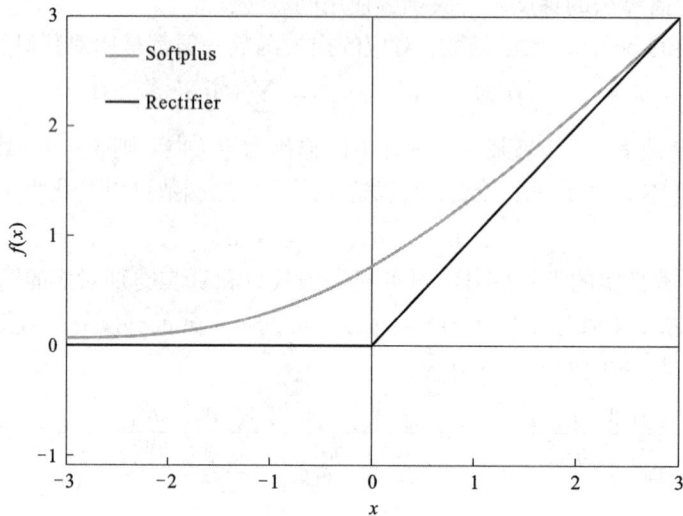

图 9 − 8　**Softplus** 函数与 **ReLU** 比较

(3)PReLU：从名字就可以看出它是 ReLU 的变种，特点是如果未激活值小于 0，不是简单地直接变为 0，而是进行一定幅度的缩小(图 9 − 9)，当然由于 ReLU 的产生，有很多其他各种变种 ReLU，原理和本书列举的基本一致，因此就不一一赘述了。

上面对 DNN 损失函数和激活函数做了详细的讨论，重要的点有：①如果使用 Sigmoid 激活函数，则交叉熵损失函数一般肯定比均方差损失函数好。②如果是 DNN 用于分类，则一般在输出层使用 Softmax 激活函数和对数似然损失函数。③ReLU 激活函数对梯度消失问题有一定程度的解决，尤其是在 CNN 模型中。

$$ReLU(x)=\begin{cases} x & \text{if } x>0 \\ 0 & \text{if } x\leqslant0 \end{cases} \qquad PReLU(x_i)=\begin{cases} x_i & \text{if } x_i>0 \\ a_ix_i & \text{if } x_i\leqslant0 \end{cases}$$

i表示不同的通道

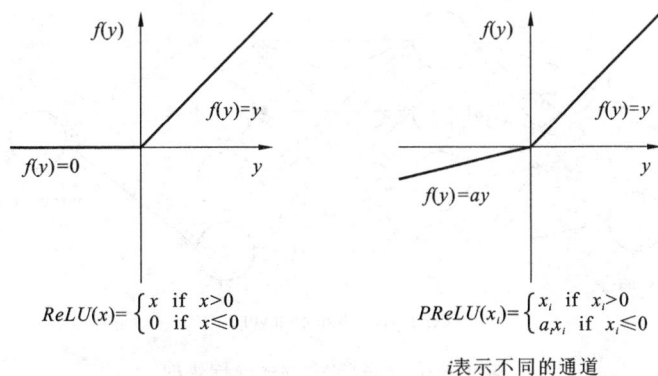

图 9 - 9　ReLU 与 PReLU

9.4　卷积神经网络(CNN)

本节以图形图像为典型示例,介绍卷积神经网络的网络定义与结构(9.4.1 节):卷积层、线性整流程、池化层、全连接层;重点掌握 CNN 的空间排列和权值共享以及图形处理的具体实例(9.4.2 节),通过具体介绍一组图像的计算过程来展现卷积神经网络图形计算效果。

9.4.1　卷积神经网络定义与结构

卷积神经网络(convolutional neural networks / CNNs / ConvNets)与普通神经网络非常相似,它们都由具有可学习的权重和偏置常量(biases)的神经元组成。每个神经元都接收一些输入,并做一些点积计算,输出是每个分类的分数,普通神经网络里的一些计算技巧到这里依旧适用。卷积神经网络默认输入是图像,可以把特定的性质编码进网络结构,使得前馈函数更加有效率,并减少大量参数。

对于给定的一幅图像来说就等同于给定一个卷积核,卷积就是根据卷积窗口,进行像素的加权求和。在图像处理中遇到的卷积,一般来说卷积核是已知的,比如各种边缘检测算子、高斯模糊等,这些都是已知卷积核,然后再与图像进行卷积运算。然而深度学习中的卷积神经网络卷积核是未知的,训练一个神经网络,就是要训练出这些卷积核,而这些卷积核就相当于学单层感知器的时候的那些参数 W,因此可以把这些待学习的卷积核看成是神经网络的训练参数 W。

卷积神经网络利用输入是图片的特点(图 9 - 10),把神经元设计成三个维度:width, height, depth(注意这个 depth 不是神经网络的深度,而是用来描述神经元的)。比如输入的图片大小是 $32\times32\times3$(rgb),那么输入神经元就也具有 $32\times32\times3$ 的维度。

一个卷积神经网络由很多层组成,它们的输入是三维的,输出也是三维的,有的层有参数,有的层不需要参数。卷积神经网络通常包含以下几层:

(1)卷积层(convolutional layer),卷积神经网路中每层卷积层由若干卷积单元组成,每个卷积单元的参数都是通过反向传播算法优化得到的。卷积运算的目的是提取输入的不同特

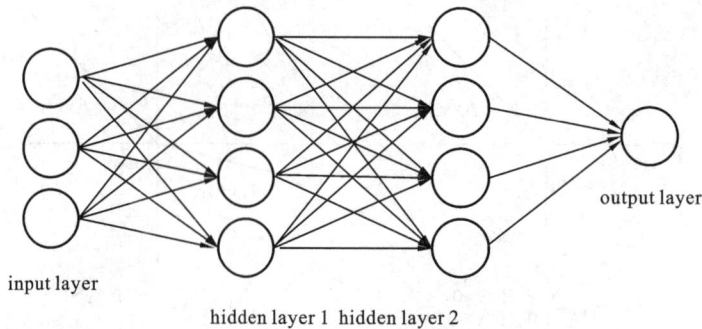

input layer
hidden layer 1 hidden layer 2
output layer

图 9 – 10   卷积神经网络数据模型

征，第一层卷积层可能只能提取一些低级的特征比如边缘、线条和角等层级，更多层的网络能从低级特征中迭代提取更复杂的特征。

（2）线性整流层（rectified linear units layer，ReLU layer），这一层神经的活性化函数（activation function）使用线性整流（rectified linear units，ReLU），即 $f(x) = \max(0, x)$。

（3）池化层（pooling layer），通常在卷积层之后会得到维度很大的特征，在池化层需要将特征切成几个区域，取其最大值或平均值，从而得到新的、维度较小的特征。

（4）全连接层（fully – connected layer），把所有局部特征结合变成全局特征，用来计算最后每一类的得分。全连接层和卷积层可以相互转换：

①对于任意一个卷积层，要把它变成全连接层只需要把权重变成一个巨大的矩阵，其中大部分都是0。除了一些特定区块（因为局部感知），而且好多区块的权值还相同（由于权重共享）。

②相反地，对于任何一个全连接层也可以变为卷积层。比如，一个 $K = 4096$ 的全连接层，输入层大小为 $7 \times 7 \times 5127 \times 7 \times 512$，它可以等效为一个 $F = 7$，$P = 0$，$S = 1$，$K = 4096 \backslash F = 7$，$P = 0$，$S = 1$，$K = 4096$ 的卷积层。换言之，可以把 filter size 正好设置为整个输入层大小。

卷积神经网络有两种很好的方法可以降低参数数目，第一种叫做局部感知野。一般认为人对外界的认知是从局部到全局的，而图像的空间联系也即局部的像素联系较为紧密，而距离较远的像素相关性则较弱。因而每个神经元其实没有必要对全局图像进行感知，只需要对局部进行感知，然后在更高层将局部的信息综合起来就得到了全局的信息。网络部分连通的思想也是受启发于生物学里面的视觉系统结构，视觉皮层的神经元就是局部接受信息的（即这些神经元只响应某些特定区域的刺激）。

普通神经网络把输入层和隐含层进行全连接（full connected）的设计。从计算角度来讲，相对较小的图像从整幅图像中计算特征向量是可行的。但如果是更大的图像（如 96×96 的图像），要通过这种全连通网络的方法来学习整幅图像上的特征。而在计算时间上来讲会变得非常耗时，需要设计10的4次方（= 10 000）个输入单元，假设要学习100个特征，那么就有10的6次方个参数需要去学习。与 28×28 的小块图像相比较，96×96 的图像使用前向输送或者后向传导的计算方式，计算过程会变慢。

卷积层解决这类问题的一种简单方法是对隐含单元和输入单元间的连接加以限制：每个隐含单元仅仅只能连接输入单元的一部分。例如，每个隐含单元仅仅连接输入图像的一小片相邻区域。(对于不同于图像输入的输入形式,也会有一些特别的连接到单隐含层的输入信号"连接区域"选择方式。如音频作为一种信号输入方式,一个隐含单元所需要连接的输入单元的子集,可能仅仅是一段音频输入所对应的某个时间段上的信号。)

每个隐含单元连接的输入区域大小叫 r 神经元的感受野(receptive field)。

由于卷积层的神经元也是三维的,所以也具有深度。卷积层的参数包含一系列过滤器(filter),每个过滤器训练一个深度,有几个过滤器输出单元就具有多少深度。

具体如图 9-11 所示,样例输入单元大小是 $32 \times 32 \times 3$,输出单元的深度是 5,对于输出单元不同深度的同一位置,与输入图片连接的区域是相同的,但是参数(过滤器)不同。

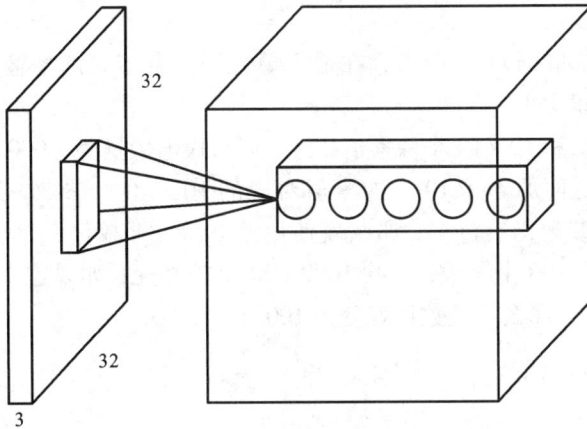

图 9-11　一个简单的卷积神经元感受野

虽然每个输出单元只是连接输入的一部分,但是值的计算方法是没有变的,都是权重和输入的点积,然后加上偏置,这点与普通神经网络是一样的,如图 9-12 所示。

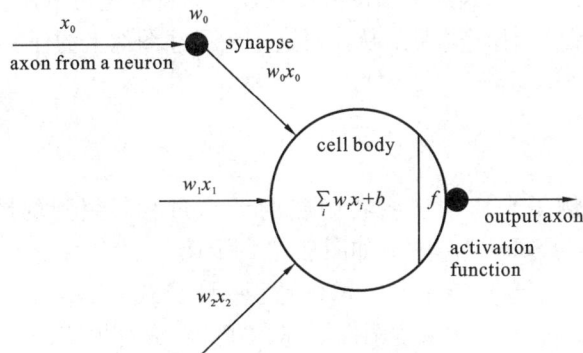

图 9-12　卷积神经元计算模型

9.4.2　CNN 两个特点与图形实例

1. 空间排列(spatial arrangement)

一个输出单元的大小由以下三个量控制：depth，stride 和 zero - padding。

(1)深度(depth)：顾名思义，它控制输出单元的深度，也就是 filter 的个数，连接同一块区域的神经元个数，又名：depth column。

(2)步幅(stride)：它控制在同一深度的相邻两个隐含单元，与它们相连接的输入区域的距离。如果步幅很小(比如 stride = 1)的话，相邻隐含单元的输入区域的重叠部分会很多；步幅很大则重叠区域变少。

(3)补零(zero - padding)：可以通过在输入单元周围补零来改变输入单元整体大小，从而控制输出单元的空间大小。

假如每个神经元只和 10×10 个像素值相连，那么权值数据为 $1\,000\,000 \times 100$ 个参数，减少为原来的万分之一。而那 10×10 个像素值对应的 10×10 个参数，其实就相当于卷积操作。但其实这样的话参数仍然过多，那么就使用第二级，即权值共享。在上面的局部连接中，每个神经元都对应 100 个参数，一共 $1\,000\,000$ 个神经元，如果这 $1\,000\,000$ 个神经元的 100 个参数都是相等的，那么参数数目就变为 100 了。

2. 权值共享(weight sharing)

怎么理解权值共享呢？可以把这 100 个参数(也就是卷积操作)看成是提取特征的方式，该方式与位置无关。这其中隐含的原理是：图像的一部分的统计特性与其他部分是一样的。这也意味着在这一部分学习的特征也能用在另一部分上，所以对于这个图像上的所有位置，都能使用同样的学习特征。更直观一些，当从一个大尺寸图像中随机选取一小块，比如说 8×8 作为样本，并且从这个小块样本中学习到了一些特征，这时可以把从这个 8×8 样本中学习到的特征作为探测器，应用到这个图像的任意地方。特别是可以用从 8×8 样本中所学习到的特征跟原本的大尺寸图像作卷积，从而对这个大尺寸图像上的任一位置获得一个不同特征的激活值。

3. CNN 图形实例

下面用一个具体例子来详细说明卷积层的计算过程。用到的图像为 lena 图像，如图 9 - 13所示；卷积核为 Sobel 卷积核，如图 9 - 14 所示。

(1)首先用 Sobel - G_x 卷积核来对图像做卷积，即公式 $conv = \theta(imgMat \circ W + b)$。其中"$\theta$"表示激活函数；"imgMat"表示灰度图像矩阵；"W"表示卷积核；"$\circ$"表示卷积操作；"b"表示偏置值。

这里卷积核大小为 3×3，图像大小为 512×512，如果不对图像做任何其他处理，直接进行卷积的话，卷积后的图像大小应该是：$(512 - 3 + 1) \times (512 - 3 + 1)$。最终结果为图 9 - 15 所示：

(2)将步骤(1)中所得结果(一个矩阵)的每个元素都加上 b(偏置值)，并将所得结果(矩阵)中的每个元素都输入到激活函数，这里取 Sigmoid 函数：$f(x) = 11 + e - x(2)$。

图 9 – 13 Lena 图像(512 × 512)

−1	0	+1
−2	0	+2
−1	0	+1

G_x

+1	+2	+1
0	0	0
−1	−2	−1

G_y

图 9 – 14 Sobel 卷积核(G_x 表示水平方向，G_y 表示垂直方向)

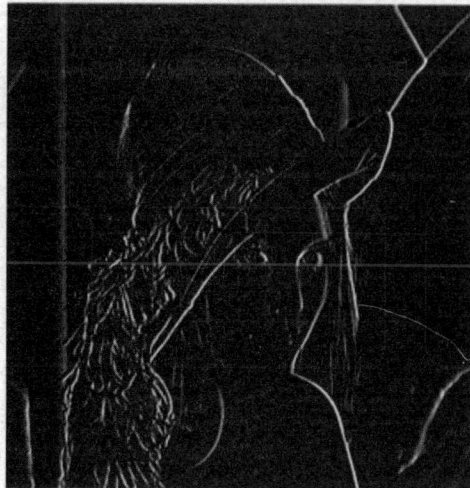

图 9 – 15 Lena 图像与 Sobel – G_x 卷积核的卷积结果

最终结果如图 9 - 16 所示。

图 9 - 16　卷积层所得到的最终结果

（3）同理，利用 Sobel - G_y 卷积核最终可以得到如图 9 - 17 所示的结果。

图 9 - 17　Sobel - G_y 卷积核卷积层所得到的最终结果

关于卷积神经网络的图片卷积实例的有关结果如图 9 - 18、图 9 - 19 所示，主要是关于 Sobel - G_x 卷积以及加上 Sigmoid 函数激活之后的不同效果展示，我们可以从图中分析出 Sigmoid 函数作为卷积神经网络的阈值函数，将变量映射到 0，1 之间对 x 轴和 y 轴卷积核造成的效果提升程度使得数据线线性可分，同时可以引入非线性因素来解决线性模型不能解决的问题。

Sobel-G_x卷积结果

Sobel-G_x-sigmoid函数激活结果

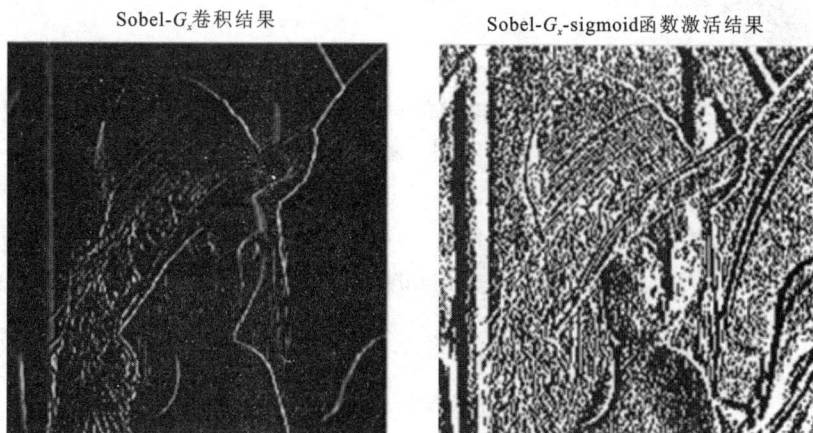

图 9 - 18   Sobel - G_x 卷积核结果

Sobel-Gx卷积结果

Sobel-Gx-sigmoid函数激活结果

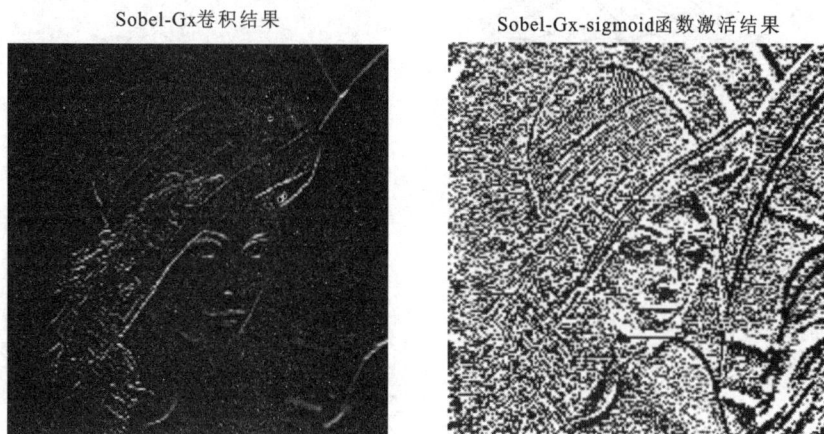

图 9 - 19   Sobel - G_y 卷积核结果

9.5 循环神经网络(RNN)

自从 20 世纪 80 年代 Hopfield 首次提出了利用能量函数的概念来研究一类具有固定权值的神经网络的稳定性并付诸电路实现以来，关于这类具有固定权值神经网络稳定性的定性研究得到大量的关注。由于神经网络的各种应用取决于神经网络的稳定特性，所以，关于神经网络的各种稳定性的定性研究就具有重要的理论和实际意义。循环神经网络具有较强的优化计算能力，是目前神经网络计算中应用最为广泛的一类神经网络模型。

本节介绍循环神经网络相关概述(9.5.1 节)；RNN 训练(9.5.2 节)，RNN 训练包括几种重要训练机制模型；对于 RNN 中重点要求掌握的 LSTMs(9.5.3 节)，本节会对其核心思想与解析过程进行分析，要求全面掌握 LSTMs，并可以由此进行数据建模解决实际的应用问题。

9.5.1 RNN 概述

循环神经网络(recurrent neural networks，RNNs)，在传统的神经网络模型中，是从输入层到隐含层再到输出层，层与层之间是全连接的，每层之间的节点是无连接的。但是这种普通的神经网络对于很多问题却无能为力。例如，要预测句子的下一个单词是什么，一般需要用到前面的单词，因为一个句子中前后单词并不是独立的。RNNs 之所以称为循环神经网路，即一个序列当前的输出与前面的输出也有关。具体的表现形式为网络会对前面的信息进行记忆并应用于当前输出的计算中，即隐藏层之间的节点不再是无连接而是有连接的，并且隐藏层的输入不仅包括输入层的输出还包括上一时刻隐藏层的输出。理论上，RNNs 能够对任何长度的序列数据进行处理，但是在实践中，为了降低复杂性往往假设当前的状态只与前面的几个状态相关，图 9 - 20 便是一个典型的 RNNs。

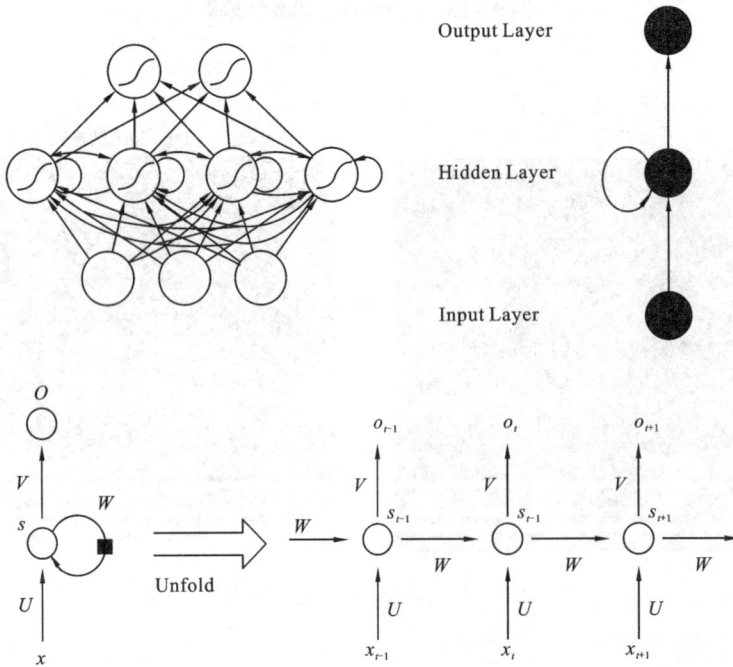

图 9 - 20　典型 RNNs

RNNs 包含输入单元(input units)，输入集标记为$\{x_0, x_1, \cdots, x_t, x_{t+1}, \cdots\}$，而输出单元(output units) 的输出集则被标记为$\{y_0, y_1, \cdots, y_t, y_{t+1}, \cdots\}$。RNNs 还包含隐藏单元(Hidden units)，将其输出集标记为$\{s_0, s_1, \cdots, s_t, s_{t+1}, \cdots\}$，这些隐藏单元完成了最为主要的工作。在图中：有一条单向流动的信息流是从输入单元到达隐藏单元的，与此同时另一条单向流动的信息流从隐藏单元到达输出单元。在某些情况下，RNNs 会打破后者的限制，引导信息从输出单元返回隐藏单元，这些被称为"back projections"，并且隐藏层的输入还包括上一隐藏层的状态，即隐藏层内的节点可以自连也可以互连。上面的 RNN 示例将循环神经网络进行展开，形成一个全神经网络。例如，对一个包含 5 个单词的语句，那么展开的网络便是一个 5 层的神经网络，每一层代表一个单词。对于该网络的计算过程如下：

x_t表示第 t，$t = 1，2，3，\cdots$步（step）的输入。比如，x_1 为第二个词的 one – hot 向量（根据图 9 – 20，x_0 为第一个词）；使用计算机对自然语言进行处理，便需要将自然语言处理成为机器能够识别的符号，加上在机器学习过程中，需要将其进行数值化。而词是自然语言理解与处理的基础，因此需要对词进行数值化，词向量（word representation，word embeding）便是一种可行又有效的方法。词向量即使用一个指定长度的实数向量 V 来表示一个词。有一种最简单的表示方法，就是使用 one – hot vector 表示单词，即根据单词的数量|V|生成一个|V| ×1 的向量，当某一位为 1 的时候其他位都为零，然后这个向量就代表一个单词。使用一种更加有效的词向量模式，该模式是通过神经网络或者深度学习对词进行训练，输出一个指定维度的向量，该向量便是输入词的表达。s_t 为隐藏层的第 t 步的状态，它是网络的记忆单元。s_t 根据当前输入层的输出与上一步隐藏层的状态进行计算，$s_t = f(Uxt + Wst - 1)$。其中 f 一般是非线性的激活函数，如 tanh 或 ReLU，在计算 s_0 时，即第一个单词的隐藏层状态，需要用到 s_{-1}，但是其并不存在，在实践中一般置为 0 向量，0_t 是第 t 步的输出，如下个单词的向量表示为：$0_t = \mathrm{Softmax}(Vst)$。

需要注意的是：可以认为隐藏层状态 s_t 是网络的记忆单元。s_t 包含了前面所有步的隐藏层状态。而输出层的输出 0_t 只与当前步的 s_t 有关，在实践中，为了降低网络的复杂度，往往 s_t 只包含前面若干步而不是所有步的隐藏层状态。

在传统神经网络中，每一个网络层的参数是不共享的。而在 RNNs 中，每输入一步，每一层各自都共享参数 $U，V，W$。RNNs 中的每一步都在做相同的事，只是输入不同，因此大大地降低了网络中需要学习的参数；传统神经网络的参数是不共享的，并不是表示对于每个输入有不同的参数，而是将 RNNs 进行展开，这样变成了多层网络，如果这是一个多层的传统神经网络，那么 x_t 到 s_t 之间的 U 矩阵与 x_{t+1} 到 s_{t+1} 之间的 U 是不同的，而 RNNs 中的却是一样的，同理对于 s 与 s 层之间的 W、s 层与 0 层之间的 V 也是一样的。

图典型 RNNs 中每一步都会有输出，但是每一步都要有输出并不是必须的。比如，需要预测一条语句所表达的情绪时仅仅需要最后一个单词输入后的输出，而不需要知道每个单词输入后的输出。同理，每步都需要输入也不是必须的。RNNs 的关键之处在于隐藏层，隐藏层能够捕捉序列的信息。

RNNs 已经被在实践中证明对 NLP 是非常成功的。如词向量表达、语句合法性检查、词性标注等。在 RNNs 中，目前使用最广泛最成功的模型便是 LSTMs（long short – term memory，长短时记忆模型）模型，该模型通常比 vanilla RNNs 能够更好地对长短时依赖进行表达，该模型相对于一般的 RNNs，只是在隐藏层做处理。对于 LSTMs，后面会进行详细地介绍。

9.5.2 RNN 训练

1. 语言模型与文本生成（language modeling and generating text）

给一个单词序列，需要根据前面的单词预测每一个单词的可能性。语言模型能够给出一个语句正确的可能性，这是机器翻译的一部分，往往可能性越大，语句越正确。另一种应用是使用生成模型预测下一个单词的概率，从而根据输出概率的采样生成新的文本。语言模型中，典型的输入是单词序列中每个单词的词向量（如 one – hot vector），输出时预测的单词序列。当在对网络进行训练时，如果 $0_t = x_t + 1$，那么第 t 步的输出便是下一步的输入。

2. 机器翻译(machine translation)

机器翻译是将一种源语言语句变成意思相同的另一种源语言语句,如将英语语句变成同样意思的中文语句。与语言模型关键的区别在于,需要将源语言语句序列输入后才能进行输出,即输出第一个单词时,需要从完整的输入序列中获取。机器翻译如图 9 - 21 所示。

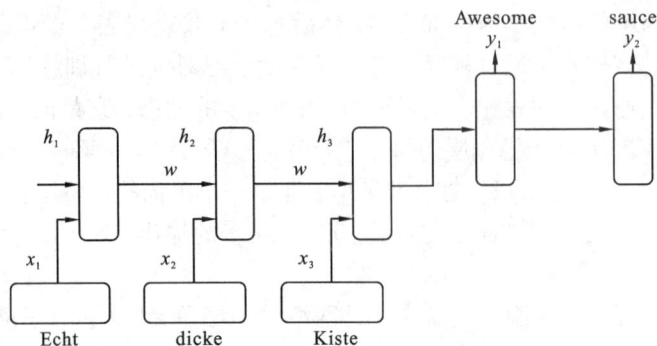

图 9 - 21　机器翻译示意图

3. 语音识别(speech recognition)

语音识别是指给一段声波的声音信号,预测该声波对应的某种指定源语言的语句以及该语句的概率值。

4. 图像描述生成 (generating image descriptions)

与卷积神经网络(convolutional neural networks,CNNs)一样,RNNs 已经在对无标图像描述自动生成中得到应用,将 CNNs 与 RNNs 结合进行图像描述自动生成,该组合模型能够根据图像的特征生成描述。

对于 RNNs 的训练与传统的 ANN 训练一样,同样使用 BP 误差反向传播算法。不过有两点区别:如果将 RNNs 进行网络展开,那么参数 W, U, V 是共享的,而传统神经网络却不是;并且在使用梯度下降算法中,每一步的输出不仅依赖当前步的网络,并且还依赖前面若干步网络的状态。比如,在 $t = 4$ 时,还需要向后传递三步,已经位于后面的三步都需要加上各种的梯度。该学习算法称为 back propagation through time (BPTT)。需要意识到的是在 vanilla RNNs 训练中,BPTT 无法解决长时依赖问题(即当前的输出与前面很长的一段序列有关,一般超过 10 步就没有办法进行处理),因为 BPTT 会带来所谓的梯度消失或梯度爆炸问题(the vanishing/exploding gradient problem)。当然,有很多方法可以解决这个问题,如 LSTMs 便是专门应对这种问题的。

9.5.3　LSTMs 网络与函数展示图例

长期短期记忆网络(通常被称为 LSTMs)是一种特殊的 RNNs,能够学习长期的依赖关系,目前非常流行。它与一般的 RNNs 结构在本质上并没有什么不同,只是使用了不同的函数去计算隐藏层的状态。在 LSTMs 中，i 结构被称为 cells，可以把 cells 看作黑盒用以保存输入 x_t 之前保存的状态 h_{t-1}，这些 cells 加一定的条件便可决定哪些 cell 抑制、哪些 cell 兴奋。它们结合前面的状态、当前的记忆与当前的输入，可以证明该网络结构在解决长序列依赖问题时非常有效。LSTMs 的网络结构如图 9 – 22 所示。

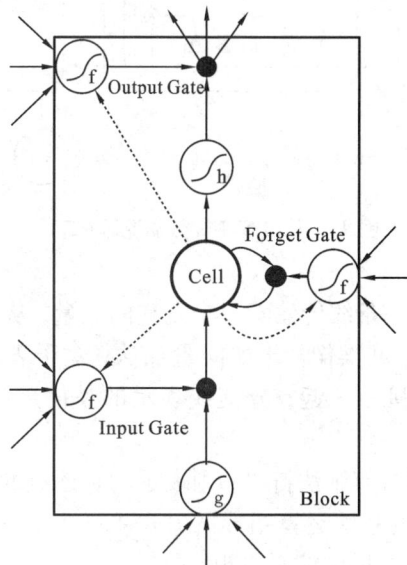

图 9 – 22　LSTMs 的网络结构图

关于 LSTMs 的核心思想是 LSTMs 适合于处理和预测时间序列中间隔和延迟非常长的重要事件，所有经常性的神经网络都具有神经网络重复模块链的形式。在标准的 RNNs 中，这个重复模块将具有非常简单的结构，例如图 9 – 23 中单个的 tanh 双曲正切层。

RNN与LSTMs

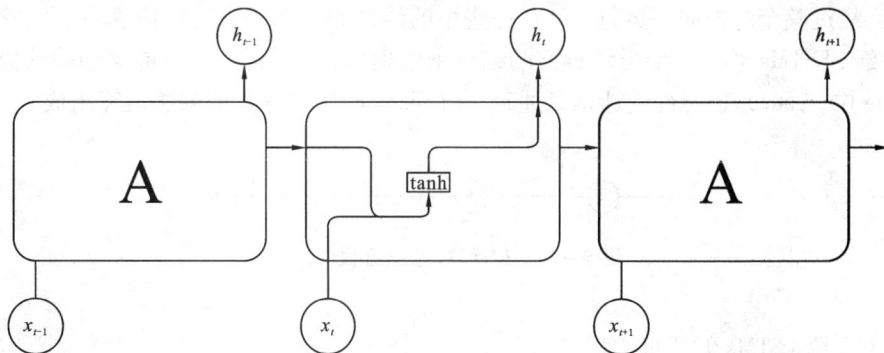

图 9 – 23　LSTMs 数据流程（一）

LSTMs 也有这样的链式结构，但重复模块有不同的结构，而不是有一个单一的神经网络层，如图 9 – 24 所示有四个结构在以一个非常特殊的方式进行交互。

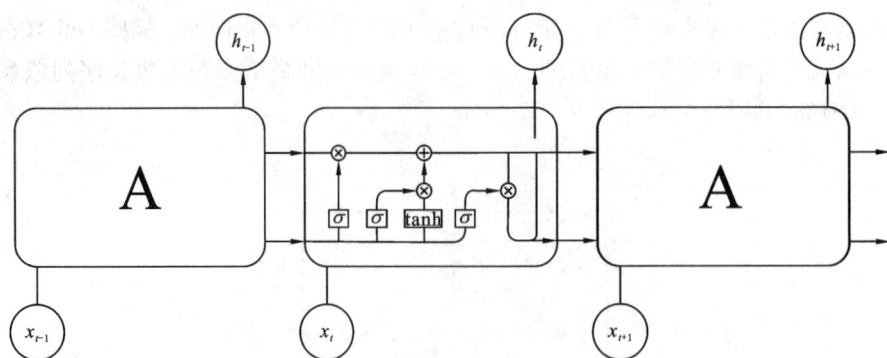

图 9 – 24　LSTMs 数据流程（二）

在图 9 – 25 的符号中，每一条线传输着一个完整的矢量，从一个节点的输出到其他节点的输入。圆圈表示的是逐点运算操作，比如向量加法；盒子表示的是神经网络层（Sigmoid 层）；合并线表示的是信息连接在一起；分支线表示的是信息被复制和拷贝到其他不同的位置。

在图 9 – 25 中若圆圈中间含有乘法符号，则表示的是逐点的乘法运算，所以这个结构总体上表示由 Sigmoid 层和逐点的乘法运算组成的 cell state 中的一扇 gate，也就是门。那么什么是 cell state？这就是 LSTMs 背后的核心思想。

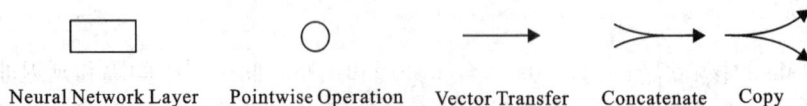

Neural Network Layer　　Pointwise Operation　　Vector Transfer　　Concatenate　　Copy

图 9 – 25　LSTMs 图例理解

LSTMs 的关键是 cell state（元胞状态，细胞状态），如图 9 – 26 所示，cell state 有点像传送带一样，它经过整个链条向下运行，只有一些小的线性相互作用，这样信息沿着它流动很容易保持不变。LSTMs 通过一个叫作 gate 的结构来管理信息，可以使得其能够删除或添加信息到 cell state 中，gate 是选择性地让信息通过，由 Sigmoid 层和逐点的乘法运算组成。

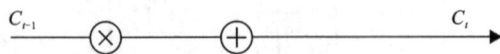

图 9 – 26　LSTMs 数据流程（三）

接下来介绍 LSTMs 的解析过程。

➤ 第一步：丢弃旧信息。

LSTMs 的第一步是决定哪些信息要从前一个 cell state 中扔掉，也就是丢弃旧状态信息。这是由一个 Sigmoid 层决定的，叫作"忘记门层"。

它对应的输入为 h_{t-1} 和 x_t，也就是上一层的输出 h_{t-1} 和本层的输入 x_t，如图 9 – 27 的公式，其输出是 f_t。对 cell state 中的每个数字输出 0 和 1 之间的数字，1 表示"完全保持这个"，而 0 表示"完全摆脱这个"。

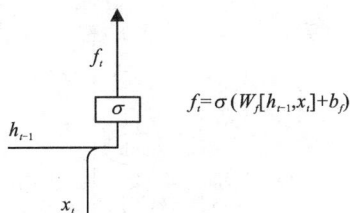

$$f_t = \sigma(W_f[h_{t-1}, x_t] + b_f)$$

图 9 – 27　LSTMs 数据解析过程（一）

➢ 第二步：存储新信息。

第二步，决定将存储什么新信息到 cell state。用单词 cell 的第一个字母符号 C_{t-1} 表示上一个状态的 cell state，在这一步将被更新为新状态 C_t。这一步共包含两个部分。上一层的输出 h_{t-1} 和本层的输入 x_t 继续流动，流动到这里的第一个部分——Sigmoid 层，这里称为"输入门层"——决定将要更新的值。然后一个 tanh 层创建一个新的状态候选值向量 $\widetilde{C}_t$，它会被加入到 cell state 中。如图 9 – 28 所示。

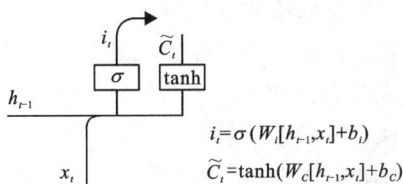

$$i_t = \sigma(W_i[h_{t-1}, x_t] + b_i)$$
$$\widetilde{C}_t = \tanh(W_C[h_{t-1}, x_t] + b_C)$$

图 9 – 28　LSTMs 数据解析过程（二）

再结合图 9 – 29，根据两个信息使 cell state 的状态更新，将 C_{t-1} 更新为 C_t。

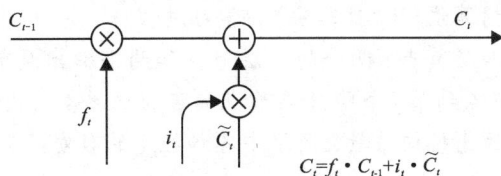

$$C_t = f_t \cdot C_{t-1} + i_t \cdot \widetilde{C}_t$$

图 9 – 29　LSTMs 数据解析过程（三）

把旧状态 C_t 与 f_t 相乘，丢弃掉确定需要丢弃的信息（f_t 来自"忘记门层"）。接着加上 $i_t \cdot \widetilde{C}_t$，这就是新的状态候选值，它根据确定的每一个 state 值更新程度的大小而变化。

➢ 第三步：输出。

最后一步，需要确定输出 h_t 的值。如图 9 – 30 所示，从来自第二步的 新 cell state 状态 C_t 那里开始分析。自第二步的新 cell state 状态 C_t 通过 tanh 进行处理（得到一个在 – 1 到 1 之间的值），然后 Sigmoid 层的输出相乘，最终得到 h_t。对于 Sigmoid 门的输出，如图 9 – 30 的左下方所示，运行一个 Sigmoid 层，这里的 Sigmoid 层的输入是 h_{t-1} 和 x_t，其实就是一个后置的"忘记门层"，所以通过 tanh 的 cell state 的输出相乘，得到最终的输出。

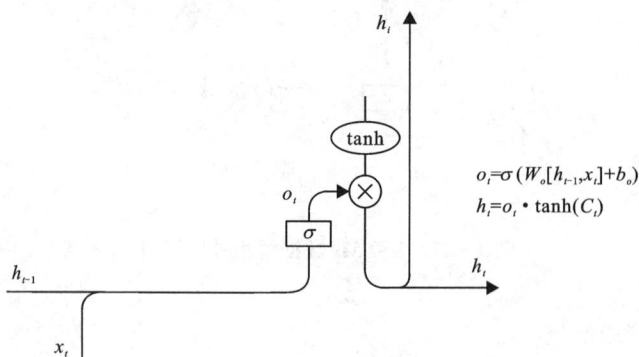

$$o_t = \sigma(W_o[h_{t-1}, x_t] + b_o)$$
$$h_t = o_t \cdot \tanh(C_t)$$

图 9 - 30　LSTMs 数据解析过程(四)

习　题

1. 请简述神经网络的定义、组成以及学习过程。

2. 根据网络拓扑结构的不同，神经网络可分为几类？人工神经网络的学习算法可分为哪几类？人工神经网络的运行方式可分为哪几类？

3. 请明确下列梯度学习算法的正确步骤：

(1) 计算预测值和真实值之间的误差；

(2) 迭代更新，直到找到最佳权重；

(3) 把输入传到网络中，得到输出值；

(4) 初始化随机权重和误差；

(5) 对每一个产生误差的神经元，改变相应的(权重)值以减小误差。

4. 请介绍反向误差传播算法(B - P 算法)的学习过程。

5. 考虑一个有两个输入层节点、两个隐含层节点和两个输出层节点组成的 BP 层神经网络，w_{ij} 表示第 i 个输入层节点到第 j 个隐含层节点的连接权系数，用 w_{jk} 表示从第 j 个输入层节点到第 k 个隐含层节点的连接权系数，网络中各神经元的激发函数为 S 型函数，即 $f(x) = \dfrac{1}{1 + e^{-x}}$，设误差函数为 $E = 0.5 \sum\limits_{p=1}^{p} \sum\limits_{k}^{2} [d_k(p) - y_k(p)]^2$，其中 $[d_1(p), d_2(p)]$ 为在给定输入 $[x_1(p), x_2(p)]$ 时的理想输出，试写出：

(1) 隐含层两个神经元的输出 $h_1(p)$ 和 $h_2(p)$。

(2) 输出层两个神经元的实际输出 $y_1(p)$，$y_2(p)$。

(3) 隐含层到输出层的连接权系数 w_{jk} 的修正公式。

(4) 输入层到隐含层的连接权系数 w_{ij} 的修正公式(选做)。

6. 考虑一个有三个神经元节点组成的离散 Hopfield 神经网络，设其连接权系数矩阵为：

$$\begin{bmatrix} 0 & -0.2 & 0.5 \\ -0.2 & 0 & -0.2 \\ -0.2 & -0.2 & 0 \end{bmatrix}$$，设当前时刻网络输出状态为 $[110]$，求下一个时刻网络的输出状态，并计算当前时刻和下一个时刻网络的能量变化值。

7. 考虑一个 MP 人工神经元模型，设有其他三个神经元传入神经元输入信号，分别为：$x_1 = -1$，$x_2 = 1$，$x_3 = -0.1$，这三个神经元到该神经元的连接权值分别为：0.1，0.4，0.9；神经元 j 的阈值为 0.5，激发函数是中心为 0、扩展速度为 1 的高斯型径向基函数，求该神经元的输出值。

8. 请比较卷积神经网络与 B–P 算法的异同并描述卷积神经网络的重要思想框架。

9. 自行选择一个神经网络模型算法并设计完成该模型的应用实例。

第 10 章　统计分析

计算机与网络已融入人们的日常学习、工作和生活之中，成为人们不可或缺的助手和伙伴。计算机与网络的飞速发展完全改变了人们的学习、工作和生活方式。智能化是计算机研究与开发的一个主要目标。近几十年来的实践表明，统计分析方法是实现这一目标最有效的手段，尽管它们还存在着一定的局限性。

统计分析是关于计算机基于数据构建概率统计模型并运用模型对数据进行预测与分析的一门学科。统计分析的研究对象是数据。它从数据出发，提取数据的特征，抽象出数据的模型，发现数据中的知识，又回到对数据的分析与预测中去。

本章主要介绍统计分析中几种常用的方法，如回归分析（10.1 节）、EM 算法（10.2 节）和 Bayes 分类（10.3 节）。

10.1　回归分析

在现实生活中，许多事物之间具有因果关系，如微生物的繁殖速度受温度、湿度、光照等因素的影响，作物产量受施肥的影响。事物之间的这种因果关系都涉及两个或两个以上的变量，只要其中一个变量变动了，另一个变量也会跟着变动。表示原因的变量称为自变量，用 x 表示，它是固定的，没有随机误差。表示结果的变量称为因变量，用 y 表示。y 随 x 的变化而变化，有随机误差。例如作物施肥量和产量之间的关系，前者是表示原因的变量，是自变量，为事先确定的，后者是表示结果的变量，是因变量，具有随机误差。

本节主要介绍几种常见的回归分析，如一元线性回归（10.1.1 节）、多元线性回归（10.1.2 节）和非线性回归（10.1.3 节）。

10.1.1　一元线性回归

1. 一元线性回归方程的建立

如果两个变量在散点图上呈线性关系，就可用一元线性回归方程来描述。其一般形式为

$$Y = a + bX \tag{10-1}$$

式中：X 是自变量；Y 是因变量；a、b 是一元线性回归方程的系数。

建立一元线性回归方程时，首先要根据训练数据画散点图，判断 Y 与 X 是否呈线性关系，若是线性关系，则用训练数据估计回归方程系数 a，b。

a、b 的估计值应是使误差平方和 $Q(a, b)$ 取最小值的 $\hat{a}$、$\hat{b}$。

$$Q(a, b) = \sum_{i=1}^{n} (y_i - a - bx_i)^2 \tag{10-2}$$

式中：n 是样本数目；$(x_1, y_1)(x_2, y_2), \cdots, (x_n, y_n)$ 是训练样本数据。

为了使 $Q(a, b)$ 取最小值，分别取 Q 关于 a, b 的偏导数，并令它们等于零

$$\begin{cases} \dfrac{\partial Q}{\partial a} = -2 \sum_{i=1}^{n} (y_i - a - bx_i) = 0 \\[2mm] \dfrac{\partial Q}{\partial b} = -2 \sum_{i=1}^{n} (y_i - a - bx_i)x_i = 0 \end{cases} \tag{10-3}$$

求解上述方程组，得到唯一的一组解 $\hat{a}$、$\hat{b}$。

$$\hat{b} = \frac{n \sum_{i=1}^{n} x_i y_i - (\sum_{i=1}^{n} x_i)(\sum_{i=1}^{n} y_i)}{n \sum_{i=1}^{n} x_i^2 - (\sum_{i=1}^{n} x_i)^2} = \frac{\sum_{i=1}^{n} (x_i - \bar{x})(y_i - \bar{y})}{\sum_{i=1}^{n} [(x_i - \bar{x})]^2} \tag{10-4}$$

$$\hat{a} = \frac{\sum_{i=1}^{n} y_i - \hat{b} \sum_{i=1}^{n} x_i}{n} = \bar{y} - \hat{b}\bar{x} \tag{10-5}$$

式(10-4)和式(10-5)中，

$$\bar{x} = \frac{\sum_{i=1}^{n} x_i}{n}, \quad \bar{y} = \frac{\sum_{i=1}^{n} y_i}{n} \tag{10-6}$$

在利用样本数据得到 $\hat{a}$、$\hat{b}$ 后，可以将 $Y = \hat{a} + \hat{b}X$ 作为 $Y = a + bX$ 的估计，称 $Y = \hat{a} + \hat{b}X$ 为 Y 关于 X 的一元线性回归。

由此可见，建立一元线性回归方程主要步骤是：扫描训练样本，计算 $\sum_{i=1}^{n} x_i$、$\sum_{i=1}^{n} y_i$、$\sum_{i=1}^{n} x_i y_i$、$\sum_{i=1}^{n} x_i^2$，进而计算 $\hat{a}$、$\hat{b}$，即可建立 Y 关于 X 的一元线性回归方程 $Y = \hat{a} + \hat{b}X$。

2. 检验

任何两个变量之间都可通过前面的方法建立一个回归方程，该方程是否有意义，能不能指导实践，关键在于回归是否达到显著水平。可以使用 F 检验和 t 检验。

(1) F 检验

两个变量间是否存在线性关系，可采用 F 检验进行。假设 H_0：两个变量间无线性关系，而对 H_A：两个变量间有线性关系。在无效假设下，回归方差与离回归方差的比值服从 $\mathrm{d}f_1 = 0$ 和 $\mathrm{d}f_2 = n-2$ 的 F 分布，所以可用下式

$$F = \frac{\dfrac{U}{1}}{\dfrac{Q}{(n-2)}} \tag{10-7}$$

来检验直线回归关系的显著性。

$$U = \sum (\hat{y} - \bar{y})^2 = b \sum (x - \bar{x})(y - \bar{y}) \tag{10-8}$$

$$Q = \sum (y - \hat{y})^2 = \sum y^2 - \frac{(\sum y)^2}{n} - U \tag{10-9}$$

(2) t 检验

采用 t 检验也可检验线性回归关系的显著性。统计假设 $H_0: \beta = 0$ 对 $H_A: \beta \neq 0$。

该方法是检验样本回归系数 β 是否来自 $\beta = 0$ 的双变量总体，以推断线性回归的显著性。回归系数的标准误差 s_b 和 t 值为

$$s_b = \sqrt{\frac{\sum (\hat{y} - y)}{(n - 2) \sum (x - \bar{x})^2}} \tag{10 - 10}$$

$$t = \frac{b - \beta}{s_b} \tag{10 - 11}$$

式 $(10 - 11)$ 遵循 $\mathrm{df}_2 = n - 2$ 的 t 分布，由 t 值可得出样本回归系数 b 落在 $\beta = 0$ 总体中的区间概率。给定显著性水平 α，如果 $\| t \| \geq t_{\alpha/2}(n - 2)$，应否定 H_0，接受假设 $\beta = 0$，即认为回归效果显著。

3. 预测

经过检验，若 Y 与 X 之间存在极显地回归显著，则可用回归方程进行预测。对于任意变量 x，将其代入回归方程即可预测出与之对应的输出 y。

例 10 - 1 假设年薪数据表如表 10 - 1 所示，大学毕业以后的"工作年数 Year"属性是描述属性，"年薪 Salary"属性是预测属性，建立回归方程预测具有 10 年工作经验的大学毕业生的年薪。

表 10 - 1 年薪数据表

工作年数 Year	3	8	9	13	3	6	11	21	1	16
年薪 Salary（单位：$ 1000）	30	57	64	72	36	43	59	90	20	83

绘制年薪数据的散点图，如图 10 - 1 所示。

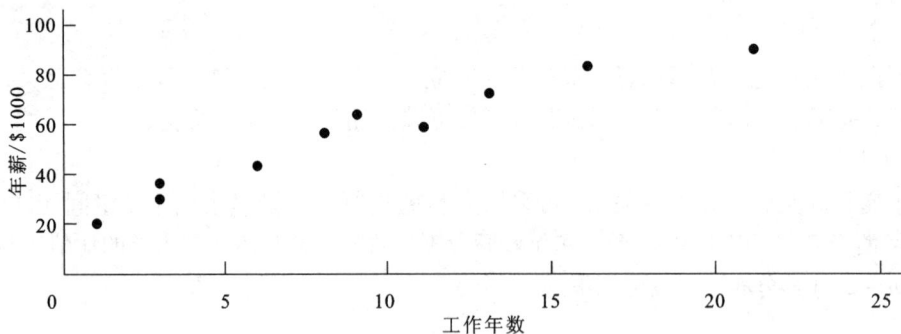

图 10 - 1 年薪数据的散点图

从年薪数据的散点图可以推测，属性 Year 与预测属性 Salary 之间大致具有线性相关关系，因此回归方程的形式为

$$Salary(Year) = a + b \cdot Year$$

因为

$$\sum_{i=1}^{10} Year_i = 91 \qquad \sum_{i=1}^{10} Salary_i = 554$$

$$\sum_{i=1}^{10} Year_i Salary_i = 6\,311 \qquad \sum_{i=1}^{n} x_i^2 = 1\,187$$

所以

$$\hat{b} = \frac{10 \times 6311 - 91 \times 554}{10 \times 1187 - 91^2} = 3.5$$

$$\hat{a} = \frac{554 - 3.5 \times 91}{10} = 23.6$$

即 *Salary* 关于 *Year* 的一元线性回归方程为

$$Salary = 23.6 + 3.5 Year$$

因为，采用 t 检验得到：在给定的显著性水平 $\alpha = 0.05$ 下，假设 $H_0: \beta = 0$ 的拒绝域为 $\{-\infty, -2.306\}$ 和 $\{+2.3060, +\infty\}$，而检验统计量 $t = 10.6724 > 2.3060$。所以，拒绝假设 $H_0: \beta = 0$，认为回归效果显著，也就是可以利用 $Salary = 23.6 + 3.5 Year$ 分析预测属性取值未知的数据对象。

所以具有 10 年工作经验的大学毕业生的年薪为

$$Salary = 23.6 + 3.5 \times 10 = 58.6$$

10.1.2 多元线性回归

在许多实际问题中，影响因变量的因素常常不止一个，比如影响害虫盛发期的生态因素有温度、湿度、雨量等。为了研究因变量 y 与多个自变量 x 之间的关系，必须在一元回归的基础上作相应的补充，进一步研究多元回归的问题。

多元回归是指因变量 y 与多个自变量 x_1, x_2, $\cdots$, x_p 有关。多元线性回归方程是一元线性回归方程的推广，其一般形式为

$$y = a + b_1 x_1 + b_2 x_2 + \cdots + b_p x_p \tag{10-12}$$

式中：x_1, x_2, $\cdots$, x_p 是自变量；y 是因变量；a, b_1, b_2, $\cdots$, b_p 是多元线性回归方程的系数。

对于 y 关于 x_1, x_2, $\cdots$, x_p 的 p 元线性回归，可以采用最小二乘法估计未知系数 a, b_1, b_2, $\cdots$, b_p。a, b_1, b_2, $\cdots$, b_p 的估计值应使误差平方和 $Q(a_1 b_1, b_2, \cdots, b_p)$ 取最小值

$$Q(a, b_1, b_2, \cdots, b_p) = \sum_{i=1}^{n} (y_i - a - b_1 x_{i1}, b_2 x_{i2}, \cdots, b_p x_{ip})^2 \tag{10-13}$$

式中：n 是样本数目；x_{i1}, x_{i2}, $\cdots$, x_{ip}, y_i 是样本数据（$1 \leq i \leq n$）。

为了使 $Q(a, b_1, b_2, \cdots, b_p)$ 取最小值，分别取 Q 关于 a, b_1, b_2, $\cdots$, b_p 的偏导数，并令它们等于零

$$\begin{cases} \dfrac{\partial Q}{\partial a} = 2 \sum_{i=1}^{n} (y_i - a - b_1 x_{i1} - b_1 x_{i1} - b_2 x_{i2} - \cdots - b_p x_{ip}) = 0 \\ \dfrac{\partial Q}{\partial b_j} = 2 \sum_{i=1}^{n} (y_i - a - b_1 x_{i1} - b_1 x_{i1} - b_2 x_{i2} - \cdots - b_p x_{ip}) x_{ij} = 0, (j = 1, 2, \cdots, p) \end{cases}$$

$$\tag{10-14}$$

经整理，得

$$\begin{cases} a = \bar{y} - b_1 \bar{x}_{i1} - b_2 \bar{x}_{i2} - \cdots - b_p \bar{x}_{ip} \\ b_1 \sum X_1^2 + b_2 \sum X_1 X_2 + \cdots + b_p \sum X_1 X_p = \sum X_1 Y \\ b_1 \sum X_1 X_2 + b_2 \sum X_2^2 + \cdots + b_p \sum X_2 X_p = \sum X_2 Y \\ b_1 \sum X_1 X_P + b_2 \sum X_2 X_p + \cdots + b_p \sum X_p^2 = \sum X_p Y \end{cases} \tag{10-15}$$

式中：$Y = y - \bar{y}$，$X_1 = x_1 - \bar{x}_1$，$X_2 = x_2 - \bar{x}_2$，$\cdots$，$X_p = x_p - \bar{x}_p$。

求解上述方程组，即可得到 a，b_1，b_2，$\cdots$，b_p。

在利用样本数据得到 a，b_1，b_2，$\cdots$，b_p 后，将 $\bar{y} = a + b_1 x_1 + b_2 x_2 + \cdots + b_p x_p$ 称为 y 关于 x_1，x_2，$\cdots$，x_p 的 p 元线性回归方程。用此方程可以进行预测。

例 10 - 2　某植物有 16 个品种，它们的比叶重(x_1，mg/dm^2)、气孔密度(x_2，个/视野)、叶绿素含量(x_3，mg/dm^2)和光合速率(y，mg/dm^2)的测量值如表 10 - 2 所示，试建立光合速率的多元回归方程。

表 10 - 2　比叶重、气孔密度、叶绿素含量和光合速率

品种	比叶重(x_1)	气孔密度(x_2)	叶绿素含量(x_3)	光合速率(y)
V_1	1. 9993	11. 4	4. 0575	11. 7161
V_2	2. 0254	8. 1	3. 7750	6. 9862
V_3	2. 0010	10. 7	3. 3733	11. 3444
V_4	2. 1072	11. 2	3. 1352	12. 4770
V_5	1. 8941	9. 0	3. 5190	5. 9618
V_6	2. 0188	12. 5	3. 4278	11. 2210
V_7	1. 9362	10. 1	3. 8518	8. 8416
V_8	2. 1072	8. 5	4. 1373	7. 9483
V_9	1. 9843	8. 3	4. 2719	9. 8014
V_{10}	1. 9904	10. 8	4. 9872	11. 0765
V_{11}	1. 7836	10. 7	3. 0091	6. 3744
V_{12}	1. 9730	8. 8	4. 3965	9. 3993
V_{13}	1. 9414	10. 2	4. 3965	9. 8420
V_{14}	2. 0519	9. 0	4. 1673	8. 2510
V_{15}	1. 9626	11. 1	4. 0186	10. 6400
V_{16}	1. 8651	14. 2	3. 4175	6. 6433

根据式(10 - 15)建立方程组

$$\begin{cases} 0.1049 b_1 - 0.2650 b_2 + 0.1727 b_3 = 1.7896 \\ -0.2650 b_1 + 26.0000 b_2 - 3.4243 b_3 = 21.0159 \\ 0.1727 b_1 - 3.4243 b_2 + 4.1541 b_3 = 3.4150 \end{cases}$$

解此方程组得

$$b_1 = 14.0484，b_2 = 1.14041，b_3 = 1.1481$$

从而

$$a = -34.0950$$

因此，光合速率的多元回归方程为

$$\bar{y} = 34.0950 + 14.0484\,\bar{x}_1 + 1.14041\,\bar{x}_2 + 1.1481\,\bar{x}_3$$

10.1.3 非线性回归

在现实世界中，许多问题可以直接用线性回归解决，但有许多非线性回归问题不能直接用线性回归解决，需要将其变换后再用线性回归解决。

例 10 – 3 假设产品销量表如表 10 – 3 所示，价格 *Price* 属性是自变量，销量 *Sale* 属性是因变量，建立回归方程。

表 10 – 3 产品销量表

价格 Price/元	销量 Sale/kt
20	1.81
25	1.70
30	1.65
35	1.55
40	1.48
50	1.40
60	1.30
65	1.26
70	1.24
75	1.21
80	1.20
90	1.18

绘制产品销量数据的散点图，如图 10 – 2 所示。

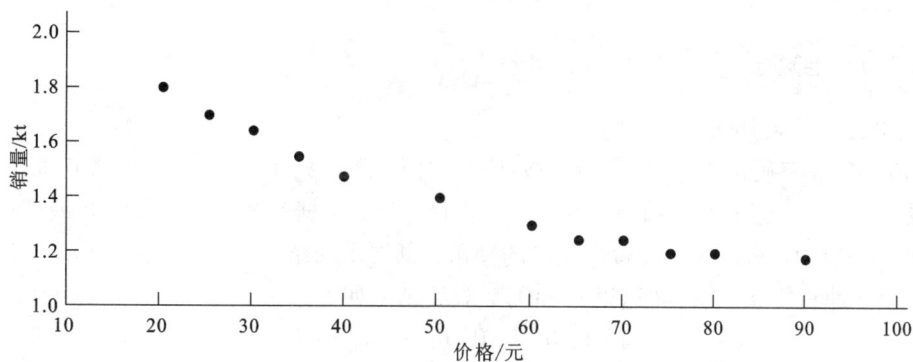

图 10 – 2 产品销量数据的散点图

从产品销量数据的散点图可以推测，属性 *Price* 与预测属性 *Sale* 之间大致具有二次多项式相关关系，也就可以推测，*Sale*(*Price*) 大致是形如下式的二次多项式函数

$$Sale(Price) = a + b_1 Price + b_2 Price^2$$

式中：a、b_1、b_2 是未知系数。

显然，这既不是一元线性回归，也不是多元线性回归，而是非线性回归。但是，如果令

$$P_1 = Price$$

$$P_2 = Price^2$$

则可以变换为二元线性回归

$$Sale(P_1, P_2) = a + b_1 P_1 + b_2 P_2$$

利用样本数据经过计算得到

$$\hat{a} = 2.1983$$

$$\hat{b}_1 = -0.0225$$

$$\hat{b}_2 = 0.0001$$

所以，回归方程为

$$Sale = 2.1983 - 0.0225 Price + 0.0001 Price^2$$

10.2　EM 算法

EM 算法是一种迭代算法，1977 年由 Dempster 等人总结提出，用于含有隐变量的概率模型参数的极大似然估计，或极大后验概率估计。EM 算法的每次迭代由两步组成：E 步，求期望；M 步，求极大化。所以这一算法称为期望极大算法，简称 EM 算法。

EM算法的
原理分析

概率模型有时既含有观测变量，又含有隐变量或潜在变量。如果概率模型的变量都是观测变量，那么给定数据，可以直接用极大似然估计法或贝叶斯估计方法估计模型参数。但是，当模型含有隐变量时，就不能简单地使用这些估计方法。EM 算法就是含有隐变量的概率模型参数的极大似然估计法，或极大后验概率估计法。

本节主要介绍 EM 算法的引入（10.2.1 节）、EM 算法的推导（10.2.2 节）及 EM 算法的收敛性（10.2.3 节）。

10.2.1　EM 算法的引入

首先介绍一个使用 EM 算法的例子。

例 10-4　（三硬币模型）假设有 3 枚硬币，分别记作 A，B，C。这些硬币正面出现的概率分别是 π，p，q。进行如下掷硬币试验：先掷硬币 A，根据其结果选出硬币 B 或硬币 C，正面选硬币 B，反面选硬币 C；然后掷选出的硬币，掷硬币的结果，出现正面记作 1，出现反面记作 0；独立地重复 n 次试验（这里 $n = 10$），观测结果如下：

$$1, 1, 0, 1, 0, 0, 1, 0, 1, 1$$

假设只能观测到掷硬币的结果，不能观测到掷硬币的过程。问如何估计三硬币正面出现的概率（即三硬币模型的参数）？

解：三硬币模型可写作：

$$P(y \mid \theta) = \sum_z P(y, z \mid \theta) = \sum_z P(z \mid \theta) P(y \mid z, \theta) = \pi p^y (1-p)^{1-y} + (1-\pi) q^y (1-q)^{1-y}$$

$$(10-16)$$

这里，随机变量 y 是观测变量，表示一次试验观测到的结果是 1 或 0；随机变量 z 是隐变

量,表示观测到的掷硬币 A 的结果;$\theta = (\pi, p, q)$ 是模型参数。这一模型是以上数据的生成模型。注意,随机变量 y 的数据可以观测,随机变量 z 的数据不可观测。

将观测到的数据表示为 $Y = (Y_1, Y_2, \cdots, Y_n)^T$,未观测到的数据表示为 $Z = (Z_1, Z_2, \cdots, Z_n)^T$,则观测数据的似然函数为

$$P(Y|\theta) = \sum_z P(Y|\theta)P(Y|Z, \theta) \tag{10-17}$$

即

$$P(Y|\theta) = \Pi_{i=1}^n [\pi p^{y_i}(1-p)^{1-y_i} + (1-\pi)q^{y_i}(1-q)^{1-y_i}] \tag{10-18}$$

考虑求模型参数 $\theta = (\pi, p, q)$ 的极大似然估计,即

$$\hat{\theta} = \mathrm{argmax}_\theta \lg P(Y|\theta) \tag{10-19}$$

这个问题没有解析解,只能通过迭代的方法求解。EM 算法就是可以用于求解这个问题的一种迭代算法。下面给出针对以上问题的 EM 算法,其推导过程省略。

EM 算法首先选取参数的初值,记作 $\theta^{(0)} = (\pi^{(0)}, p^{(0)}, q^{(0)})$,然后通过下面的步骤迭代计算参数的估计值,直至收敛为止。第 i 次迭代参数的估计值为 $\theta^{(i)} = (\pi^{(i)}, p^{(i)}, q^{(i)})$。EM 算法的第 $i+1$ 次迭代如下:

E 步:计算在模型参数 $\pi^{(i)}, p^{(i)}, q^{(i)}$ 下观测数据 y_i 来自掷硬币 B 的概率

$$\mu_j^{i+1} = \frac{\pi^{(i)}(p^{(i)})y_j(1-p^{(i)})^{1-y_j}}{\pi^{(i)}(p^{(i)})y_j(1-p)^{(i)1-y_j} + (1-\pi^{(i)})q^{(i)}y_j(1-q^{(i)})^{1-y_j}} \tag{10-20}$$

M 步:计算模型参数的新估计值

$$\pi^{i+1} = \frac{1}{n}\sum_{j=1}^n u_j^{i+1} \tag{10-21}$$

$$p^{i+1} = \frac{\sum_{j=1}^n u_j^{i+1}y_i}{\sum_{j=1}^n u_j^{i+1}} \tag{10-22}$$

$$q^{i+1} = \frac{\sum_{j=1}^n (1-u_j^{i+1}y_i)}{\sum_{j=1}^n (1-u_j^{i+1})} \tag{10-23}$$

进行计算,假设模型参数的初值取为:

$$\pi^{(0)} = 0.5, p^{(0)} = 0.5, q^{(0)} = 0.5$$

由式(10-20),对 $y_i = 1$ 与 $y_i = 0$ 均有 $\mu_i^{(1)} = 0.5$。

利用迭代式(10-21) ~ 式(10-23),得到:

$$\pi^{(1)} = 0.5, p^{(1)} = 0.6, q^{(1)} = 0.6$$

由式(10-20)得

$$\mu^{(2)} = 0.5, j = 1, 2, \cdots, 10$$

继续迭代,得

$$\pi^{(2)} = 0.5, p^{(2)} = 0.6, q^{(2)} = 0.6$$

于是得到模型参数 θ 的极大似然估计:

$$\hat{\pi} = 0.5, \hat{p} = 0.6, \hat{q} = 0.6$$

$\pi = 0.5$ 表示硬币 A 是均匀的,这一结果容易理解。

如果取初值 $\pi^{(0)} = 0.4, p^{(0)} = 0.6, q^{(0)} = 0.7$,那么得到的模型参数的极大似然估计是

$\hat{\pi} = 0.4064$, $\hat{p} = 0.5368$, $\hat{q} = 0.6432$。这就是说，EM 算法与初值的选择有关，选择不同的初值可能得到不同的参数估计值。

一般地，用 Y 表示观测随机变量的数据，Z 表示隐随机变量的数据。Y 和 Z 连在一起称为完全数据，观测数据 Y 又称为不完全数据。假设给定观测数据 Y，其概率分布式 $P(Y|\theta)$，其中 θ 是需要估计的模型参数，那么不完全数据 Y 的似然函数是 $P(Y, Z|\theta)$，对数似然函数 $L(\theta) = \log P(Y|\theta)$；假设 Y 和 Z 的联合概率分布是 $P(Y, Z|\theta)$，那么完全数据的对数似然函数是 $\log P(Y, Z|\theta)$。

EM 算法通过迭代求 $L(\theta) = \log P(Y|\theta)$ 的极大似然估计。每次迭代包含两步：E 步，求期望；M 步，求极大化。下面来介绍 EM 算法。

EM 算法：

输入：观测变量数据 Y，隐变量数据 Z，联合分布 $P(Y, Z|\theta)$，条件分布 $P(Z|Y, \theta)$；

输出：模型参数 θ。

①选择参数的初值 $\theta^{(0)}$，开始迭代。

②E 步：记 $\theta^{(i)}$ 为第 i 次迭代参数 θ 的估计值，在第 $i+1$ 次迭代的 E 步，计算

$$Q(\theta, \theta^{(i)}) = \sum_z [\lg P(Y, Z|\theta) | Y, \theta^{(i)})] = \sum_z \lg P(Y, Z|\theta) P(Z|Y, \theta) \quad (10-24)$$

这里，$P(Y, Z|\theta^{(i)})$ 是在给定观测数据 Y 和当前的参数估计 $\theta^{(i)}$ 下隐变量数据 Z 的条件概率分布。

③M 步：求使 $Q(\theta, \theta^{(i)})$ 极大化的 θ，确定第 $i+1$ 次迭代的参数的估计值 $\theta^{(i+1)}$

$$\theta^{(i+1)} = \arg\max_\theta Q(\theta, \theta^{(i)}) \quad (10-25)$$

④重复第②步和第③步，直到收敛。

式（10-24）的函数 $Q(\theta, \theta^{(i)})$ 是 EM 算法的核心，称为 Q 函数。

定义 完全数据的对数似然函数 $\log P(Y, Z|\theta^{(i)})$ 关于在给定观测数据 Y 和当前参数 $\theta^{(i)}$ 下对未观测数据 Z 的条件概率分布 $P(Y, Z|\theta^{(i)})$ 的期望称为 Q 函数，即

$$Q(\theta, \theta^{(i)}) = \sum_Z \lg P(Y, Z|\theta^{(i)}) \quad (10-26)$$

下面关于 EM 算法作出几点说明：

步骤①中参数的初值可以任意选择，但须注意 EM 算法对初值是敏感的。

步骤②E 步求 $Q(\theta, \theta^{(i)})$。Q 函数式中 Z 是未观测数据，Y 是观测数据。注意，$Q(\theta, \theta^{(i)})$ 的第 1 个变元表示要极大化的参数，第 2 个变元表示参数的当前估计值。每次迭代实际上是在求 Q 函数及其极大化值。

步骤③M 步求 $Q(\theta, \theta^{(i)})$ 的极大化，得到 $\theta^{(i+1)}$，完成一次迭代 $\theta^{(i)} \rightarrow \theta^{(i+1)}$。后面将证明每次迭代使似然函数增大或达到局部极值。

步骤④给出停止迭代的条件，一般是对较小的整数 ε_1，ε_2，若满足

$$\| \theta^{(i+1)} - \theta^{(i)} \| < \varepsilon_1 \text{ 或 } \| Q(\theta^{(i+1)}, \theta^{(i)}) - Q(\theta^{(i)}, \theta^{(i)}) - Q(\theta^{(i1)}, \theta^{(i)}) \| < \varepsilon_2$$

则停止迭代。

10.2.2 EM 算法的推导

上面叙述了 EM 算法。为什么 EM 算法能近似实现对观测数据的极大似然估计呢？下面通过近似求解观测数据的对数似然函数的极大化问题来导出 EM 算法，由此清楚地看出 EM

算法的作用。

我们面对一个含有隐变量的概率模型，目标是极大化观测数据(不完全数据)Y 关于参数 θ 的对数似然函数，即极大化

$$L(\theta) = \lg P(Y \mid \theta) = \lg \sum_z P(Y, Z \mid \theta) = \lg\big[\sum_z P(Y \mid Z, \theta)P(Z \mid \theta)\big] \quad (10-27)$$

注意到这一极大化的主要困难是式(10 – 27)中有未观测数据并有包含和(或)积分的对数。

事实上，EM 算法是通过迭代逐步近似极大化 $L(\theta)$ 的。假设在第 i 次迭代后 θ 的估计值是 $\theta^{(i)}$，我们希望新估计值 θ 能使 $L(\theta)$ 增加，即 $L(\theta) > L(\theta^{(i)})$，并逐步达到最大值。为此，考虑两者的差：

$$L(\theta) - L(\theta^{(i)}) = \lg\big[\sum_z P(Y \mid Z, \theta)P(Z \mid \theta) - \lg P(Y \mid \theta^{(i)})\big]$$

利用 Jensen 不等式得到其下界

$$L(\theta) - L(\theta^{(i)}) = \lg\big(\sum_z P(Y \mid Z, \theta^{(i)})\frac{P(Y \mid Z, \theta)P(Z \mid \theta)}{P(Y \mid Z, \theta^{(i)})} - \lg P(Y \mid \theta^{(i)})\big)$$

$$\geqslant \sum_n P(Y \mid Z, \theta^{(i)})\lg \frac{P(Y \mid Z, \theta)P(Z \mid \theta)}{P(Z \mid Y, \theta^{(i)})P(Y \mid \theta^{(i)})}$$

令

$$B(\theta, \theta^{(i)}) \triangleq L(\theta^{(i)}) + \sum_z P(Z \mid Y, \theta^{(i)})\lg \frac{P(Y \mid Z, \theta)P(Z \mid \theta)}{P(Z \mid Y, \theta^{(i)})P(Y \mid \theta^{(i)})} \quad (10-28)$$

则

$$L(\theta) \geqslant B(\theta, \theta^i) \qquad (10-29)$$

即函数 $B(\theta, \theta^i)$ 是 $L(\theta)$ 的一个下界，而且由式(10 – 28)可知

$$L(\theta^i) = B(\theta, \theta^i) \qquad (10-30)$$

因此，任何可以使 $B(\theta, \theta^i)$ 增大的 θ，也可以使 $L(\theta)$ 增大。为了使 $L(\theta)$ 有尽可能大的增长，选择 $\theta^{(i+1)}$ 使 $B(\theta, \theta^i)$ 达到极大，即

$$\theta^{(i+1)} = \arg\max_\theta B(\theta, \theta^i) \qquad (10-31)$$

现在求 $\theta^{(i+1)}$ 的表达式。省去对 θ 的极大化而言是常数的项，由式(10 – 31)、式(10 – 28)及式(10 – 25)，有

$$\theta^{(i+1)} = \arg\max_\theta \Big[L(\theta^{(i)}) + \sum_z P(Z \mid Y, \theta^{(i)})\lg \frac{P(Y \mid Z, \theta)P(Z \mid \theta)}{P(Z \mid Y, \theta^{(i)})P(Y, \theta^{(i)})}\Big]$$

$$= \arg\max_\theta \big[\sum_z P(Z \mid Y, \theta^{(i)})\lg P(Y \mid Z, \theta)P(Z \mid \theta)\big]$$

$$= \arg\max_\theta \big[\sum_z P(Z \mid Y, \theta^{(i)})\lg P(Y \mid Z, \theta)\big]$$

$$= \arg\max_\theta \big[\sum_z B(\theta^{(i)})\big] \qquad (10-32)$$

式(10 – 32)等价于 EM 算法的一次迭代，即求 Q 函数及其极大化。EM 算法是通过不断求解下界的极大化逼近，从而求解对数似然函数极大化的算法。

10.2.3　EM 算法的收敛性

EM 算法提供一种近似计算含有隐变量概率模型的极大似然估计的方法。EM 算法的最

大优点是简单性和普适性。我们很自然地要问：EM 算法得到的估计序列是否收敛？如果收敛，是否收敛到全局最大值或局部极大值？下面给出关于 EM 算法收敛性的两个定理。

定理 1 设 $P(Y|\theta)$ 为观测数据的似然函数，$\theta^{(i)}$ 为 EM 算法得到的参数估计序列，$P(Y|\theta^{(i)})$ 为对应的似然函数序列，则 $P(Y|\theta^{(i)})$ 是单调递增的，即

$$P(Y|\theta^{(i+1)}) \geqslant P(Y|\theta^{(i)}) \qquad (10-33)$$

证明 由于

$$P(Y|\theta) = \frac{P(Y, Z|\theta)}{P(Z|Y, \theta)}$$

取对数有

$$\lg P(Y|\theta) = \lg P(Y, Z|\theta) - \lg P(Z, Y|\theta)$$

由式(10-26)得

$$Q(\theta, \theta^{(i)}) = \sum_n \lg P(Y, Z|\theta) P(Z|Y, \theta^{(i)})$$

令

$$H(\theta, \theta^{(i)}) = \sum_n \lg P(Z|Y, \theta) P(Z|Y, \theta^{(i)}) \qquad (10-34)$$

于是对数似然函数可以写成

$$\lg P(Y|\theta) = Q(\theta, \theta^{(i)}) - H(\theta, \theta^{(i+1)}) \qquad (10-35)$$

在式(10-35)中分别取 θ 为 $\theta^{(i)}$ 和 $\theta^{(i+1)}$ 并相减，有

$$\lg P(Y|\theta^{(i+1)}) - \lg P(Y|\theta^{(i)}) = [Q(\theta^{(i+1)}, \theta^{(i)}), Q(\theta^{(i)}, \theta^{(i)})] - [H(\theta^{(i+1)}, \theta^{(i)}) - H(\theta^{(i)}, \theta^{(i)})] \qquad (10-36)$$

为证式(10-33)，只需证式(10-36)右端为非负。式(10-36)右端的第 1 项，由于 $\theta^{(i+1)}$ 使 $Q(\theta, \theta^{(i)})$ 达到极大，所以有

$$Q(\theta^{(i+1)}, \theta^{(i)}) - Q(\theta^{(i)}, \theta^{(i)}) \geqslant 0 \qquad (10-37)$$

其第 2 项，由式(10-34)可得：

$$\begin{aligned}
H(\theta^{(i+1)}, \theta^{(i)}) - H(\theta^{(i)}, \theta^{(i)}) &= \sum_n \left[\frac{P(Z|Y, \theta^{(i+1)})}{P(Z|Y, \theta^{(i)})} \right] P(Z|Y, \theta^{(i)}) \\
&\leqslant \lg \sum_n \left[\frac{P(Z|Y, \theta^{(i+1)})}{P(Z|Y, \theta^{(i)})} \right] P(Z|Y, \theta^{(i)}) \\
&= \lg \left[\sum_n P(Z|Y, \theta^{(i+1)}) \right] \qquad (10-38)
\end{aligned}$$

这里的不等式由 Jensen 不等式得到。

由式(10-37)和式(10-38)即知式(10-36)右端是非负的。

定理 2 设 $L(\theta) = \lg P(Y|\theta)$ 为观测数据的对数似然函数，$\theta^{(i)}$ $(i = 1, 2, \cdots)$ 为 EM 算法得到的参数估计序列，$L(\theta^{(i)})$ 为对应的对数似然函数序列。

①如果 $P(Y|\theta)$ 有上界，则 $L(\theta^{(i)}) = \lg P(Y|\theta^{(i)})$ 收敛到某一值 L^*；

②在函数 $Q(\theta, \theta')$ 与 $L(\theta)$ 满足一定条件下，由 EM 算法得到的参数估计序列 $\theta^{(i)}$ 的收敛值 θ^* 是 $L(\theta)$ 的稳定点。

证明：①由 $L(\theta) = \lg P(Y|\theta^{(i)})$ 的单调性及 $P(Y|\theta)$ 的有界性可立即得到。

②证明略。

定理 2 关于函数 $L(\theta)$ 的条件在大多数情况下都是满足的。EM 算法的收敛性包含关于

对数似然函数序列 $L(\theta^{(i)})$ 的收敛性和关于参数估计序列 $\theta^{(i)}$ 的收敛性这两层意思，前者并不蕴含后者。此外，定理只能保证参数估计序列收敛到对数似然函数序列的稳定点，不能保证收敛到极大值点。所以在应用中，初值的选择变得非常重要，常用的办法是选取几个不同的初值进行迭代，然后对得到的各个估计值加以比较，从中选择最好的。

10.3　Bayes 分类

Bayes(贝叶斯)分类法是统计学分类方法。它可以预测类隶属关系的概率，例如预测一个给定的元组属于一个特定类的概率。

贝叶斯分类是基于贝叶斯定理的。对分类算法进行比较研究后发现，简单贝叶斯分类法(朴素贝叶斯分类法)可以与决策树和经过挑选的神经网络分类器相媲美。用于大型数据库时，贝叶斯分类法表现出高准确率和高速度。

简单贝叶斯分类法假定一个属性值在给定类上的影响独立于其他属性的值，这一假设称为类独立条件性。

本节主要介绍 Bayes 原理(10.3.1 节)、简单 Bayes 分类(10.3.2 节)、Bayes 信念网络(10.3.3 节)以及 Bayes 网络的应用(10.3.4 节)。

10.3.1　Bayes 定理

Bayes(贝叶斯)定理是以 Thomas Bayes 的名字命名的。Thomas Bayes 是一位不墨守成规的英国牧师，是 18 世纪概率论和决策论的早期研究者。设 X 是数据元组，在贝叶斯的术语中，X 被看作"证据"。通常，X 用 n 个属性集的测量值描述。令 H 为某种假设，如数据元组 X 属于某个特定类 C。对于分类问题，希望确定给定"证据"或观测数据元组 X，假设 H 成立的概率 $P(H|X)$。换言之，给定 X 的属性描述，找出元组 X 属于类 C 的概率。

$P(H|X)$ 是后验概率，或在条件 X 下，H 的后验概率。例如，假设数据元组分别由属性 age 和 income 描述的顾客，而 X 是一位 35 岁的顾客，其年收入为 4 万美元。令 H 为某种假设，如顾客将购买计算机，则 $P(H|X)$ 反映当我们知道顾客的年龄和收入时，顾客 X 将购买计算机的概率。

相反，$P(H)$ 是先验概率，或 H 的先验概率。在上述例子中，它是任意给定顾客将购买计算机的概率，而不管他们的年龄、收入或其他信息。后验概率 $P(H|X)$ 比先验概率 $P(H)$ 基于更多的信息。$P(H)$ 独立于 X。

类似地，$P(X|H)$ 是在条件 H 下，X 的后验概率。也就是说，它是求将购买计算机的顾客 X 为 35 岁并且年收入为 4 万美元的概率。

$P(X)$ 是 X 的先验概率。使用上述的例子，它是顾客集合中的年龄为 35 岁并且年收入为 4 万美元的概率。

贝叶斯定理为：

$$P(H|X) = \frac{P(X|H)P(H)}{P(X)} \tag{10-39}$$

10.3.2 简单 Bayes 分类

简单 Bayes(贝叶斯)分类法(朴素贝叶斯分类法)的工作过程如下:

(1)设 D 是训练元组和与它们相关联的类标号的集合。通常,每个元组用一个 n 维属性向量 $X = \{x_1, x_2, \cdots, x_n\}$ 表示,描述有 n 个属性 $A_1, A_2, \cdots, A_n$ 对元组的 n 个测量。

朴素贝叶斯分类器

(2)假定有 m 个类 $C_1, C_2, \cdots, C_m$。给定元组 X,分类法将预测 X 属于具有最高后验概率的类(在条件 X 下)。也就是说,简单贝叶斯分类法预测 X 属于类 C_i,当且仅当

$$P(C_i|X) > P(C_j|X) \quad 1 \leqslant j \leqslant m, j \neq i$$

这样,最大化 $P(C_i|X)$。$P(C_i|X)$ 最大的类 C_i 称为最大后验假设。根据贝叶斯定理有

$$P(C_i|X) = \frac{P(X|C_i)P(C_i)}{P(X)} \tag{10-40}$$

(3)由于 $P(X)$ 对所有类为常数,所以只需 $P(X|C_i)P(C_i)$ 最大即可。如果类的先验概率未知,则通常假定这些类是等概率的,即 $P(C_1) = P(C_2) = \cdots = P(C_m)$,并据此对 $P(X|C_i)$ 最大化。否则,最大化 $P(X|C_i)P(C_i)$。注意,类先验概率可以用 $P(C_i) = |C_i, D|/|D|$ 估计,其中 $|C_i, D|$ 是 D 中 C_i 类的训练元组数。

(4)给定具有许多属性的数据集,计算 $P(X|C_i)$ 的开销可能非常大。为了降低计算 $P(X|C_i)$ 的开销,可以做类条件独立的朴素假定。给定元组的类标号,假定属性值有条件地相互独立。因此,

$$P(X|C_i) = \prod_{k=1}^{n} P(x_k|C_i) = P(x_1|C_i)P(x_2|C_i)\cdots P(x_n|C_i) \tag{10-41}$$

可以很容易地得到训练元组估计概率 $P(x_1|C_i)P(x_2|C_i)\cdots P(x_n|C_i)$。注意,$x_k$ 表示元组 X 在属性 A_k 的值。对于每个属性,考察该属性是分类的还是连续值的。例如,为了计算 $P(x_1|C_i)$,考虑如下情况:

①如果 A_k 是分类属性,则 $P(x_k|C_i)$ 是 D 中属性 A_k 的值为 x_k 的 C_i 类的元组数除以 D 中 C_i 类的元组数 $|C_i, D|$。

②如果 A_k 是连续值属性,则需要多做一点工作,但是计算很简单。通常,假定连续值属性服从均值为 μ、标准差为 σ 的高斯分布,则有下式

$$g(x, \mu, \sigma) = \frac{1}{\sqrt{2\pi}\sigma} e^{-\frac{(x-\mu)^2}{2\sigma^2}} \tag{10-42}$$

因此

$$P(x_k|C_i) = g(x_k, \mu_{C_i}, \sigma_{C_i}) \tag{10-43}$$

其中,μ_{C_i} 和 σ_{C_i} 分别是 C_i 类训练元组属性 A_k 的均值和标准差。将这两个量与 x_k 一起代入式(10-43),计算 $P(x_k|C_i)$。

为了预测 X 的类标号,对每个类 C_i 计算 C_i。该分类法预测输入元组 X 的类为 C_i,当且仅当

$$P(X|C_i)P(C_i) > P(X|C_j)P(C_j) \quad 1 \leqslant j \leqslant m, j \neq i \tag{10-44}$$

换言之,被预测的类标号是使 $P(X|C_i)P(C_i)$ 最大的类 C_j。

例 10-5 训练数据在表 10-4 中。数据元组用属性"有房""婚姻状况"和"年收入"描述。类标号属性拖欠贷款具有两个不同值(即{YES, NO})。如果类 = No:样本均值 = 110;

样本方差 = 2975；如果类 = Yes：样本均值 = 90；样本方差 = 25，希望分类的元组为：$X =$ {有房 = 否，婚姻状况 = 已婚，年收入 = 120k}。

表 10 - 4　数据元组

ID	有房	婚姻状况	年收入	拖欠贷款
1	是	单身	125k	NO
2	否	已婚	100k	NO
3	否	单身	70k	NO
4	是	已婚	120k	NO
5	否	离婚	95k	YES
6	否	已婚	60k	NO
7	是	离婚	220k	NO
8	否	单身	85k	YES
9	否	已婚	75k	NO
10	否	单身	90k	YES

解：

$P(\text{YES}) = 0.3$；$P(\text{NO}) = 0.7$

$P(\text{有房} = \text{是} | \text{NO}) = 3/7$

$P(\text{有房} = \text{否} | \text{NO}) = 4/7$

$P(\text{有房} = \text{是} | \text{YES}) = 0$

$P(\text{有房} = \text{否} | \text{YES}) = 1$

$P(\text{婚姻状况} = \text{单身} | \text{NO}) = 2/7$

$P(\text{婚姻状况} = \text{离婚} | \text{NO}) = 1/7$

$P(\text{婚姻状况} = \text{已婚} | \text{NO}) = 4/7$

$P(\text{婚姻状况} = \text{单身} | \text{YES}) = 2/3$

$P(\text{婚姻状况} = \text{离婚} | \text{YES}) = 1/3$

$P(\text{婚姻状况} = \text{已婚} | \text{YES}) = 0$

$P(\text{NO}) \cdot P(\text{有房} = \text{否} | \text{NO}) \cdot P(\text{婚姻状况} = \text{已婚} | \text{NO}) \cdot P(\text{年收入} = 120k | \text{No})$
$= 0.7 \times 4/7 \times 4/7 \times 0.0072 = 0.0016$

$P(\text{YES}) \cdot P(\text{有房} = \text{否} | \text{YES}) \cdot P(\text{婚姻状况} = \text{已婚} | \text{YES}) \cdot P(\text{年收入} = 120k | \text{YES})$
$= 0.3 \times 1 \times 0 \times 1.2 \times 10 - 9 = -9$

由于 0.0016 大于 -9，所以该记录分类为 NO。

10.3.3　Bayes 信念网络

简单贝叶斯分类法假定类条件独立，即给定元组的类标号，假定属性的值可以条件相互独立。这一假定简化了计算。当假定成立时，与其他所有分类器相比，简单贝叶斯分类器是最准确的。然而，在实践中，变量之间可能存在依赖关系。Bayes(贝叶斯)信念网络说明联合条件概率分布。它允许在变量的子集间定义类条件独立性。它提供一种因果关系的图形模型，可以在其上进行学习。训练后的贝叶斯信念网络可用于分类。贝叶斯信念网络也被称为信念网络。

信念网络由两个成分定义——有向无环图和条件概率表的集合。有向无环图的每个节点代表一个随机变量。变量可以是离散值或连续值。它们可能对应于给定数据中的实际属性，或对应于形成联系的"隐藏变量"。而每条弧表示一个概率依赖。如果一条弧由节点 Y 到 Z，则 Y 是 Z 的双亲或直接前驱，而 Z 是 Y 的后代。

图 10 - 3 和表 10 - 4 是一个 6 个布尔变量的简单信念网络。图 10 - 3 中的弧可以表示因果知识。例如，肺癌患者受其家族肺癌史的影响，也受其是否吸烟的影响。注意，倘若已知患者得了肺癌，变量 X 光阳性独立于该患者是否患有家族肺癌史，也独立于他是否吸烟。换言之，一旦我们知道变量肺癌的结果，那么变量家族肺癌史和吸烟者就不再提供关于 X 光阳性的任何附加信息。这些弧还表明：给定其双亲家族肺癌史和吸烟者，变量肺癌条件地独立于呼吸困难。

对于每个变量，信念网络有一个条件概率表(CPT)。变量 Y 的 CPT 说明条件分布 $P(Y|Parents(Y))$，其中 $Parents(Y)$ 是 Y 的双亲。表 10 - 5 显示了变量肺癌的 CPT。对于其双亲值的每个可能组合，表中给出了肺癌的每个已知值的条件概率。

从左上角和右下角的表目，我们分别看到：

$$P(肺癌 = yes | 家族肺癌史 = yes，吸烟者 = yes) = 0.8$$
$$P(肺癌 = no | 家族肺癌史 = no，吸烟者 = no) = 0.9$$

设 $X = \{x_1, x_2, \cdots, x_n\}$ 是被变量或属性 $Y_1, \cdots, Y_n$ 描述的数据元组。注意，给定变量的双亲，每个变量都条件地独立于网络图中它的非后代。这使得网络可以用下式的联合概率分布来完全表示：

$$P(x_1, x_2, \cdots, x_n) = \prod_{i=1}^{n} P(x_i | Parent(Y_i)) \qquad (10 - 45)$$

其中，$P(x_1, x_2, \cdots, x_n)$ 是 X 的值的特定组合的概率，而 $P(x_i | Parent(Y_i))$ 的值对应于 Y_i 的 CPT 的表目(表 10 - 5)。

表 10 - 5 CPT 表目

	有家族肺癌史，吸烟者	有家族肺癌史，非吸烟者	无家族肺癌史，吸烟者	无家族肺癌史，非吸烟者
有肺癌	0.8	0.5	0.7	0.1
无肺癌	0.2	0.5	0.3	0.9

网络内的节点可以选作"输出"节点，代表类标号属性，可以有多个输出节点。多种推断和学习算法都可以用于这种网络。分类过程不是返回单个类标号，而是可以返回概率分布，给出每个类的概率。信念网络可以用来回答实证式查询的概率和最可能的查询解释。

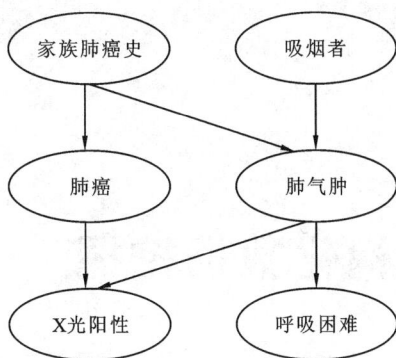

图 10 - 3

10.3.4 Bayes 网络的应用

贝叶斯网络作为一种不确定性的因果推理模型,其应用范围非常广,在医疗诊断、信息检索、电子技术与工业工程等诸多方面发挥重要作用,而与其相关的一些问题也是近来的热点研究课题。例如,Google 就在诸多服务中使用了贝叶斯网络。

就使用方法来说,贝叶斯网络主要用于概率推理及决策,具体来说,就是在信息不完备的情况下通过可以观察随机变量推断不可观察的随机变量,并且不可观察的随机变量可以多于一个,一般初期将不可观察变量置为随机值,然后进行概率推理。

习 题

1. 试证明:条件独立性假设不成立时,朴素贝叶斯分类器仍有可能产生最优贝叶斯分类器。

2. 试证明:二分类任务中两类数据满足高斯分布且方差相同时,线性判别分析产生贝叶斯最优分类器。

3. 如例 10 - 4 的三硬币模型。假设观测数据不变,试选择不同的初值,例如,$\pi^{(0)} = 0.46$,$p^{(0)} = 0.55$,$q^{(0)} = 0.67$,求模型参数 $\theta = (\pi, p, q)$ 的极大似然估计。

4. 什么是 EM 算法?

5. EM 算法可以用到朴素贝叶斯法的非监督学习。试写出其算法。

6. 什么是贝叶斯定理?

7. 贝叶斯分类器主要有哪几种?请简述各自的主要思想。

8. 简述贝叶斯网络的应用。

第 11 章　非结构化数据挖掘

随着计算机技术和互联网技术的快速发展，以及信息爆炸和大数据时代的到来，使得非结构化数据的数量日趋增大。21 世纪数据资源被认为是与自然资源、人力资源一样重要的战略资源，数据资源中，蕴藏着大量的有价值的信息和知识。数据依据其是否存在固定的结构可分为结构化数据和非结构化数据。结构化数据，即行数据，存储在数据库里，可以用二维表结构来逻辑表达实现的数据；相对于结构化数据，不方便用数据库二维逻辑表来表现的数据即称为非结构化数据，包括所有格式的办公文档、文本、图片、XML、HTML、各类报表、图像和音频/视频信号等。

目前，非结构化数据的内容占据了当前数据海洋的 80% 以上，其信息量和信息的重要程度很难被界定，分析也成为数据挖掘与分析的难点。因而，非结构化的数据挖掘成为当前最热门的研究课题之一。非结构化的数据挖掘，指以非结构数据作为分析的对象，利用数据挖掘的方法，从中获取有价值的信息或知识的过程。

本章节主要介绍非结构化的数据挖掘，包括文本数据挖掘（11.1 节）、Web 挖掘（11.2 节）及多媒体数据挖掘（11.3 节）。

11.1　文本数据挖掘

在现实世界中，可获取的大量信息是以文本形式存储在文本数据库中的，这些数据大多由文档组成，如新闻文档、研究论文、书籍、数字图书馆、电子邮件和 Web 页面。随着大数据时代的到来和文本数据的爆炸式增长，如何从这些海量非结构化文本信息中获取有价值的信息和知识，已经成为信息领域的研究热点。

本节主要介绍文本数据挖掘的相关概念（11.1.1 节）；文本数据挖掘的相关技术（11.1.2 节），包括文本分类、文本聚类、文本索引技术和文本相似性分析等。

11.1.1　文本数据挖掘的概念

1. 文本数据挖掘的定义

文本数据挖掘（text data mining）是一个从非结构化文本信息中获取用户感兴趣或者有用的模式的过程，是指从大量文本数据中抽取事先未知的、可理解的、最终可用的知识的过程，同时运用这些知识更好地组织信息以便将来参考。

文本数据挖掘的主要用途是从原本未经处理的文本中提取出未知的知识，但是文本挖掘也是一项非常困难的工作，因为它必须处理那些本来就模糊而且非结构化的文本数据，所以它是一个多学科混杂的领域，涵盖了信息技术、文本分析、模式识别、统计学、数据可视化、数据库技术、机器学习以及数据挖掘等技术。

文本数据挖掘是从数据挖掘发展而来，因此其定义与熟知的数据挖掘定义相类似。但与传统的数据挖掘相比，文本挖掘有其独特之处，主要表现在：文档本身是半结构化或非结构化的，无确定形式并且缺乏机器可理解的语义；而数据挖掘的对象以数据库中的结构化数据为主，并利用关系表等存储结构来发现知识。因此，有些数据挖掘技术并不适用于文本挖掘，即使可用，也需要建立在对文本集预处理的基础之上。

文本数据挖掘是应用驱动的，它在商业智能、信息检索、生物信息处理等方面都有广泛的应用。例如，客户关系管理、自动邮件回复、垃圾邮件过滤、自动简历评审、搜索引擎等。

2. 文本数据挖掘流程

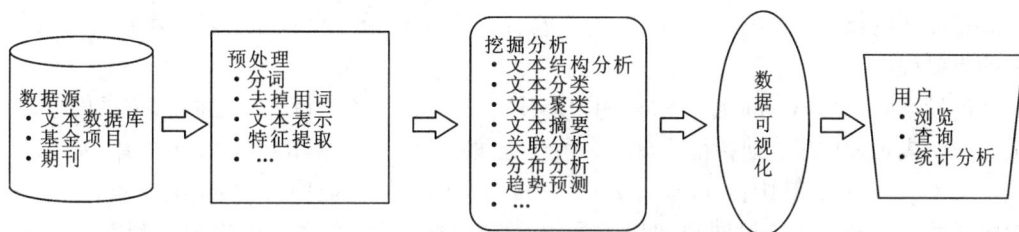

文本数据挖掘的主要处理过程是对大量文档集合的内容进行预处理、特征提取、结构分析、文本摘要、文本分类、文本聚类、关联分析等。文本数据挖掘的基本处理过程如图 11 – 1 所示。

图 11 – 1　文本数据挖掘的基本处理过程

3. 文本数据预处理技术

文本数据预处理是文本数据挖掘的第一个步骤，对文本挖掘效果的影响至关重要，文本的预处理过程可能占据整个过程的 80% 的工作量。

文本数据预处理技术主要包括 Stemming(英文)/分词(中文)、文本表示和特征提取。与传统的数据库中的结构化数据相比，文档具有有限的结构，或者根本就没有结构，即使具有一些结构，也还是着重于格式而非文档的内容，且没有统一的结构，因此需要对这些文本数据进行数据挖掘中相应的标准化预处理；此外文档的内容是使用自然语言描述，计算机难以直接处理其语义，所以还需要进行文本数据的信息预处理。信息预处理的主要目的是抽取代表文本特征的元数据(特征项)，这些特征可以用结构化的形式保存，作为文档的中间表示形式。

(1)分词技术

在对文档进行特征提取前，需要先进行文本信息的预处理，对英文而言只需进行 Stemming 处理，中文的情况则不同，因为中文词与词之间没有固有的间隔符(空格)，需要进行分词处理。目前主要有的分词算法可分为三大类：基于字符串匹配的分词方法、基于理解的分词方法和基于统计的分词方法。

（2）文本表示技术

文本特征指的是关于文本的元数据，分为描述性特征（如文本的名称、日期、大小、类型等）和语义性特征（如文本的作者、机构、标题、内容等）。特征表示是指以一定特征项（如词条或描述）来代表文档，在文本挖掘时只需对这些特征项进行处理，从而实现对非结构化的文本处理。这是一个非结构化向结构化转换的处理步骤。文本表示的模型常用的有：布尔逻辑模型，潜在语义索引（latent semantic indexing，LSI），概率模型（probablistic model），向量空间模型（vector space model，VSM）和词向量（word embedding）。

下面来重点讨论文本挖掘系统中近年来应用较多且效果较好的向量空间模型方法和词向量。

（1）向量空间模型

向量空间模型的基本思想是使用词袋法（bag of word）表示文本，这种表示法的一个关键假设，就是文章中词条出现的先后次序是无关紧要的，每个特征词对应特征空间的一维，将文本表示成欧氏空间的一个向量。它的核心概念可以描述如下：

①特征项：组成文档的字、词、句子等。$D = D(t_1, t_2, \cdots, t_k, \cdots, t_n)$，其中 t_k 表示第 k 个特征项，作为一个维度。

②特征项的权重：在一个文本中，每个特征项都被赋予一个权重，以表示特征项在该文本中的重要程度。

③向量空间模型（vector space model，VSM）：在舍弃了各个特征项之间的顺序信息之后，一个文本就表示成向量，即特征空间的一个点。如文本 d_i 的表示：$V(d) = [(t_1, w_1), (t_2, w_2), \cdots, (t_n, w_n)]$，其中：$t_i(i = 1, 2, \cdots, n)$ 为文档 d 的特征项，w_i 为 t_i 的权重，一般取为词频的函数。词频分为绝对词频和相对词频，绝对词频用词在文本中出现的频率表示文本，相对词频为归一化的词频，其计算方法主要运用 TF – IDF 公式。

向量空间模型（VSM）可以文本数学化，文本聚类分类的问题就可以转化为数学问题，用数学的手段来解决。通过统计一篇文档中各词的出现次数，按照对应词在词汇表中的位置依次排列，就得到一个向量。具体如图 11 – 2 所示。

（2）词向量模型

自然语言理解的问题要转化为机器学习的问题，关键问题是如何把文字符号数学化。NLP 中最直观，也是到目前为止最常用的词表示方法是 one – hot representation，这种方法把每个词表示为一个很长的向量。这个向量的维度是词表大小，其中绝大多数元素为 0，只有一个维度的值为 1，这个维度就代表了当前的词。例如："话筒"表示为 [0 0 0 1 0 0 0 0 0 0 0 0 0 0 0 …]，"麦克"表示为 [0 0 0 0 0 0 0 0 1 0 0 0 0 0 0 0 …]，每个词都是茫茫 0 海中的一个 1。这种 one – hot representation 如果采用稀疏方式存储，会是非常的简洁：也就是给每个词分配一个数字 ID。比如之前的例子中，话筒记为 3，麦克记为 8（假设从 0 开始记）。如果要编程实现的话，用 Hash 表给每个词分配一个编号就可以了。这么简洁的表示方法配合上最大熵、SVM、CRF 等算法已经很好地完成了 NLP 领域的各种主流任务。

但是这种表示方法存在一个重要的问题就是"词汇鸿沟"现象：任意两个词之间都是孤立的。单单从这两个向量中看不出两个词是否有关系，哪怕是话筒和麦克这样的同义词也不能幸免于难。此外，这种表示方法还容易发生维数灾难，尤其是在 Deep Learning 相关的一些应

编号	词
1	阿
2	啊
3	阿斗
4	阿姨
...	...
789	服装
...	...
64000	做作

编号	词
1	0
2	5
3	0
4	3
...	...
789	10
...	...
64000	2

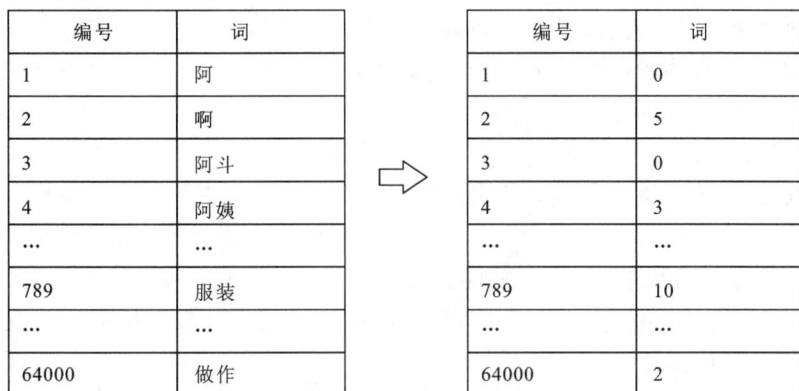

图 11 - 2　向量空间模型

用中。

One – hot Representation 词向量表示方式具有很大的缺陷，那么就需要一种既能表示词本身又可以考虑语义距离的词向量表示方法——Distributed representation 词向量表示方法。

Distributed representation 最早由 Hinton 在 1986 年提出。它是一种低维实数向量，例如：$[0.792, -0.177, -0.107, 0.109, -0.542, \cdots]$，维度以 50 维和 100 维比较常见。当然，这种向量的表示不是唯一的。Distributed representation 最大的贡献就是让相关或者相似的词在距离上更接近了。向量的距离可以用最传统的欧氏距离来衡量，也可以用余弦夹角来衡量。用这种方式表示的向量，"麦克"和"话筒"的距离会远远小于"麦克"和"天气"。可能理想情况下"麦克"和"话筒"的表示应该是完全一样的，但是由于有些人会把英文名"迈克"也写成"麦克"，导致"麦克"一词带上了一些人名的语义，因此不会和"话筒"完全一致。

将 word 映射到一个新的空间中，并以多维的连续实数向量进行表示叫做"word represention"或"word embedding"。自从 21 世纪以来，人们逐渐从原始的词向量稀疏表示法过渡到现在的低维空间中的密集表示。用稀疏表示法在解决实际问题时经常会遇到维数灾难，并且语义信息无法表示，无法揭示 word 之间的潜在联系。而采用低维空间表示法，不但解决了维数灾难问题，并且挖掘了 word 之间的关联属性，从而提高了向量语义上的准确度。

①特征提取。

用向量空间法表示文档时，文本特征向量的维数往往达到数十万维，即使经过删除停用词表中的停用词以及应用 ZIP 法则删除低频词，仍会有数万维特征留下。特征子集的提取是通过构造一个特征评估函数，对特征集中的每个特征进行评估，每个特征获得一个评估分数，然后对所有的特征按照评估分大小进行排序，选取预定数目的最佳特征作为特征子集。文本特征选择中的评估函数是从信息论中延伸出来的，用于给各个特征词条打分，很好地反映了词条与各类之间的相关程度。常用的评估函数有文档频数(document frequency)，信息增益(information gain)，期望交叉熵(expected cross entropy)，互信息(mutual information)，X2 统计(CHI)，单词权(term strenth)，文本证据权(the weight of evidence for text)等。

②文本相似性度量。

文本相似度分值的取值范围为$[0, 1]$，0 表示完全不相似，说明比较的两个文本之间没有任何关系，1 表示完全相似，说明比较的两个文本其实是同一个文本的两个副本。距离和文本相似度分值是反比的关系，距离越远越不相似，距离趋于无穷大的时候，文本相似度分值趋于 0，距离趋于或等于 0 的时候，文本相似度分值趋于或等于 1。度量文本相似性最常用方法：余弦相似度、Jaccard 相似性系数。

a. 余弦相似度

余弦相似度，也称为余弦距离，是用向量空间中两个向量夹角的余弦值作为衡量两个个体间差异的大小的度量，如式(11 - 1)所示。例如在判断两条新闻的相关性时，可以通过计算两条新闻向量的余弦距离来判断相关性。当两条新闻向量夹角余弦等于 1 时，这两条新闻完全重复；当夹角的余弦值接近于 1 时，两条新闻相似(可以用作文本分类)；夹角的余弦越小，两条新闻越不相关。

$$cos(\theta) = \frac{x_1 y_1 + x_2 y_2 + \dots}{\sqrt{x_1{}^2 + x_2{}^2 + \dots} \cdot \sqrt{y_1{}^2 + y_2{}^2 + \dots}} \tag{11-1}$$

b. Jaccard 系数

Jaccard 系数，又叫 Jaccard 相似性系数。它是一种常用的计算文本相似度的方法，用于比较有限样本集之间的相似性与差异性。Jaccard 系数值越大，样本相似度越高。给定两个集合 A，B，Jaccard 系数定义为 A 与 B 交集的大小与 A 与 B 并集的大小的比值，定义如下式所示：

$$J(A, B) = \frac{|A \cap B|}{|A \cup B|} \tag{11-2}$$

11.1.2　文本数据挖掘技术

常见的文本挖掘分析技术有：文本结构分析、文本摘要、文本分类、文本聚类、文本关联分析、分布分析和趋势预测等。这里主要介绍文本分类、文本聚类、文本索引、文本相关性分析。

1. 文本自动分类

文本自动分类是指按照预先定义的主题类别，为文档集合中的每个文档确定一个类别。这样用户不仅可以方便地阅读文档，而且可以通过限制搜索范围来使文档查找更容易。近年来涌现出了大量的适合于不同应用的分类算法，如：基于归纳学习的决策树(decision tree，DT)、基于向量空间模型的 K - 最近邻(K nearest neighbor，KNN)、基于概率模型的 Bayes 分类器、神经网络(neural network，NN)、基于统计学习理论的支持向量机(support vector machine，SVM)方法等。

文本分类任务，可以看成在给定的分类体系下，根据文本的内容自动地确定文本关联的类别。从数学角度来看，文本分类是一个映射的过程，它将未标明类别的文本映射到已有的类别中，该映射可以是一一映射，也可以是一对多的映射，因为通常一篇文本可以同多个类别相关联。

文本分类是一种典型的监督式机器学习方法，一般分为训练(或学习)和分类两个阶段，具体如下：

（1）训练阶段

①定义类别集合 $C = \{c_1, c_2, \cdots c_m\}$，这些类可以是层次型的，也可以是并列的；

②给出训练文档集合 $D = \{s_1, s_2, \cdots, s_n\}$，每个训练文档 s_j 的被标上所属类别标识 c_i；

③统计 D 中所有文档的特征矢量 $V(s_j)$，确定代表 C 中每个类别 c_i 的特征矢量 $V(c_j)$。

（2）分类阶段

①对于测试文档集 $T = \{d_1, d_2, \cdots, d_n\}$ 中的每个待分类文档 d_k，计算其特征矢量 $V(d_k)$ 与每个 $V(c_i)$ 之间的相似度所 $\mathrm{sim}(d_k, c_i)$；

②选取相似度最大的一个类别 $\mathrm{Max}(c_i)$ 作为 d_k 所属的类。

有时只要 d_k 与这些类别间的相似度超过某个预定阈值，可为 d_k 指定多种类别。但若这种情况发生得太频繁，则说明预定义类别 $C = \{c_1, c_2, \cdots, c_m\}$ 不当，应加以修改。当文档 d 与所有类的相似度都低于该阈值，则将其标注为"其他"类。

衡量两个特征向量的近似程度，通过计算两个特征向量之间的距离，存在三种最通用的距离度量：欧氏距离、余弦距离和内积。因此计算 $\mathrm{sim}(d_k, c_i)$ 时，有多种方法可供选择。最简单的方法是仅考虑两个特征矢量中所包含的词条的重叠程度，即 $\mathrm{sim}(d_k, c_k) = V(d_k)$ 与 $V(c_i)$ 具有的相同词条数 $V(d_k)$ 与 $V(c_i)$ 所有的词条数最常用的方法是考虑两个特征矢量之间的夹角余弦。

常用的文本分类方法有基于概率模型的方法，如朴素 Bayes 方法，隐马尔可夫模型，支持向量机方法等，K - 近邻分类法和神经网络方法等。

以 K - 近邻文本分类算法为例：

①计算待分类的一篇文档与训练数据中每篇文档的相似度。

②根据相似度找出 $\mathrm{Top} - k$ 篇文档。

③统计 k 篇文档中哪个类别占得最多，则该待分类的文档就属于哪个类别。

分类效果如图 11 - 3 所示。

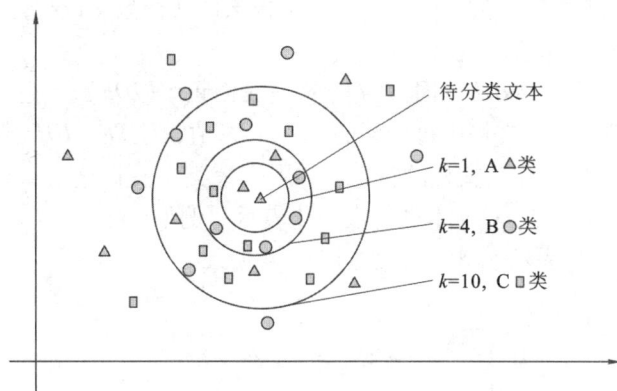

图 11 - 3　K - 近邻文本分类算法

2. 文本聚类

与文本分类相对应的是文本聚类。文本聚类是一种典型的无监督机器学习问题，它与文本分类的不同之处在于，聚类没有预先定义好的主题类别，它的目标是将文档集合分成若干个簇，要求同一簇内文档内容的相似度尽可能大，而不同簇间的相似度尽可能小。

文本聚类是一种典型的无监督式的机器学习方法，目前常用的文本聚类划分方法有 K – 均值算法和 K – 中心算法。

同一类文档用词都是相似的，不同类的文档用词各不相同。所以，在文本聚类时，可以以文档中词为中心，抽取一篇文档中比较有代表性的词项，即关键词，作为文档的特征项，把文档中出现相同的词聚为一类。那如何抽取文档的关键词呢？

一个文档的关键词是这样的词：其在本文档内出现频率较高，而在其他文档内的出现频率较低，具体可以通过 TF – IDF 技术抽取文档中的关键字。

TF – IDF (term frequency – inverse document frequency) 是一种用于资讯检索与资讯探勘的常用加权技术。TF – IDF 是一种统计方法，用以评估一个字词对于一个文件集或一个语料库中的其中一份文件的重要程度。字词的重要性随着它在文件中出现的次数成正比增加，但同时会随着它在语料库中出现的频率成反比下降。TF – IDF 加权的各种形式常被搜寻引擎应用，作为文件与用户查询之间相关程度的度量或评级。TF – IDF 的主要思想是：如果某个词或短语在一篇文章中出现的频率即 TF 高，并且在其他文章中很少出现，则认为此词或者短语具有很好的类别区分能力，适合用来分类或聚类。TF – IDF 实际上是：$TF \times IDF$，TF 词频 (term frequency)，IDF 逆向文档频率 (inverse document frequency)。TF 表示词条在文档 d 中出现的频率。IDF 的主要思想是：如果包含词条 t 的文档越少，也就是 n 越小，IDF 越大，则说明词条 t 具有很好的类别区分能力。计算文档中的词的 TF – IDF 值的具体步骤如下：

①第一步，计算词频 (TF)。

$$词频(TF) = \frac{某个词在文档中出现的次数}{文档总词数} \tag{11－3}$$

②第二步，计算逆文档频率 (IDF)。

$$逆文档频率(IDF) = \log\left(\frac{语料库中文档总数}{包含该词文档数 + 1}\right) \tag{11－4}$$

③第三步，计算 TF – IDF。

$$TF － IDF = 词频(TF) \times 逆文档频率(IDF) \tag{11－5}$$

通过以上三个步骤，计算文档中每个词的 TF – IDF 值，对 TF – IDF 排序后，找出前文档中 TF – IDF 最高的前 200 词作为文档的特征项，用来聚类。并将这前 200 词，利用 VSM (向量空间模型) 转换成特征向量，对文本进行数值化表示。例如，对文档 D_1、D_2，利用 TF – IDF 和 VSM 对文档进行数值化表示 S_1 和 S_2，如图 11 – 4 所示。

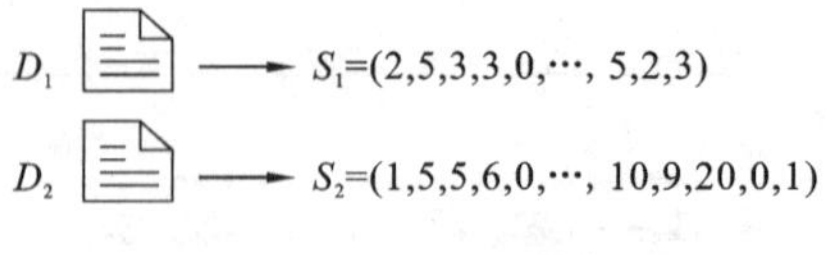

D_1 📄 ⟶ $S_1 = (2,5,3,3,0,\cdots,5,2,3)$

D_2 📄 ⟶ $S_2 = (1,5,5,6,0,\cdots,10,9,20,0,1)$

图 11 – 4　文档数值化表示

在文本聚类时，目标是将文档集合分成若干个簇，同一簇内文档内容的相似度尽可能大，不同簇间的相似度尽可能小。例如，对 200 份文档集合利用 K – means 进行聚类时：首先需要对 200 份文档集合特征表示,然后再聚类,具体过程如图 11 – 5 所示。

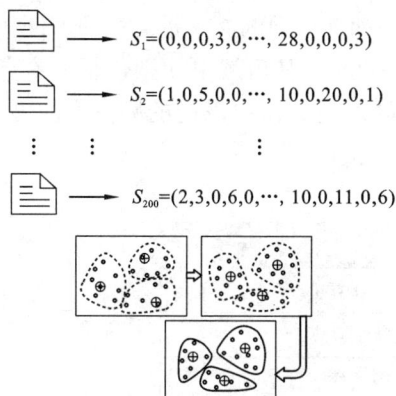

图 11 – 5 *K* – means 文档聚类过程

3. 全文索引技术

全文索引技术是目前搜索引擎的关键技术。全文索引技术,是指直接以全文本信息作为主要处理对象,并根据数据资料的内容而不是外在特征来实现的信息检索手段。它的基本工作方式是能够将所有包含检索词的文献检索出来,不管这个词出现在文献的什么位置,或者说文献中的任意一个词都可以作为检索到该文献的条件。

(1)全文检索技术的优点

全文检索技术具有直接客观性,它提供存取全文文本的空间,能直接检查原始文献或解决问题所需要的文献资料,不必进行二次检索,既直接又保证了客观性。全文检索得到的是全文文本,而不是文献的摘要或替代品。全文检索技术具有详尽彻底性,可对文中任何字、词、句进行检索,还可表示检索词间的复杂位置关系,文献的正文部分或附属部分都可以检索和显示。

全文数据库的建立,无须专门人员前期进行大量标引工作,只需将已有的档案信息数据加载到全文检索软件平台上即可。用户使用时也无须提供专业化的检索条件,借助截词、邻接等匹配方法,文本中任何字符或字符串都可作为检索的入口点,可直接查询文本中的任何部分或特定单元,查询效率大大提高。

全文检索的广泛适用性,体现在能处理结构化和非结构化的各类文本数据,能够采集各种来源文本,这些来源可能是跨越广泛地理分布的,也可以是不同介质、不同格式产生的文本。全文检索具有对检索出的文本进行处理的能力,并且以用户乐于接受的形式提供检索并加工处理文本,使检索系统功能得到了延伸。

(2)倒排索引

在全文检索技术的具体实现中,需要快速地找到文档中所包含的关键词。相比文档来说,关键词的个数是较少的,因此,以关键词为核心对文档建立索引。所谓建立索引,是指将待搜索的信息进行一定的分析,并将分析的结果按照一定的组织方式存储起来,通常是存储在文件中。索引(index)是一种数据结构,其将关键词与包含该关键词的文档(或关键词在文档中的位置)建立了一种映射关系,以加快检索的速度。常用的文本索引技术是倒排索引。

倒排索引(inverted index)结构是一种将词项映射成文档的数据结构,其工作方式与传统的关系数据库不同。倒排索引是面向词项的而不是文档的。倒排文档索引可以被看成一个链表数组,每个链表的表头包含关键词,其后续单元则包括所有包括这个关键词的文档标号,以及一些其他信息。这些信息可以是文档中该词的频率,也可以是文档中该词的位置等信息。倒排索引实例如图 11 – 6 所示。

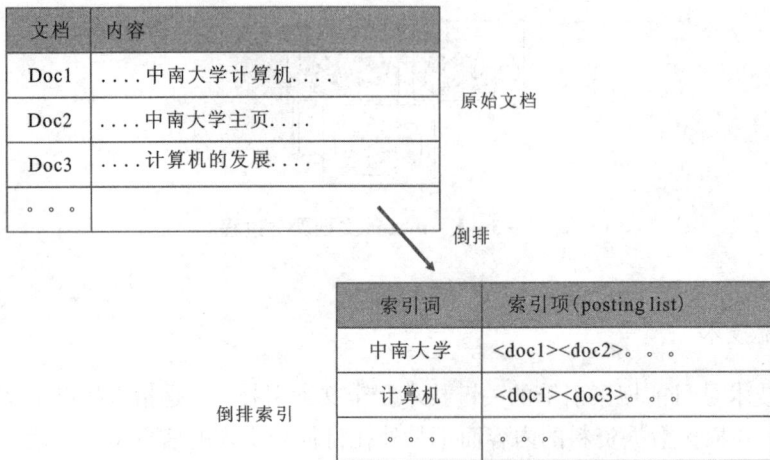

文档	内容
Doc1	....中南大学计算机....
Doc2	....中南大学主页....
Doc3	....计算机的发展....
. . .	

原始文档

倒排

索引词	索引项(posting list)
中南大学	<doc1><doc2>。。。
计算机	<doc1><doc3>。。。
。。。	。。。

倒排索引

图 11 – 6   倒排索引

有了倒排索引结构,搜索引擎可以很方便地响应用户的查询,比如用户输入查询词"Facebook",搜索系统查找倒排索引,从中可以读出包含这个单词的文档,这些文档就是提供给用户的搜索结果,而利用单词频率信息、文档频率信息即可以对这些候选搜索结果进行排序,计算文档和查询的相似性,按照相似性得分由高到低排序输出。

目前全文索引技术已广泛应用于搜索引擎中,最具有代表性的有百度、Google 等。比较主流的开源框架有 Elasticsearch、Solr、Lucene 等。

(3)大数据下的全文索引技术

传统全文索引技术,无法实现在大数据环境下的快速准确地检索相关的信息。目前,在海量数据的处理和分析中,用到最多的就是分布式全文搜索引擎 Elasticsearch。

Elasticsearch,简称 ES,它是一个基于 Lucene 的搜索服务器。它提供了一个分布式多用户能力的全文搜索引擎,基于 RESTful web 接口。Elasticsearch 是用 Java 开发的,并作为 Apache 许可条款下的开放源码发布,是当前流行的企业级搜索引擎。设计用于云计算中,能够做到实时搜索,稳定、可靠、快速、安装使用方便。

Elasticsearch 具有以下的特点:

①可以作为一个大型分布式集群(数百台服务器)技术处理 PB 级数据,服务于大公司;也可以运行在单机上,服务于小公司。

②Elasticsearch 不是什么新技术,主要是将全文检索、数据分析以及分布式技术合并在了一起,才形成了独一无二的 ES;lucene(全文检索),商用的数据分析软件(也是有的),分布

式数据库(mycat)。

③对用户而言,是开箱即用的,非常简单,作为中小型的应用,直接 3 min 部署一下 ES,就可以作为生产环境的系统来使用了,数据量不大,操作不是太复杂。

④数据库的功能面对很多领域是不够用的(事务以及各种联机事务型的操作);特殊的功能,比如全文检索、同义词处理、相关度排名、复杂数据分析、海量数据的近实时处理;Elasticsearch 作为传统数据库的一个补充,提供了数据库所不能提供的很多功能。

Elasticsearch 应用:维基百科使用 ES 来进行全文搜索并高亮显示关键词,以及提供 search – as – you – type、did – you – mean 等搜索建议功能。《英国卫报》使用 ES 来处理访客日志,以便能将公众对不同文章的反映实时地反馈给各位编辑。GitHub 使用 ES 来检索超过 1300 亿行代码。StackOverflow 使用 ES 将全文搜索与地理位置和相关信息进行结合,以提供 more – like – this 相关问题的展现。

4. 文本相似性分析

随着信息爆炸时代的来临,互联网上充斥着大量的重复信息。例如,对于搜索引擎的爬虫系统来说,收录重复的网页是毫无意义的,只会造成存储和计算资源的浪费;同时,展示重复的信息对于用户来说也并不是最好的体验。而文档相似性分析技术,已被广泛应用网页去重、论文查重中,并取得了比较好的效果。

传统比较两个文本相似性的方法,大多是将文本分词之后,转化为特征向量距离的度量,比如常见的欧氏距离、海明距离或者余弦角度等。两两比较固然能很好地适应,但这种方法的一个最大的缺点就是,无法将其扩展到海量数据。例如,试想象 Google 或者百度收录了数以几十亿计的互联网信息的大型搜索引擎,每天都会通过爬虫的方式为自己的索引库新增的数百万网页,如果待收录每一条数据都去和网页库里面的每条记录算一下余弦角度,其计算量会相当大。通过哈希算法将每一个文档转换成一个哈希码或指纹(fingerprint),通过比较指纹的相似程度来分析文本内容的相似程度。最常用的哈希算法是 SimHash 和 MinwiseHash 算法。

SimHash 是 google 用来处理海量网页去重的算法,SimHash 是由 Charikar 在 2002 年提出来的,并发表了论文 *Similarity estimation techniques from rounding algorithms*,它属于局部敏感哈希(locality sensitive hashing, LSH)算法。局部敏感哈希的基本思想类似于一种空间域转换思想,LSH 算法基于一个假设,如果两个文本在原有的数据空间是相似的,那么分别经过哈希函数转换以后的它们也具有很高的相似度;相反,如果它们本身是不相似的,那么经过转换后它们应仍不具有相似性。Simhash 算法思想是将一个文档转换成一个 64 位的二进制哈希码,然后通过计算哈希码的海明距离 D,当海明距离 D 小于 n(根据经验这个 n 一般取值为 3),就认为两个文档是相似的。

Simhash 算法分为 5 个步骤:分词、hash、加权、合并、降维,具体过程如下所述:

(1)分词,把需要判断文本分词形成这个文章的特征单词。最后形成去掉噪音词的单词序列并为每个词加上权重,假设权重分为 5 个级别(1~5)。比如:"美国"51 区"雇员称内部有 9 架飞碟,曾看见灰色外星人 " = = >分词后为"美国(4) 51 区(5)雇员(3)称(1)内部(2)有(1) 9 架(3)飞碟(5)曾(1)看见(3)灰色(4)外星人(5)",括号里是代表单词在整个句子里的重要程度,数字越大越重要。

（2）hash，通过 hash 算法把每个词变成 hash 值，比如"美国"通过 hash 算法计算为 100101，"51 区"通过 hash 算法计算为 101011。这样字符串就变成了一串串数字。

（3）加权，通过第 2 步骤的 hash 生成结果，需要按照单词的权重形成加权数字符串，比如"美国"的 hash 值为"100101"，通过加权计算为"4 -4 -4 4 -4 4"；"51 区"的 hash 值为"101011"，通过加权计算为"5 -5 5 -5 5 5"。

（4）合并，把上面各个单词算出来的序列值累加，变成只有一个序列串。比如"美国"的"4 -4 -4 4 -4 4"，"51 区"的"5 -5 5 -5 5 5"，把每一位进行累加，"4+5 -4 + -5 -4 +5 4 + -5 -4 +5 4 +5" ==》"9 -9 1 -1 1 9"。这里作为示例只算了两个单词的，真实计算需要把所有单词的序列串累加。

（5）降维，把 4 步算出来的"9 -9 1 -1 1 9"变成 0 1 串，形成最终的 simhash 签名。如果每一位大于 0 记为 1，小于 0 记为 0。最后算出结果为："1 0 1 0 1 1"。

Simhash 算法原理如图 11 -7 所示。

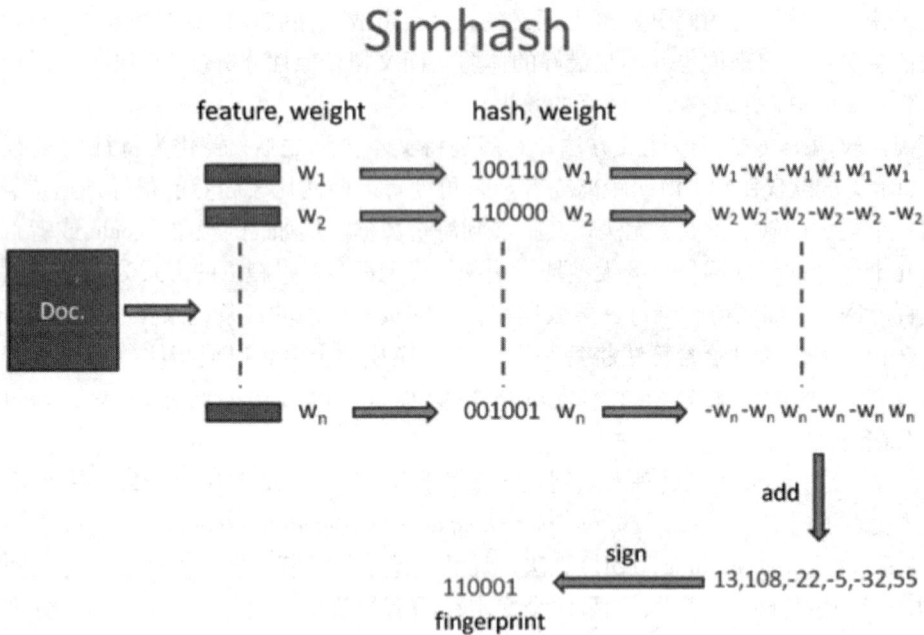

图 11 -7　Simhash 算法原理

通过大量测试，Simhash 用于比较大的文本，比如 500 字以上效果比较好，距离小于 3 的基本都是相似的，误判率也比较低。但是如果处理短文本，使用 Simhash 的效果并不那么理想；短文本可以直接使用余弦相似度和杰拉德系数。

11.2　Web 数据挖掘

随着信息技术和 Internet 技术的快速发展，带来了 Web 信息的爆炸式增长，如何在大数据环境下和海量的信息中找出有价值的内容，成为目前 Web 相关领域的焦点。本节主要介绍了 Web 数据挖掘的概念(11.2.1 节)、Web 挖掘的分类(11.2.2 节)和 Web 数据挖掘的相关应用(11.2.3 节)。

11.2.1 Web 数据挖掘的概念

1. Web 数据挖掘定义

Web 数据挖掘由 Oren Etioni 在 1996 年首次提出。Web 数据挖掘是指利用数据挖掘技术从半结构化或者非结构化 Web 文档中自动发现并提取有价值的信息或者知识。Web 数据挖掘是一项综合技术，它涉及 Internet 技术、统计学、自然语言处理、机器学习、人工智能等多个领域。

2. Web 数据挖掘流程

Web 上的信息是非结构化或半结构化的、动态的，并且是容易造成混淆的，所以很难直接以 Web 网页上的数据进行数据挖掘，而必须经过必要的数据处理。典型 Web 挖掘的处理流程包括如下四个步骤：

(1)查找资源：根据挖掘目的，从 Web 资源中提取相关数据，构成目标数据集，Web 数据挖掘主要从这些数据通信中进行数据提取。其任务是从目标 Web 文档中得到数据。值得注意的是，有时信息资源不仅限于在线 Web 文档，还包括电子邮件、电子文档、新闻组，或者网站的日志数据甚至是通过 Web 形成的交易数据库中的数据。

(2)信息选择和预处理：从目标数据集中除去明显错误的数据和冗余的数据，进一步精简所选数据的有效部分，并将数据转换成有效形式，以使数据开采算法(包括选取合适的模型和参数)寻求感兴趣的模型。其任务是从取得的 Web 资源中剔除无用信息和将信息进行必要的整理。例如从 Web 文档中自动去除广告链接、去除多余格式标记、自动识删段落或者字段并将数据组织成规整的逻辑形式甚至是关系表。

(3)模式发现：对预处理后的数据进行挖掘和模式发现，从 Web 站点间发现普遍的模式和规则。

(4)模式分析：对发现的模式进行解释和评估，必要时需返回前面处理中的某些步骤以反复提取，最后将发现的知识以能理解的方式提供给用户。可以是机器自动完成，也可以是与分析人员进行交互来完成。

3. Web 数据挖掘的特点

(1)分布式数据源

因特网上遍布了各行各业的网站，每个站点又类似于一个大的数据库，包含了各种类型的网页信息，而且每一个网站也可能寄存于多个异地的服务器上，Web 数据就散落在其中，需要将其搜集在一起，从而准确地判断信息的有效性，挖掘 Web 数据资源。

(2)动态性

Web 数据的动态性在于网页信息是时刻变化和更新的，后台管理员会不断地添加时事新闻、行业动态、新品发布等信息，用户频繁的刷新、跳转网页以及在 Web 上进行一些操作，随之带来了大量的访问记录、网址链接、El 志文件等数据。

（3）多样复杂性

Web 数据挖掘的对象可以是纯文本、超文本、图表图像、视音频等多媒体数据，互联网面向无数的管理者和用户，也致使信息飞速地增长，信息与信息之间也可能存在人为或非人为的重复、矛盾等异常。为方便信息的挖掘工作，对这些多样化的数据资源进行统一的预处理整理之后，还会呈现出整型、布尔型、网址链接、描述性数据、分类数据以及新的 Web 数据类型等。

（4）异构数据库环境

Web 数据存在于每一个 Web 站点上，每个站点就相当于一个强大的数据库，它们存储着各式各样的信息资源，每一个站点的页面布局和组织结构也都不同，即使同类型的网站也是不尽相同的，所以说 Web 数据库都是异构的。需要将站点间的数据进行集成处理，给出一个清晰统一的视图，才能从这些异构的数据库中挖掘知识、发现规律。

（5）半结构化

Web 数据具有半结构化的特点，与传统数据库中的数据结构不同，传统的数据库结构性都比较强，而 Web 数据是一种非完全结构化的数据，没有统一的语义标准来描述这些数据的特征。由于 Web 网页通常是使用可扩展标记语言 XML 语言来实现的，它是一种具有结构性的复杂的标记语言，是一种树形结构，即数据元素之间存在着一对多的关系，从根部开始层次复杂多变。且伴随着 Web 数据的动态性，以及各浏览器之间的不可兼容性，就需要采用一种半结构化的数据模型来描述 Web 文档，通过相关的 Web 挖掘技术对其进行数据挖掘。

（6）用户目标的模糊性

用户目标的模糊性体现在用户在使用搜索引擎时，设置了一些搜索的关键词，但用户并不明确地认定这就是搜索内容的主题，主题信息受到各种情况的干扰，对于因特网中多样复杂的数据而言，挖掘目标的模糊，就可能带来结果的偏差，因此，数据挖掘系统需要具有一定的学习模式和智能化的机制，学习用户的习惯、跟踪用户的兴趣爱好，挖掘准确的需求信息。

11.2.2　Web 数据挖掘的分类

目前比较盛行的分类方法是，根据挖掘对象的不同可以将 Web 的数据挖掘分为三大类，即 Web 内容挖掘（web content mining）、Web 结构挖掘（web structure mining）、Web 使用挖掘（web usage mining）这三类。如图 11 - 8 所示。

1. Web 内容挖掘

Web 上的信息多种多样，传统的 Internet 由各种类型的服务和数据源组成，包括 WWW、FTP、Telnet 等，现在有更多的数据和端口可以使用，比如政府信息服务、数字图书馆、电子商务数据，以及其他各种通过 Web 可以访问的数据库。Web 内容挖掘是对 Web 上大量文档的集合进行总结、分类、聚类与关联分析，从而获取文档集中有价值的内容或知识，它是对网页上真正的数据进行挖掘，包括网页内容挖掘和搜索结果挖掘。Web 页面的内容主要分为三类：无结构的自由文本、半结构的超文本文档和结构化的文档。

Web 内容挖掘的对象包括文本、图像、音频、视频、多媒体和其他各种类型的数据。其

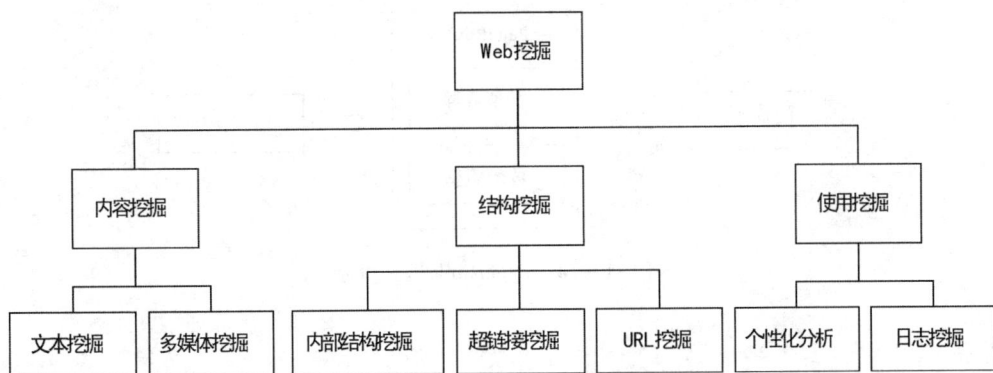

图 11 −8　Web 数据挖掘分类

中针对无结构化文本进行的 Web 挖掘被归类到基于文本的知识发现(KDT)领域，也称文本数据挖掘或文本挖掘，是 Web 挖掘中比较重要的技术领域，也引起了许多研究者的关注。最近在 Web 多媒体数据挖掘方面的研究成为另一个热点。

Web 内容挖掘的一般过程如图 11 −9 所示。

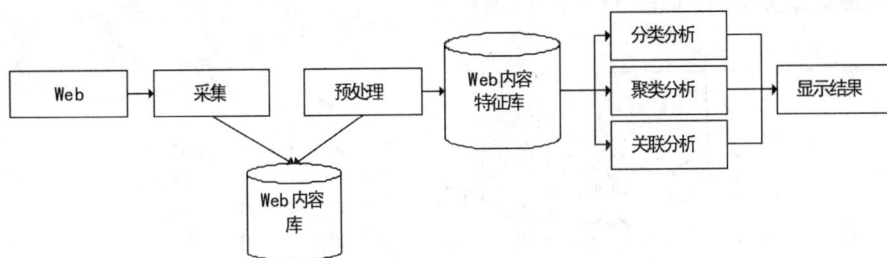

图 11 −9　Web 内容挖掘的基本过程

2. Web 结构挖掘

Web 文档不但包括文档内容，而且包括页面之间的链接。Web 结构挖掘是指从 Web 内的组织结构中获得知识和规律的过程，包括文档链接结构、目录路径结构和树形网页布局结构等。

Web 结构挖掘最著名的算法 PageRank 能够发现网页价值，用于搜索引擎的结果排序，如图 11 −10 所示。

Google 的创始人之一 Larry Page 于 1998 年提出了 PageRank，并应用在 Google 搜索引擎的检索结果排序上。PageRank 思想：标记网页的 PageRank 值，从 0～10 级，级数越高，网页越重要。当一个网页被越多网页所链接时，其排名会越靠前；PageRank 是基于投票表决的思想，排名高的网页应具有更大的表决权。

PageRank 原理如下：

一个网页的 PR 值(PageRank 值)等于所有链接到该网页的网页的加权 PR 值之和，如下

图 11 – 10 PageRank 网页排序

式所示:

$$PR_i = \sum_{(j,\,i)\,\in\,E} \frac{PR_j}{O_j} \tag{11 – 6}$$

其中:

①PRi 表示第 i 个网页的 PageRank 值;

②网页之间的链接关系可以表示成一个有向图 $G = (V, E)$;

③边 (j, i) 代表了网页 j 链接到了网页 i;

④O_j 为网页 j 的出度,也可看做网页 j 的外链数;

PageRank 算法实例,如图 11 – 11 所示。

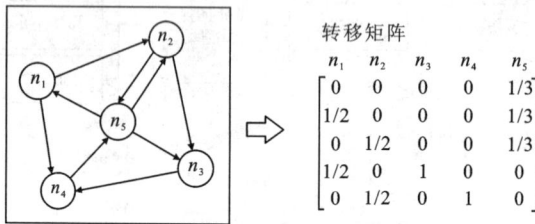

图 11 – 11 PageRank 实例

矩阵中,第一列表示用户从网页 n_1 跳转到其他页面的概率,即用户分别有 1/2 的概率跳转到页面 n_2 和 n_4。同样,第二列表示用户从网页 n_2 跳转到其他页面的概率。

PageRank 迭代过程:

①通过网页之间链接关系构造的一个有向图,并对图中每个节点的值进行初始化;然后根据图 G 中每个节点和边之间链接关系构造转移矩阵。

②利用转移矩阵和初始矩阵计算得到第一次迭代结果。

③继续下一次迭代,直到结果收敛(结果不再变化)或迭代次数达到预设定的最大迭代次数。

这样就可以利用 PageRank 算法,对网页价值大小进行排名,从而为用户提供更加准确、更加可靠的信息。

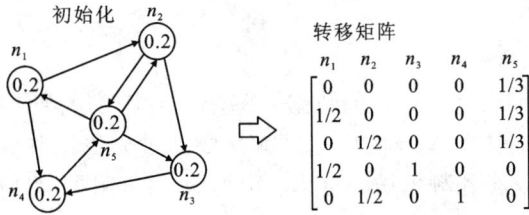

图 11 –12　PageRank 有向图初始化

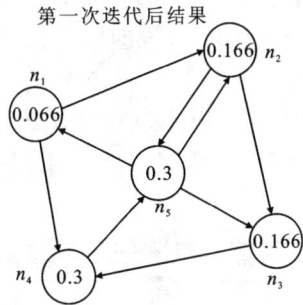

图 11 –13　PageRank 计算过程

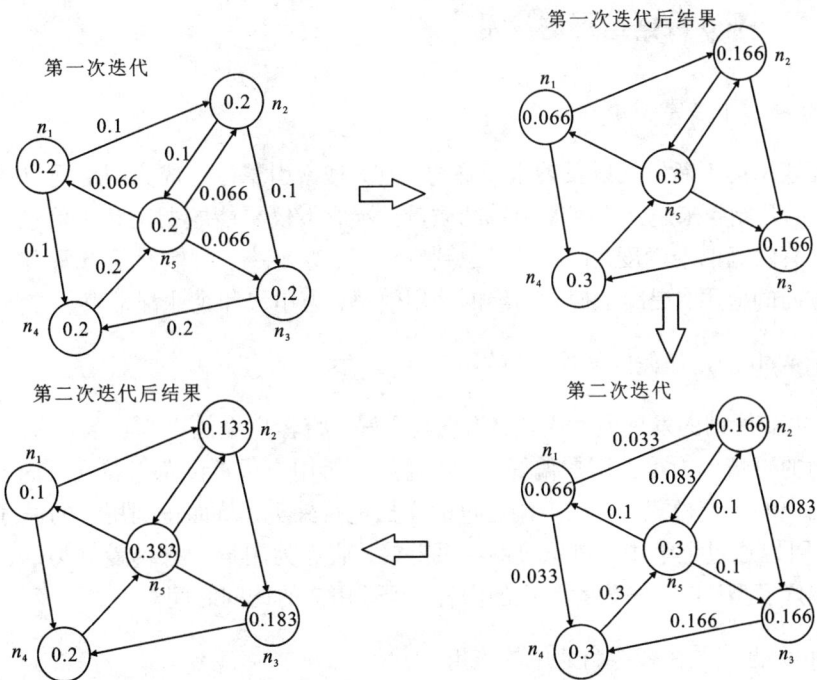

图 11 –14　PageRank 计算过程

3. Web 使用挖掘

用户进行网页访问时会产生大量的数据，这些数据主要包括服务器端访问日志，代理端访问日志和客户端访问日志。Web 使用挖掘就是要通过分析这些数据来快速发现用户的访问模式，诸如频繁访问路径和频繁访问页集。根据应用的不同，可以将 Web 使用挖掘分为两种主要倾向，即一般的访问模式跟踪与定制的访问模式跟踪。一般的访问模式跟踪通过分析 Web 访问日志来理解访问模式与倾向，利用这些分析可以清楚地给出较好的 Web 结构及资源提供者的分组情况。把数据挖掘技术应用于 Web 访问日志可以获得有趣的访问模式，这有助于网站的重构与广告位置的选取。定制使用跟踪可以分析个人的嗜好与倾向，在显示的信息，网站的结构与资源的格式等方面进行动态地定制，以为每个用户构建符合其个人特色的 Web 站点。

Web 使用挖掘基本过程可以分为四个阶段，即：数据采集，预处理，模式发现，模式分析。其基本流程如图 11－15 所示。

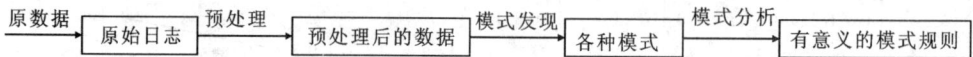

图 11－15　Web 使用挖掘基本过程

11.2.3　Web 数据挖掘的应用

1. Web 环境下搜索引擎的应用

随着互联网的不断发展以及搜索经济的崛起，搜索引擎已经成为网络用户获取信息的主要工具，人们开始越来越注重搜索引擎的质量性能，不仅要能挖掘出相关信息，更要确保挖掘到的信息有较高的准确度，这就要考虑到查全率、查准率、时效性等方面内容。Web 数据挖掘在此方面的应用，提高了搜索引擎的使用效率，为用户和企业都带来了方便。

2. 基于 Web 的用户偏好发掘的应用

如今，电商网站的发展愈发火热，为投其所好，给客户提供更心仪的产品是每个网站都要为之努力的事情。为得到用户偏好，可以通过分析用户最近浏览过得网页内容，利用聚类分析发现用户的兴趣模式，对用户浏览过的文档进行聚类，从而得到用户的偏好模型。另一种方法是，可以通过记录用户浏览过的网页链接，假定为用户的兴趣爱好类别，经过训练得到用户的偏好模型，向客户推荐类似的内容，延长用户的访问时间。

3. Web 数据挖掘在智能商业中的应用

一个好的电商网站，肯定会让顾客停留更长的时间以及会产生习惯性访问，基于企业希望在网络市场中获得长久、稳健发展这个需要，企业通过对服务器的 El 志文件进行分析处理，包括对用户个人资料的分析和反馈信息的分析，对用户进行兴趣爱好分类，给它以不同的特征描述，有助于把握客户的兴趣，利于开展网站信息推送及个人信息定制的服务，让每一位用户浏览页面的时候感觉这是为其量身定做的一个 Web 应用，以挖掘出潜在的商机。

4. Web 数据挖掘在网站设计中的应用

数据挖掘从一个有趣的啤酒与尿不湿的故事开始，市场调查发现：一部分人在买尿不湿的时候，顺便也会买啤酒，于是将尿不湿与啤酒摆放在了一起。在这样的营销方案下，啤酒和尿不湿的销量一下子增加了不少。同理，在互联网这个庞大的超级"市场"中，网站的页面布局也直接影响到了用户的访问量。通过 Web 数据挖掘技术得到的用户兴趣模式和高搜索率的内容放在一起可以吸引用户的注意，这些高访问量的内容要布局在用户一眼就能发现的位置；使用关联规则可以有效设置页面链接结构，摆脱页面文档过于复杂密集的视觉疲惫感；使用分类聚类技术可以给用户一个便捷的分类向导，一个小小的导航却浓缩了整个系统的枝节，便于用户找到自己想要的内容。Web 数据挖掘对改善页面布局、提高网站设计的效率、保证用户体验满意度具有至关重要的作用。

5. Web 数据挖掘在站点流量中的应用

网络虽然是个虚拟的空间，但人们之所以喜欢在网络的海洋里冲浪，还是因为它方便、灵活、快捷的特点。对于网站而言，访问量就是衡量其成功与否的重要指标，流量也在一定程度上代表着网站的盈利程度，所以通过分析网站流量模式可以发现用户的兴趣，从而优化网站结构和充实网页内容。

6. Web 数据挖掘在网络教育中的应用

如今，网络的盛行给人类的生活和学习带来了前所未有的革命性变化，教育行业也在这里大放异彩。以互联网为依托，远程教育渐渐风生水起，多媒体网络教学也在不断地改进中。网络的受众范围广，使得网络教学的用户差异性很大，要权衡中间的利弊，做到为每一位学习者提供个性化的服务，就需要进行 Web 数据挖掘，从 Web 文档数据和日志文件中提取学习者感兴趣的课程，挖掘潜在的有用的模式，合理制订课程学习计划，推广热门课程，提高学习者课程体验，优化网络教育站点结构，实现用户和管理者的双赢，更好地致力于网络教育事业的发展。

11.3　多媒体数据挖掘

近年来，数据挖掘技术一直是研究热点，也取得了显著的成果。随着信息技术的进步，人们所接触的数据形式越来越丰富，多媒体数据的大量涌现，使得多媒体数据挖掘技术也越来越受到人们的重视。多媒体数据主要包括图像数据、视频数据、音频数据等。

本节主要介绍了多媒体数据挖掘的概念(11.3.1 节)以及多媒体数据挖掘的分类(11.3.2 节)。

11.3.1　多媒体数据挖掘的概念

1. 多媒体数据挖掘定义

多媒体数据挖掘(multimedia mining)指从大量的图像、视频、音频等多媒体数据集中，通过分析视听特征和语义，发现隐含的、有效的、有价值的、可以理解的模式，为用户提供问题层次的决策支持能力。

多媒体数据挖掘不同于普通数据库和数据仓库的数据挖掘，相对于传统的数据挖掘有几个需要解决的问题。首先，多媒体数据为非结构化、异构数据。要在这些非结构化的数据上进行挖掘以获取知识，必须将这些非结构化数据转化为结构数据，通过特征提取，用特征向量作为元数据建立元数据库，在此基础上进行数据挖掘。其次，多媒体数据的特征向量常是数十维甚至数百维，如何对高维矢量进行数据挖掘也是要考虑的重要问题。

2. 多媒体数据挖掘系统架构

多媒体数据挖掘的一般系统结构如图 11 - 16 所示。

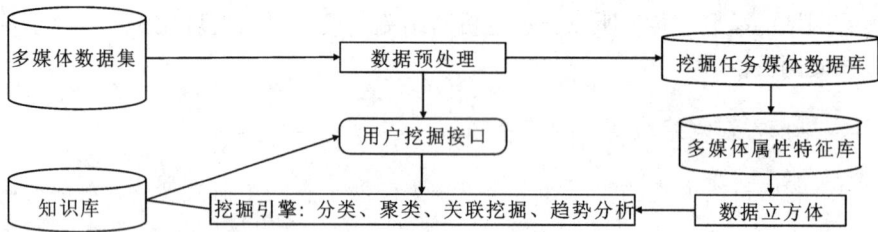

图 11 - 16　多媒体数据挖掘系统架构

(1) 多媒体数据集

大型多媒体数据集可能包含几十万幅图片、几千小时的视频和音频，其媒体结构与元数据库中的描述关联，用于可视化表现和存取。元数据库是一种按照挖掘要求组织的多维、多层次、多媒体属性数据库，支持高效率的多媒体挖掘。

(2) 预处理模块

它是对多媒体原始数据进行预处理，以提取有效特征，可以是对多媒体数据的结构化处理，如图像对象分割、视频和音频对象分割、视频与音频逻辑和时空分段、视觉和听觉特征提取、运动特征提取、事件标记、叙事结构组织、语义关联等，它们以元数据的形式记录在元数据库中。

(3) 挖掘引擎

挖掘引擎包含一组快速挖掘算法，如分类、聚类、关联、总结、摘要和趋势分析等。系统可以根据具体的应用选择一个或多个相应的挖掘算法，对元数据库进行挖掘。元数据库中的特征矢量通常是高维的，而传统的数据挖掘方法一般只适用于低维数据。若仍用这些方法来处理这些高维矢量，将得不到理想的结果，这就是所谓的"维度灾难"。为克服维度灾难的影响，很多针对高维数据索引结构的经典算法被提出。

（4）用户接口

用户接口可以实现挖掘结果的可视化和解释界面，也可以为用户提供交互接口扩展 SQL 挖掘语言。由于多媒体的视听和时空特性，挖掘出来的模式应该以新的表现方式呈现出来，如导航式知识展开和交互式问题求解过程，以及提供挖掘结果的可视化接口。

11.3.2 多媒体数据挖掘的分类

多媒体数据挖掘按照数据的类型分为图像数据挖掘、视频数据挖掘和音频数据挖掘等。

（1）图像数据挖掘：从图像的视觉和空间特性中抽取有意义的语义信息，即知识。其根本的问题在于将底层特征如何关联转换为高层对象和语义概念。

（2）视频数据挖掘：从含有图像视觉和空间特性、时间特性、视频对象特性、运动特性等内容获取有意义的知识。如从交通监视视频中分析出交通拥塞的趋势。

（3）音频数据挖掘：从听觉特性中的基音、音调、旋律、音频事件和对象的结构中挖掘出隐含在音频流中的信息线索、规律和特性。

1. 图像数据挖掘

（1）多媒体图像数据挖掘的过程

多媒体图像数据挖掘的一个十分关键的问题是图像数据本身的表示问题。这也是图像处理和模式识别的关键。一般说来，可以用颜色、纹理、形状和运动向量等基本特征来表示图像的基本特征。高级概念可以看成是一种特征模式。例如，河流可以认为是具有某种颜色特征的长条形；大片庄稼区可以认为是具有某种颜色分布和纹理特征的大片图像区域。高级概念是用户所关心的，它可能是某种物体的存在或某种现象的发生等。底层的基本特征与高层概念之间必然存在着某种映射关系，这种关系可以用数据挖掘的方法来发现。多媒体图像数据挖掘的具体过程如图 11 - 17 所示。

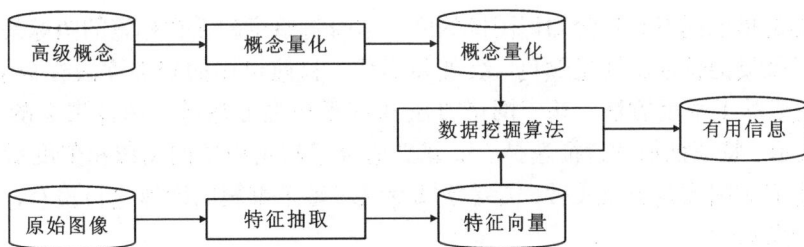

图 11 - 17 图像数据挖掘的过程

（2）预处理技术

原始图像不能直接用于图像挖掘。首先要对原始图像进行预处理以生成可供高层挖掘模块使用的图像特征数据库，然后在特征数据库的基础上进行对图像数据进行挖掘操作。

①预处理是对原始图像集进行一系列处理以产生图像描述特征库的过程，主要包括：可视特征提取、对象识别、数据规约。可视特征提取。可视特征主要有颜色、纹理、形状等。颜色的表现形式有直方图、颜色矩、颜色集；纹理表示方法有共现矩阵法、小波变换法等；形

状表示法主要有基于边界表示的傅立叶描述法、基于区域表示的不变矩方法、有限元方法和小波描述方法等。

②对象识别。对象识别即在图像中识别出对象，涉及的关键技术有：图像分割、对象模型的表示、对象识别。图像分割传统算法有阈值分割法、边缘检测法、马尔可夫随机场、区域增长法、基于颜色和纹理的期望最大化方法等；对象模型使用预先标记的对象的训练集，找出该对象集合在相似度量下共有特征（采用可视特征描述），作为该种对象的模型以进行对象模板匹配；对象识别问题可视为基于已知对象模型的监督标号问题，就是为图像的特定的一个或一组区域指定正确的标号。

③数据规约，数据规约主要包括维规约和数据压缩。在图像挖掘系统中，图像数据的维数可能很高，为提高模式的挖掘质量和效率，需采用维规约技术。

（3）图像挖掘技术

图像挖掘技术包括图像相似搜索、图像分类和图像聚类。

①图像相似搜索。

基于文本的图像检索——用文本对图像进行标注；基于内容的图像检索——采用颜色、纹理、形状等低层可视特征或小波系数等对图像的标识进行相似检索。基于区域的图像检索——图像用分割算法所划分出的对象作为特征来表示图像，每个对象用其低层可视特征描述。

②图像分类。

图像分类是一种有监督学习方法，其过程分三个步骤：a. 建立图像表示模型，对已进行类别标注的样本图像进行特征提取，建立每一图像属性描述。b. 对每一类别的样本集进行学习，建立描述预定图像概念集或类集的模型，如规则或公式。c. 使用模型对未标注图像进行分类判决和标注。常用的分类方法有：判定树、Bayes 方法、神经网络方法，其他方法包括：K – NN 分类、遗传算法分类、粗糙集分类、基于关联规则分类等。

③图像聚类。

图像聚类是指依据没有先验知识图像的内容本身将给定的无类标签的图像集合分为有含义的簇。用于聚类的特征属性是颜色、纹理和形状。目前可用的聚类算法有基于划分方法、基于层次方法、基于密度方法、基于网格方法和基于模型方法等。图像聚类的一般过程包括：a. 图像表示、特征抽取和特征选择。b. 建立适合于特定应用的图像相似度量。c. 图像聚类。d. 分组生成。图像聚类完成后，需要领域专家对每个聚簇的图像进行检查，标注这个聚簇所形成的抽象概念。

2. 视频数据挖掘

（1）预处理技术

对视频进行预处理，可分为以下两种：

根据视频结构进行预处理。根据某些视频在内容构造上有结构的特性，以一定的规则算法将视频划分为视频帧、镜头或视频段、场景或镜头组、视频剪辑这样几个层次结构单元，然后提取每个层次结构的可用特征（视觉特征、运动特征或其他特征）和结构单元本身特征之间的特征。

视频运动目标识别。从视频中分割并跟踪运动目标，在此过程中提取运动目标的本质特征和运动特征,以及这些特征之间(视频特征之间、视觉特征与听觉特征之间、目标本身属性与视听特征之间)的特征关联规则或者时空关系,得出运动对象特征的含义,或者运动对象行为趋向和事件模式,由此挖掘视频表达的高层语义信息。

预处理阶段所获取的各种视频特征不仅是建立视频数据库的基础,同时也是视频检索和挖掘的必要条件。因此,实时自动的镜头分割、代表帧提取、运动目标分割、识别与跟踪等视频内容处理技术是视频挖掘技术的基础。

(2)视频挖掘技术

①视频分类挖掘。根据视频镜头的颜色直方图、视频对象的运动特征或其他视频语义描述,把一组视频对象按照类别的概念描述分成若干类,从而使相似性大的视频对象划分为同一类。通过类的概念描述或类中视频对象的特征得出隐含在视频数据中的模式。

②视频聚类挖掘。根据视频对象的特征以一些聚类算法将具有相同特性的视频对象聚成簇,由此确定每个视频对象所在的类别。

③视频关联挖掘。把视频对象或者特征值看成是数据项,从中找出不同视频对象之间出现频率高的关联模式。例如两个视频对象经常同时出现、视频镜头变换的频率和视频类型之间的关联等,这些关联信息就可以说明某种语义含义。

④时序趋势分析。数据挖掘中的趋势和奇异点分析方法也可以应用到视频数据特征挖掘当中,挖掘视频的特征、对象行为、事件随时间发生的模式与趋势。如通过分析视频序列中对象的时空关系挖掘出交通的拥堵趋势。利用视频和音频特征在全局与局部时窗中的不同分布状态,实现了从状态突变中检测视频主角、体育精彩镜头、视频重要部分的位置及异常事件的功能,并将该挖掘技术应用到了商业广告词检测、体育精彩片段提取等应用中。

3.音频数据挖掘

音频是听觉媒体,其主要特征有基音、音调、韵律或旋律等。音频挖掘通常有两种途径:①运用语音识别技术将语音识别成文字,将音频挖掘转换成文本挖掘;②直接从音频中提取声音特征,如基音、音调等,对特征进行知识获取。对音调、韵律使用机器学习技术,包括粗糙集、人工神经网络和决策树技术分析音频的基频、能量分布及其他特征,从而获得音频事件和对象的结构,挖掘出隐含在音频流中的信息线索、规律和模式。通过对海量语音数据库中语音特征的提取和学习,获得音调和韵律变化的模式,使得语音合成更加自然化和智能化。

习　题

1.非结构化数据挖掘与结构化数据挖掘有何异同?

2.文本表示中的向量空间模型与词向量有何异同?

3.简述文本分类和文本聚类过程,并分析两者有何异同。

4.简要阐述文本分类的两个过程。

5.比较 Web 挖掘的三种方法的特点。

6.叙述 PageRank 算法在 Web 挖掘中有何意义?

7.阐述 Web 数据挖掘流程。

8. 多媒体数据挖掘可以分为哪几类？分别是什么？

9. 假设某出版社有大量电子版的学术论文和期刊，现需要对这些电子版的材料进行整理和分类。如果使用人工方法，需要花费大量的人力和物力，请你从数据仓库与数据挖掘的角度，设计一套合理的方法，对这些材料进行整理和分类，并可以为出版社相关工作人员提供以下功能：可分类查看；可通过关键词快速检索出相关的论文和期刊。

第 12 章　知识图谱

进入了 21 世纪前后，许多人预测这将会是一个怎样的世纪。有人说这将是生命科学的时代，也有人说这将是知识经济的时代。现在十多年过去了，随着互联网的高速发展，大量的事实强有力地告诉我们，这必将是大数据的时代，是智能信息处理的黄金时代。

前人对大数据的内涵有过很多总结和探讨，其中比较著名就是所谓的 3V 定义：大容量（volume）、高速度（velocity）和多形态（variety）。随着互联网的发展，人们对搜索的期望更高了一阶，为什么不能给我精确的答案呢？移动手机的屏幕很小，没有那么多空间展示搜索结果，用户也没有以前那么多耐心去一个个打开网页寻找答案。另外各种各样的搜索形态层出不穷，如语音搜索、拍照搜索、人机对话等不断地更新和演化，用户越来越希望搜索引擎能够结合自身的喜好给出精确的回答。要想更精准的满足用户需求，搜索引擎就不能只是存储网页文档，而是要通过各种方式，能够识别出网页中出现的实体以及实体属性，并将它们纳入到知识图谱中。当用户发起搜索时，能够根据知识图谱已知的知识点，准确理解用户意图，并给出最精准的回答。

本章首先介绍了知识图谱的构建（12.1 节），向读者描绘构建知识图谱整个的大致思路，让读者对知识图谱的整个结构有一个大致的认识。其次介绍了构建知识图谱的相关技术（12.2 节），让致力于构建知识图谱的同学能找到自己学习的兴趣点，然后继续深究下去。最后介绍了知识图谱在现在的主要应用场景，然后根据这些场景联想出未来知识图谱更多的应用场景（12.3 节）。

12.1　知识图谱构建

本章介绍知识图谱的基本概念（12.1.1 节），让读者明白知识图谱的核心思想；其次，介绍知识图谱的数据来源（12.1.2 节），从源头上来理解知识图谱构建的核心数据是哪些；再次，介绍知识图谱的多源异构数据融合的方法（12.1.3 节），让数据发挥出自己应用的价值；最后，介绍知识图谱表示的方法（12.1.4 节）。本章 4 小节环环相扣，能让读者清晰地理解知识图谱的构建思路。

12.1.1　知识图谱的概述

图形作为人类最开始的表达方式，在人类文字出现之前，便跨越了语言和文字的障碍，成为史前文明时代最重要的交流方式。在几千年以后互联网高速发展的今天，我们又进入了"读图时代"。

从 1990 年底 Web 诞生到现在，万维网经过 20 多年的发展，现在对大家来说已经习以为常了。万维网也是一种网络，构成万维网的节点是一个个的网页，网页之间通过超链接建立关联关系。在万维网这种简单、开放的技术下，人类的信息获取能力有了巨大的飞跃。在万维网基础上诞生了现代的搜索引擎技术，人们通过关键字就能快速地找到相关网页，然后再从一堆网页候选结果中找寻自己真正想要的答案。

在 2012 年 5 月，搜索引擎巨头谷歌首次引入"知识图谱"这个概念：用户除了得到搜索的网页链接外还可以得到和查询词相关的一系列智能的答案。如图 12 - 1 所示，当输入"玛丽·居里"的时候会得到居里夫人的详细信息，如个人简介、出生地点、出生时间和死亡时间等，甚至还会有一些与居里夫人相关的人物出现在下方。

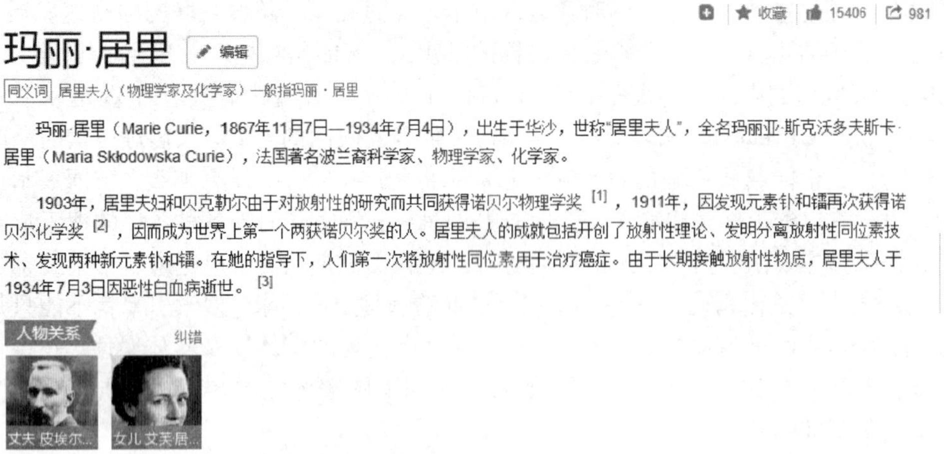

图 12 - 1　某搜索引擎的知识图谱

在互联网诞生的初期，当用户输入一个查询词的时候，搜索引擎会与海量的网页进行比较，然后返回一个它认为和这个关键词最匹配的一些网页（即使这些网页不是我们想要的），然后我们常常需要花大量的时间去寻找我们的答案（也有可能找不到），这极大地影响了人们的使用体验。显而易见，这种传统搜索引擎的工作方式，只能机械的比对查询词和网页之间的匹配关系，并没有真正理解用户到底想要什么，远不够"机灵"，自然被用户所嫌弃。

在知识图谱中，当输入一个字符的时候，比如"泰山"，知识图谱会将泰山理解成一个"实体"，也就是一个现实世界中的事物。现实中的每个个体都不是单独存在的，都会和很多其他的事物相互联系，所以在搜索这个"实体"的时候，会得到直接这个"实体"本身的信息，还有和这个"实体"相关的信息。比如前面提及到的泰山，搜索引擎会在搜索结果处直接显示它的基本资料，例如地理位置、海拔高度等，此外还会告诉你一些相关的"实体"，比如其他三山五岳或者其他类似的景点或者地名。通过这种方式，只要知识图谱建立得足够完善，不仅能减少自己寻找答案的时间，还有很大的可能性发现意想不到的信息，满足用户潜在的需求。

从互联网诞生的初期，搜索引擎一直就是人们寻找信息的重要工具。而搜索引擎的核心需求就是让搜索通向答案。而知识图谱表现了它强大的实力，对比以前的传统技术，它具有更高的实体和概念的覆盖率，丰富的语义知识，同时还具有更高质量的数据，从源头上就提升了效率，展示了更加清晰的结构化信息。越来越多的知识图谱应运而生，如表 12 - 2 所示，知识图谱也让搜索引擎有了更多的可能。

表 12 - 1　知识图谱数量变化表

时间	知识图谱数量
2017 - 03 - 16	1139
2014 - 08 - 30	570
2011 - 09 - 19	295
2010 - 09 - 22	203
2009 - 07 - 14	95
2008 - 09 - 18	45
2007 - 11 - 07	28
2007 - 05 - 01	12

从杂乱无章的网页到结构化的实体知识，搜索引擎利用知识图谱能够为用户提供更加智能的答案，甚至顺着知识图谱可以发现更为深入和广泛的知识体系，让用户发现他们意想不到的知识。谷歌高级副总裁艾米特·辛格博士一语道破知识图谱的重要意义所在："构成这个世界的是实体，而非字符串。"

12.1.2　知识图谱的数据来源

知识图谱之所以能高效智能地理解人们的想法，是以充足的数据作为基础的。这些数据是构建知识图谱的第一步。那么知识图谱的数据来源有哪些呢？首先知识图谱的最重要的数据来源之一是以百度百科、维基百科为代表的大规模数据库，这些经过整理的知识库中包括了大量结构化的知识，能够高效率地转化到知识图谱中来。此外，在互联网中还有很多杂乱无章的知识，只是需要通过一些技术，将其抽取出来构建知识图谱。

大规模数据库是以词条为单位的，每个词条都是由世界各地的编辑者义务协同编撰内容。这类由人们共同协同编写的知识库，无论是质量还是数量，更重要的是更新速度已经超越了传统的百科全书，成为了人们获取知识的重要来源之一。截至 2017 年 12 月，百度百科已经收录了超过 1506 万条词条，参与编辑词条的网友超过 638 万人，几乎覆盖了所有的领域。这种方式意味着每个人都能贡献自己的知识，同时也意味着人人能够轻松地获取所需。如图 12 - 2 所示是百度百科关于"中南大学"的词条内容，可以看到左侧有一个信息框，里面包括了创办时间、学校类型等。这些信息框中的结构化信息是知识图谱的直接数据来源。

国际万维网组织 W3C 在 2007 年发起了开放数据项目，一小群人开始将一系列的公共数据集连接起来，如图 12 - 3 所示，可以看到前 12 个数据关联到一起，这些数据集包括 DBpedia、GeoNames 和 US Census 信息。

中南大学 ✎ 编辑

Central South University

中国高校 985工程

中南大学（*Central South University*），简称"中南"，位于湖南省长沙市，是中华人民共和国教育部直属、中央直管副部级建制的全国重点大学。[1] 位列国家首批双一流"世界一流大学建设高校A类、"211工程"、"985工程"重点建设大学，入选首批"111计划"、"2011计划"、"卓越工程师教育培养计划"、"卓越医生教育培养计划"、"卓越法律人才教育培养计划"，是全国首批试点开展八年制医学教育（本博连读）的五所大学之一、全国第一所为军队培养现役军官指挥合一硕士研究生的高校、全国毕业生就业典型经验高校、中国百强企业最欢迎的10所大学之一，也是中国-中亚国家大学联盟、中俄交通大学联盟重要成员。[2]

学校于2000年由原中南工业大学、长沙铁道学院、湖南医科大学合并组建而成，最早溯源可追寻到1903年创办的湖南高等实业学堂和1914年创办的湘雅医学专门学校。学校学科门类齐全，是一所以工学和医学为特长，涵盖理学、文学、法学、经济学、管理学、哲学、教育学、历史学、艺术学，辐射军事学的综合研究型大学。[1]

百余年来，中南大学汇聚和培养了大批专家学者和党政企等各条战线上的人才，其中包括陈国达、陈新民、黄培云等工学先驱泰斗；张孝骞、汤飞凡、李振翩、谢少文等现代医学宗师；王淀佐、何继善、黄伯云、古德生、钟掘等在校的当代学术大师；梁稳根、王传福等中国首富；郭声琨、姜异康等大批政界杰出校友，为党和国家的教育科技及各项事业发展做出了突出贡献。[1]

创办时间	2000年4月		类别	公立大学
属性	211工程（1995年）｜985工程（2001年）｜2...[2]｜全国重点大学		知名校友	汤飞凡、张孝骞、郭声琨、王传福、谢志光...
			学校官网	http://www.csu.edu.cn
主管部门	中华人民共和国教育部			

图 12 – 2 百度百科词条"中南大学"显示的部分内容

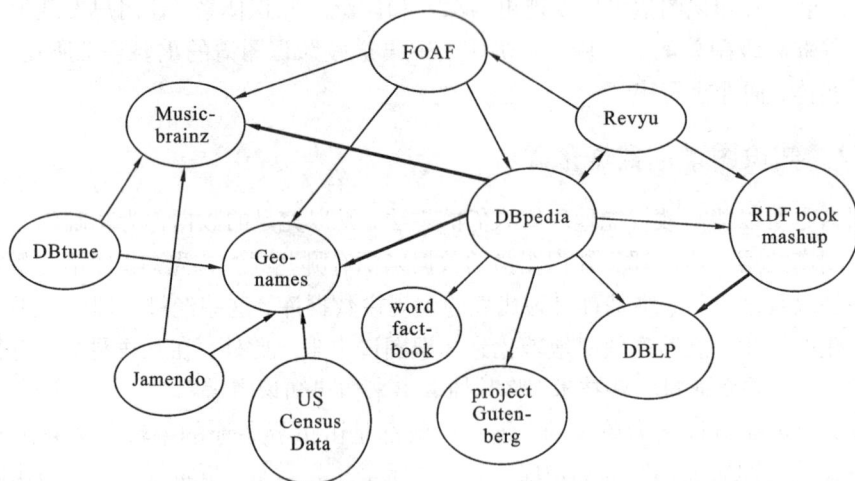

图 12 – 3 2007 年 Linking Open Data 项目云

LOD 项目最初的 12 个数据集就是由这种方式连接的，然后添加了更多的数据集，数据集越来越多。该项目添加了新的数据集类别，涉及学术研究引用、生命科学、政府生成的数据，甚至演员、导演、影片、饭店信息等。到 2014 年，570 个代表着数十亿个 RDF 三元组的数据集建立了连接。随着 LOD 项目的推广和发展互联网会有越来越多的信息以连接数据的形式发布，但是各机构发布的链接数据之间存在严重问题的异构和冗余等。

知识图谱能这么智能地理解我们的需求，仅仅靠上面两个数据源是远远不够的。毕竟和整个互联网相比，百度百科等知识库还是只能算沧海一粟。因此人们还需要从海量的互联网网页中抽取结构化的信息。和上面所提到的知识库的构建方式不同，这里所面对的都是非结构化数据，所以需要直接从无结构的互联网网页中抽取结构化信息。如何从海量的非结构化 Web 文本中快速、自动、准确地抽取有用的信息显得尤为重要。

显而易见，与从这些大型知识库中抽取知识相比，开放信息抽取从无结构网页中抽取的信息精确度还很低，主要是由于网页形式杂乱，噪声信息较多，信息的可信度值得怀疑。因此，有些研究者也尝试限制抽取的范围，例如只从网页表格中抽取结构信息，并利用互联网的多个来源互相印证，从而大大地提高信息抽取的可信度和准确率。当然这种做法自然地会降低信息抽取地覆盖面。在规模和质量之间我们需要寻找一个平衡点，还有目前还不能自动的抽取和学习新的东西，需要耗费大量的人力，面对如此庞大的数据库和不断涌入的新知识，完成"永不停止的语言学习"是知识图谱的最终奋斗目标。

12.1.3　多源异构数据的融合

上一小节阐述了知识图谱的数据来源，里面还包含了很多基于人工编写的中小规模的中文知识库，它们的特点都是规模相对较小，建模的知识范围特定，且不同的知识库构建的目的不一样，因为此使用不同的语义描述，覆盖不同类别的知识。比如现在基于 Web2.0 的方式，各个领域都有丰富的 Web2.0 知识站点创立，像餐饮类的"大众点评"；电影的"豆瓣"；通用知识的"百度百科"等。但是 Web 是去中心化的结构，这些知识以分散、异构、自治的形式存在，而不是一个统一、一致的知识整体。我们现在就是要从当前这些知识出发，充分利用现有的知识，融合这些分散、冗余和异构的知识，从而构建准确、高覆盖、一致的大规模中文知识图谱。

知识融合主要包括实体融合、关系融合和实例融合三类。对于实体来说，往往有很多个名称都代表着一个实体。例如"出生日期"有"出生年月""出生时间""生日"等名称，我们需要将这些不同的名称规约到同一个实体下。它的基本思想是，首先我们应该将实体的名称进行规范化，然后同一名称存在不同的表现形式，合并其中相同的名称。

其中 $sim(a_1, a_2) = (len(cls(a_1, a_2)))/(max(len(a_1), len(a_2)))$ 是计算名称相似性的方法，$len()$ 函数为计算属性的长度，既包含字的个数。如属性"中文名称"的长度为 4。$cls(a_1, a_2)$ 为属性 a_1，a_2 的最长公共字符串。"中文名称"和"中文名"的最长公共字符串为"中文名"，两者的相似度大于某一个值时，则可以认为这两个属性为相同属性。与实体融合类似，同一种关系也会有不同的命名，这种现象在不同的数据源抽取出的关系中尤为显著，因此需要实现关系融合。在实现了实体和关系的融合以后，最后是实现三元组的实例的融合了。因为三元组实例是由（实体 1，关系，实体 2）表示的，从而不同的数据源会抽取出来相同的三元组，并给出不同的评分，根据这些评分，以及不同数据源的可信度，就可以实现三元组实例的融合了。

在实现了知识融合以后还需要对知识进行验证。因为知识图谱构建并不是一个静态的过程，需要及时地更新动态知识并加入新的知识。而知识验证的依据分为 3 个部分，①权威度：权威度高的信息源当然更有可能出现正确的答案。②冗余度：正确的答案更有可能出现。③一致性：正确的答案应当和其他的知识兼容无冲突。

例子：黄河的长度是多少？

①黄河全长 5494 公里（"知道"）；

②黄河全长 5464 公里("百科全书");

③黄河全长 5463 公里("问问")。

首先根据权威度得知,"百科全书">"知道"="问问";再看冗余度,"黄河"+5494 出现 39600 次,黄河 +5464 出现 338000 次;最后是一致性,黄河是世界第五大河,它的长度应当在第 4 大河和第 6 大河之间。

一个大规模的知识图谱必然是由很多数据源融合而成的,知识图谱能如此智能地满足人们的需求,和其背后的高质量的数据是分不开的。知识融合的好坏,往往决定了知识图谱的质量的好坏,直接影响到了用户的体验。

12.1.4　知识图谱的表示

正如"知识图谱"的字面所表示的含义,在人们印象中的知识图谱就是将复杂的网络进行存储,这个网络的每个节点相当于一个实体,每条边则相当于两个连接节点的关系。基于这种网络的表示方案,在知识图谱的相关应用中往往需要借助于图算法来完成。但是这里有两个一直没有解决的问题:①对外连接较少的实体,一些图方法可能束手无策或者效果不佳;②除此之外图算法的计算复杂度高,无法适用于大规模的知识图谱应用需求.

最近一些研究者开始探索面向知识图谱的表示学习方案。基本思想是,将知识图谱中的实体和关系的语义信息用低维向量表示,这种分布式表示方案能够极大地帮助基于网络的表示方案(图 12 – 4)。其中最简单最有效的模型是 TransE 模型。将每个三元组实例(head, relation, tail)中的关系 relation 看做从实体 head 到实体 tail 的翻译,通过不断地调整 h, r, t, 使得 $(h+r)$ 尽可能地与 t 相等,即 $h+r=t$。

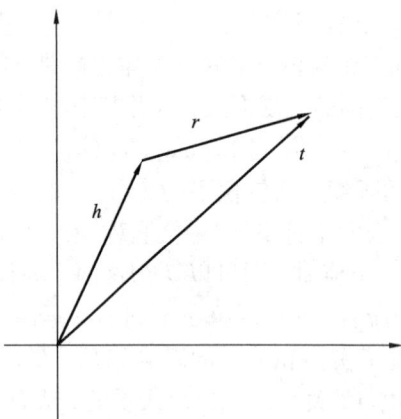

图 12 – 4　基于分布式表示的知识表示方案

通过 TransE 模型学习得到的实体和关系,能够很大程度上缓解基于网络表示方案的稀疏性问题,应用于很多重要的任务中。

首先,像以前在知识图谱中作为复杂网络进行存储,当尝试计算两实体之间的语义相关度时,是通过计算它们在网络中的最短路径长度来衡量,两个实体的距离越近则越相关。现在利用分布式向量,通过高等数学的方法能轻松地计算实体间、关系间的语义相关度。这能极大地改进开发信息抽取中实体融合和关系融合的性能。通过寻找给定实体的相似实体，还可以用于查询扩展和查询理解等应用。

其次，知识表示向量可以用于关系抽取。就以 TransE 为例子，当给定两个实体 h 和 t 的时候，可以通过寻找与 $t-h$ 最相似的 r，来寻找两个实体间的关系，而且该方法仅需要知识图谱作为训练数据，不需要外部的文本数据，所以不需要担心数据不足，和复杂网络中的链接预测也是类似的，但是在网络中要复杂得多。

最后 TransE 虽然能够解决很多简单的问题，但是在复杂的关系网络中，实体和实体之间的关系不会是那么的简单，其中往往存在很多一对多、多对一、多对多的关系。这些模型都是 TransE 不能解决的，还有很多很复杂的模型，这里笔者简单地提一下，比如 TransH 把关系映射到另一个空间；还有一个实体是多种属性的综合体，不同关系关注实体的不同属性。直觉上一些相似的实体在实体空间中应该彼此靠近，但是同样地，在一些特定的不同的方面在对应的关系空间中应该彼此远离，所以仅仅采用一个空间对它们进行建模是不够的，如图 12－5所示，这里采用的是 TransR 模型来分别将实体和关系投影到不同的空间，在实体空间和关系空间构建实体和关系嵌入；对于每个元组 (h,r,t)。首先将实体空间中的 Mr 向关系 r 投影得到 hr 和 tr，然后是 $hr+r=tr$ 特定的关系投影能够使得两个实体在这个关系下真实的靠近彼此，使得不具有此关系的实体彼此远离。除此之外，还有一种模型是 TransD，它是 TransR 的加强为每个实体和关系定义了两个向量，一个向量用来标识实体或关系的，另一个向量是投影向量，用来将实体转换为不同关系空间上的向量并用来生成映射矩阵。

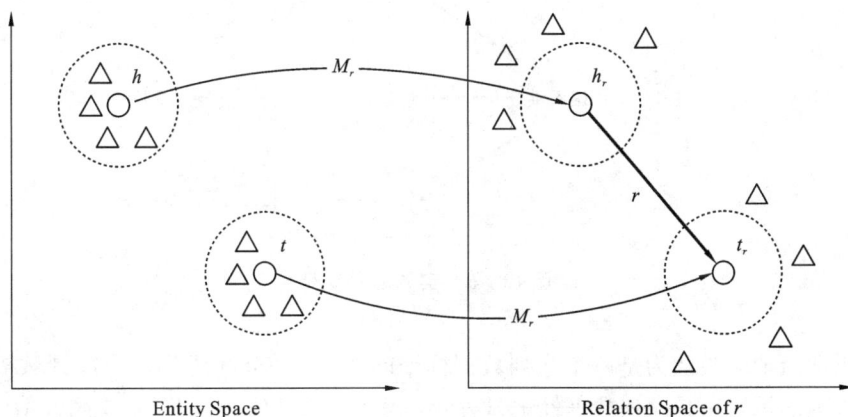

图 12－5　TransR 模型图示

12.2　知识图谱技术

通过上一小节，读者已经对知识图谱有了一个大致的了解，明白构建知识图谱的基本思路和知识图谱的相关概念。本小节介绍构建知识图谱的核心技术。介绍了上一小节反复提到的实体，介绍了怎么识别和提取实体；介绍了实体之间的关系抽取；介绍了知识推理，让读者明白计算机是怎么类比人类推理知识的。

12.2.1　实体抽取

互联网网页中存在着大量的实体，但是面对着海量的文本，如何从这些文本中发现实体是研究的重要内容。目前研究的主体还是命名实体，首先需要预先帮实体分好类别，然后用数据去进行训练。

命名实体识别(named entity recognition，NER)的主要任务是识别出文本中的人名、地名等专有名称和有意义的时间、日期等数量短语并加以归类。命名实体识别技术是信息抽取、信息检索、机器翻译、问答系统等多种自然语言处理技术必不可少的组成部分。命名实体抽取通常包括两部分：①实体边界识别；②确定实体类别(人名、地名、机构名或其他)。

命名实体一般包括3大类(实体类、时间类和数字类)和7小类(人名、地名、机构名、时间、日期、货币和百分比)命名实体；由于数量、时间、日期、货币等实体识别通常可以采用模式匹配的方式获得较好的识别效果，相比之下人名、地名、机构名较复杂，因此近年来的研究主要以这几种实体为主。

实体抽取的基本思路是为每个属性预先构建一个分类器，也就是说你得告诉它这个实体包括哪些内容，然后每个抽取器分别从百科文本中的句子中抽取相应属性的值，如图12-6所示。

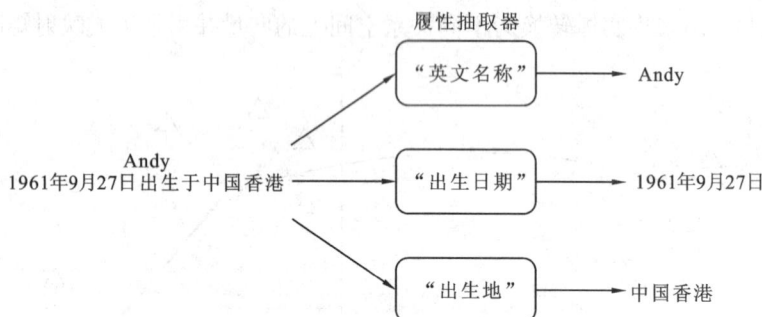

图12-6　实体抽取实例

文本属性值抽取被认为是一个序列数据标记问题：①将句子看做一个序列数据；②属性值的抽取过程即可看做是序列数据标记过程。1表示为属性值，0表示不是属性值。

图12-7是一些比较容易识别的实体类，但是很多情况下都会遇到实体识别不对的情况，中文命名实体识别困难重重。

图12-7　实体抽取原理

（1）命名实体类型多样，数量众多，不断有新的命名实体涌现，如新的人名、地名等，难以建立大而全的姓氏库、名字库、地址库等数据库。

（2）命名实体构成结构比较复杂，并且某些类型的命名实体词的长度没有一定的限制，不同的实体有不同的结构，比如组织名存在大量的嵌套、别名、缩略词等问题，没有严格的规律可以遵循；人名中也存在比较长的少数民族人名或翻译过来的外国人名，没有统一的构词规范。因此，这类命名实体识别的召回率相对偏低。

（3）在不同领域、场景下，命名实体的外延有差异，存在分类模糊的问题。不同命名实体之间界限不清晰，人名也经常出现在地名和组织名称中，存在大量的交叉和互相包含现象，而且部分命名实体常常容易与普通词混淆，影响识别效率。在个体户等商户中，组织名称中也存在大量的人名、地名、数字，要正确标注这些命名实体类型，通常要涉及上下文语义层面的分析，这些都给命名实体的识别带来困难。

（4）在不同的文化、领域、背景下，命名实体的外延有差异。对命名实体的定界和类型确定，目前还没有形成共同遵循的严格的命名规范。

（5）命名实体识别过程常常要与中文分词、浅层语法分析等过程相结合，分词、语法分析系统的可靠性也直接决定命名实体识别的有效性，使得中文命名实体识别更加困难。

12.2.2 关系抽取

找到实体只是我们的第一步，从互联网网页文本中抽取实体关系才能把我们知识图谱中零零散散的实体点构建成完整的知识图谱。那么关系抽取的又是什么意思呢？例如，句子"Bill Gates is the founder of Microsoft Inc."中包含一个实体对（Bill Gates，Microsoft Inc.），这两个实体对之间的关系为"founder"。

关系抽取分为面向特定领域的关系抽取和面向开放互联网文本的关系抽取。面向特定领域的关系抽取技术以基于标注语料的机器学习方法为主；面向开放互联网文本的关系抽取则根据不同任务需要，采取基于启发式规则的方法或者基于背景知识库实例的机器学习方法。

其中具体分为有监督的学习方法、半监督的学习方法和无监督的学习方法。首先我们需先了解什么是学习，一个成语就能简单地说明，举一反三，就以考试为例子，考试的题目未必做过，但是学习了很多类似的解题方法，因此考试上面对陌生的题目也能做出来。机器学习的思路也是类似的：能不能利用一些训练数据（已经做过的题），使机器能够利用它们（解题方法）分析未知数据（考场的题目）。最简单也最普遍的一类机器学习算法就是分类，对于分类，输入的训练数据有标签和特征等，所谓的学习，其本质就是找到特征和标签间的关系，当有这样特征的而无标签的位置数据输入的时候，可以通过已有的关系得到未知的数据标签。

在上面的分类过程中，如果所有的训练数据都是有标签的就是监督学习，如果没有标签就是无监督学习，也就是人们所称的聚类。聚类是假设拥有相同语义关系的实体对拥有相似的上下文信息。因此可以利用每个实体对对应的上下文信息来代表该实体对的语义关系，并对所有实体对的语义关系进行聚类。但是这种方法产生的效果很不理想，很难得到一个准确的结果，因为就像高中做题一样，考试的答案（标签）是非常重要的，如果没有答案就无法验证最终的结果，心里也没有底，效果自然也就不那么理想。既然聚类的效果那么差，为什么还要容忍它存在呢？虽然说目前的分类算法的效果是很不错，但是在实际的应用之中，标签的获取往往需要耗费大量的人力，甚至非常困难，面对互联网如此庞大的数据，我们不可能一一地为它设置标签。自然处于二者之间的就是半监督的学习方法，它的训练数据是一半有标签一半没有标签(在实际应用中没有标签的远远大于有标签的)，它的基本构想就是：数据的分布必然不是完全随机的，通过一些有标签数据的局部特征，以及更多没标签数据的整体分布，就可以得到可以接受甚至是非常好的分类结果。

现有的有监督学习关系抽取方法已经取得了较好的效果，但它们严重依赖词性标注、句法解析等自然语言处理标注提供分类特征，而自然语言处理标注工作往往存在大量错误，这些错误将会在关系抽取系统中不断传播放大，最终影响关系抽取的效果。最近越来越多的人开始将深度学习的技术应用到关系抽取中，比如提出递归神经网络来解决关系抽取问题，提出卷积神经网络进行关系抽取等。比如最近有一种非常火的神经网络模型，这种模型是基于句子级别注意力机制的；该方法能够根据特定关系为实体对的每个句子分配权重，通过不断地学习能够使得有效的句子获得较高的权重，而有噪音的句子获得较小的权重。这种模型和很多其他模型相比，效果有较大的提升。图 12−8 所示为知识推理举例。

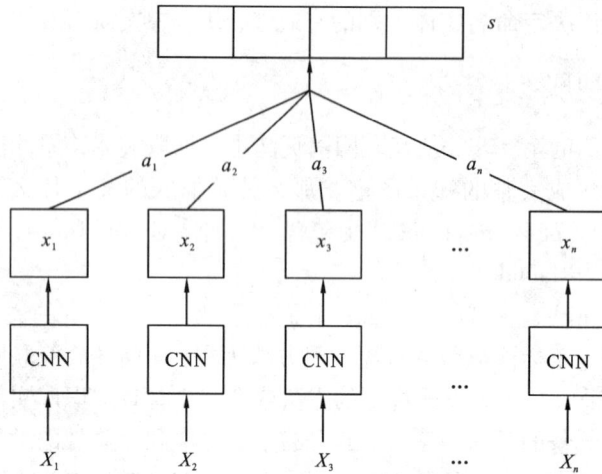

图 12−8　基于句子级别影响力机制的神经网络模型

最后虽然深度学习在自然语言处理的很多方面取得了巨大的成功，以关系抽取为例，深度学习比传统的方法有更好的关系抽取效果，但是关系抽取的性能还有很大提升空间，仍然有很多问题亟待解决。比如目前现在的关系抽取主要还是基于单语言文本，事实上人类的知识蕴藏于不同的模块和类型的信息源中。我们还需要探索如何利用多语言文本，图像和音频信息进行关系抽取。

12.2.3　知识推理

知识推理是人类智能的重要特征，能够从已知的信息中发现隐含知识。知识推理是指在计算机或者智能系统中，模拟人类智能推理方式，利用形式化的知识进行机器思维和求解问题的过程。知识图谱能这么智能地完成人们的任务，这里和知识推理有着密不可分的关系。推理必然也包括着学习的过程，有些对于人类来说可能是常识，但是对于机器来说需要大量的数据进行联系，里面需要相关规则的支持。

这些规则可以通过人们手动总结构建，但是还是费时费力，因为我们也不可能穷举复杂关系图谱中所有的推理规则。因此，如何自动挖掘相关的推理规则和模式是研究的核心内容。本章前面提到的表示学习技术能完成简单的推理工作，它的核心思想将符号化的实体和关系在连续向量空间进行表示，简化操作与计算的同时最大程度地保留原始的图结构。但是由于技术的原因，主要还是依赖关系之间的同现情况，利用关联挖掘技术来自动发现推理规则。

实体关系之间有大量的同现信息。如图 12 - 9 所示，在康熙，雍正和乾隆三个任务之间，有（康熙，父亲，雍正）、（雍正，父亲，乾隆）以及（康熙，祖父，乾隆）三个实例。根据大量类似的实体 X，Y，Z 间出现的（X，父亲，Y）、（Y，父亲，Z）、（X，祖父，Z）实例，可以统计出"父亲＋父亲＝》祖父"的推理规则，类似地还可以根据大量的（X，首都，Y）和（X，位于，Y）实例统计出"首都＝》位于"的推理规则，根据大量的（X，总统，美国）和（X，是，美国人）统计出"美国总统＝>是美国人"的推理规则。

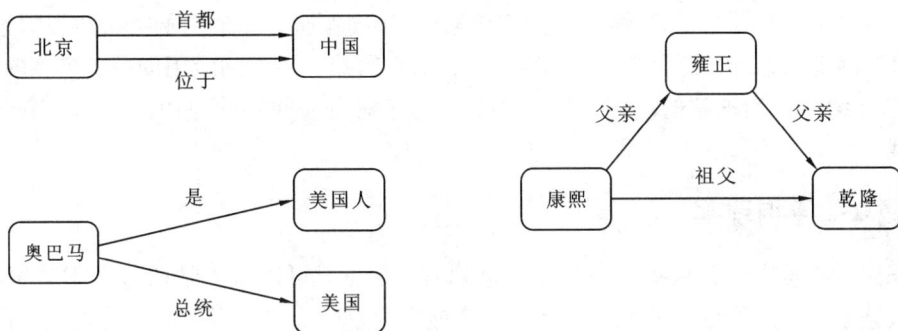

图 12 - 9 知识推理举例

知识推理可以用于发现实体间新的关系，达到补全知识图谱的作用，提升知识图谱的质量。但是这种基于关系同现的统计方法，面临严重的数据稀疏问题。因此在知识推理方面还有很多的探索工作，例如采用谓词逻辑等形式化的方法和马尔科夫逻辑网络等建模工具进行知识推理研究。

首先，推理引擎把自然语言通过语义解析（semantic parsing）转换为逻辑表达式（logical form）。语义解析采用了结合神经网络和符号逻辑执行的方式：自然语言经过句法、语法分析、NER、Entity Linking，被编码为分布式表示（distributed representation），句子的分布式表示被进一步转义为逻辑表达式。在分布式表示转换为逻辑表达式的过程中，我们首先面临表示和谓词逻辑（predicate）操作之间映射的问题。我们把谓词当做动作，通过训练执行 symbolic operation，类似 neural programmer 中利用 attention 机制选择合适的操作，即选择最有可能的谓词操作，最后根据分析的句法等把谓词操作拼接为可能的逻辑表达式，再把逻辑表达式转换为查询等。其次，逻辑表达式会触发后续的逻辑推理和图推理。逻辑表达式在设计过程中遵循以下几个原则：逻辑表达式接近人的自然语言，同时便于机器和人的理解。表达能力满足知识图谱数据、知识表示的要求。应该易于扩展，能够非常方便地增加新的类、实体和关系，能够支持多种逻辑语言和体系，如 Datalog、OWL 等，即这些语言及其背后的算法模块是可插拔的，通过可插拔的功能，推理引擎有能力描述不同的逻辑体系。

以"产地为中国的食品"为例，用逻辑表达式描述为：

$\forall x$：食物$(x) \cap (\forall y$：同义词$(y，产地))$ $(x，(\forall z$：包括下位实体$(中国，z)))$

随后找同款：

$\forall t，x$：$(\$ c$：属于产品$(x，c) \cap$属于产品$(t，c))$

此外知识推理还用于知识库的补全，提升知识图谱的质量。主要思路是把知识库中的结构信息等加入 embedding，考虑了 Trans 系列的特征，还包括边、相邻点、路径、实体的文本描述（如详情）、图片等特征，用于新关系的预测和补全。但是这方面的研究仍然处于百家争鸣的阶段，大家在推理表示等诸多方面还是没有达成共识，未来更有还有更有效率的方法等待着我们进一步地探索。

12.3   知识图谱的典型应用

本小节主要阐述了知识图谱目前主流的应用，让读者通过几个例子明白知识图谱的核心功能，启发读者的思维，给读者想象的空间，为未来的知识图谱的应用创造出更多的可能性。12.3.1 节介绍了查询理解的应用；12.3.2 节介绍了对自动问答的应用；12.3.3 节介绍了前景和挑战。

12.3.1   查询理解

知识图谱将搜索引擎从字符串匹配推进到实体层面，可以极大地改进搜索效率和效果，为下一代搜索引擎提供巨大的想象空间。各大搜索引擎巨头之所以致力于构建大规模知识图谱，重要的目标之一就是能够更好地理解用户输入的查询词。用户查询的是短文本，传统的关键词匹配技术没有理解查询词背后的语义信息，查询效果会很差。如图 12 - 10 所示，是查询"杂交水稻之父"得到的结果，在知识图谱中它不会机械地返回所有含有"杂交水稻之父"这个关键词的网页，而是通过知识图谱识别查询词中的实体和属性，根据当时的搜索环境直接在最顶端返回查询的结果。

目前主流的商业搜索引擎都支持这种直接返回查询结果而非网页的功能，大大地节约了人们的时间，这背后离不开大规模知识图谱的支持。以百度为例，图 12 - 11 是百度对"泰山的高度"的查询结果，百度会直接告诉泰山的高度是 1524 米。

基于知识图谱，搜索引擎还可以获得推理能力，例如，图 12 - 12 是在百度的"知心"（中文知识图谱服务）上提出一个近乎于脑筋急转弯的问题，来展示知识图谱强大的推理能力。

采用知识图谱理解查询意图，不仅可以返回更符合用户需求的查询结果，精确理解用户的意图，还能更好地推送符合用户的广告信息，提高广告点击率，增加搜索引擎收益。因此，知识图谱对搜索引擎公司而言，是一举多得的重要资源和技术。

图 12 –10 百度中对"杂交水稻之父"的查询结果

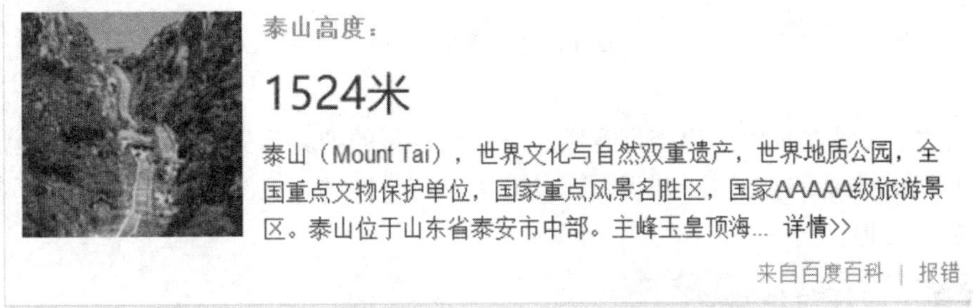

图 12 –11 百度中对"泰山的高度"的查询结果

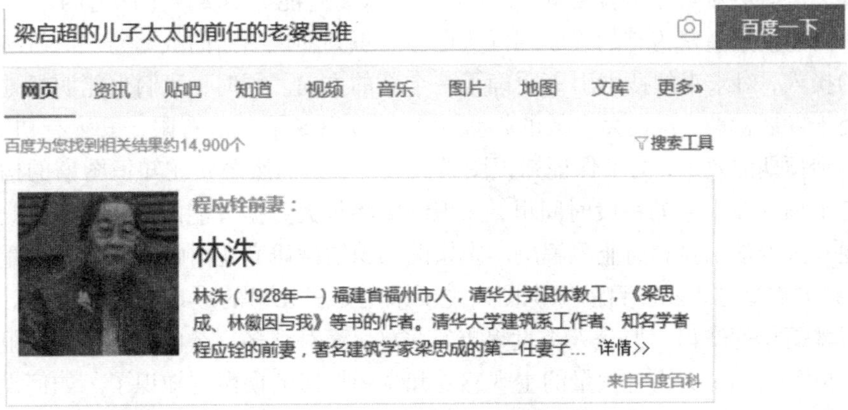

图 12 –12 百度中的查询结果

12.3.2　自动问答

对知识图谱问答可以做一个分类可以分为：开放领域的自动问答，特定领域的自动问答，常见问题集的自动问答，称为 FAQ（图 12 - 13）。FAQ 在很多场景下面已经达到了很好的效果，但是客观地评价，在开放领域的自动问答还处于一个比较初级的阶段，所以现在更多成功的用例是在特定领域里面，特定领域里面一般是基于某个行业去做。

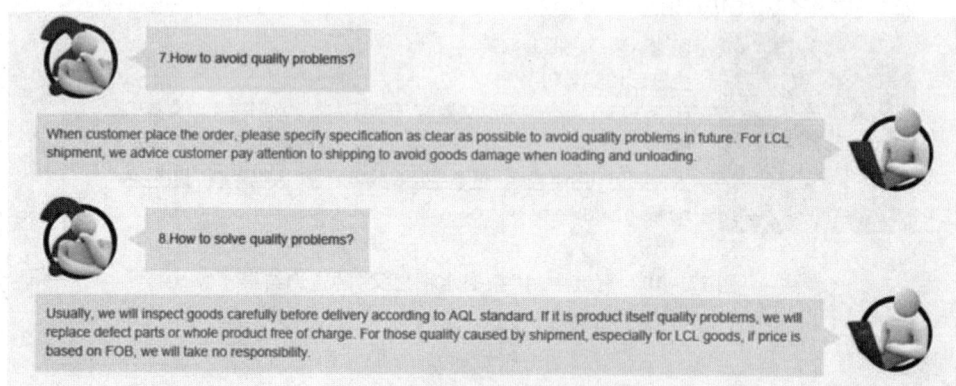

图 12 - 13　FAQ 示例

总而言之，无论是理解用户查询意图，还是探索新的搜索形式，都毫无例外地需要进行语义理解和知识推理，这都需要知识图谱的有力支持，推进知识图谱的发展也成了各大互联网公司的必争之地。

12.3.3　前景和挑战

随着大数据时代的到来，越来越多的数据被信息化、数字化。如果未来的智能机器拥有一个大脑，那么知识图谱必将就是这个大脑中的知识库，对于大数据智能具有重要意义，知识图谱的发展势必会对自然语言处理、信息检索、人工智能等领域产生深远的影响。

现在以商业搜索引擎为首的互联网巨头已经意识到知识图谱的战略意义，纷纷加大了对知识图谱的投入，对未来的搜索引擎明确了一个新的方向。同时，我们也能明显地感觉到知识图谱还处于发展初期，现在大多数的知识图谱的应用场景非常有限，虽然有初步的成效，但是还达不到预期的效果，为了保证知识图谱的准确率，仍然需要在知识图谱的构建中采用较多的人工干预。在未来的一段时间里，知识图谱将是大数据智能的前沿研究问题，有很多重要的问题等待着学术界和商业界解决。未来的知识图谱研究还面临着以下几个重要挑战。

（1）知识的类型与表示。目前知识图谱主要采用是三元组的形式来表示知识，这种方法是能表示很多简单的知识。但是人类世界丰富多样，面对众多复杂的知识，三元组就显得力不从心了。更不用说人类还有大量的主观感受和主观情感的模糊的知识了。如何设计合理的表示方案，更好地涵盖人类不同类型的知识，是知识图谱的重要研究问题。

（2）如何从互联网大数据中获得高质量的数据，是知识图谱的重要问题。高质量的数据能从源头上提高检索效率和精度，是知识图谱构建的第一步。但是目前提出的各种方案，虽然成功抽取了部分知识，但是在抽取知识的准确率、覆盖率和效率方面都不尽如人意，都有很大的提升空间。

（3）从不同数据源中抽取的知识可能存在大量的噪声和冗余，有些数据只是使用了不同的表达方式，使用了不同的语言。如何将这些数据高效率地融合起来，建立起更大规模的知识图谱，是未来知识图谱推广发展的必经之路。

习　题

1. 根据你自己的理解阐述什么是知识图谱。

2. 知识图谱的数据来源分别有哪几种？它们分别有什么特点？

3. 知识表示中最简单的模型是什么？这个模型的局限性是什么？

4. 中文实体识别和英文实体识别哪一种比较困难？为什么？

5. 关系抽取的方法主要有哪几种？并简单介绍一下这些方法。

6. 知识推理目前主要采用的方法是什么？知识推理有什么作用？

7. 除了书上描述的知识图谱应用场景，你还能想到知识图谱的应用有哪些？请举例说明。

第 13 章　大数据挖掘算法

虽然数据仓库技术自诞生之日起的十多年里一直被用来处理大数据，但是"大数据"这个名词却是近年来随着以 Hadoop 为代表的一系列分布式计算框架的产生发展才流行起来的。Hadoop 主要用来解决传统的数据处理中面临的三个方面的问题。第一个问题是存储大量的数据。将海量数据存储在传统的系统中是不可能的。原因很明显，存储将被限制在一个系统中，而数据的增长速度非常快。第二个问题是存储异构数据。虽然数据存储是一个问题，但是这只是问题的一部分。现在存储和处理的数据不仅是巨大的，而且是以各种格式存在，如非结构化数据、半结构化数据和结构化数据。所以，企业需要有一个系统来存储从不同来源生成的数据。第三个问题是访问和处理速度。硬盘容量不断增加，但磁盘传输速度或访问速度却不能以相同的速度增加。例如，在一个 100 mbps 的 I/O 通道中处理 1 TB 的数据需要大约 2.91 h。现在，四台机器有 4 个 I/O 通道，数据量相同，则大约需要 43 min。因此，对于企业来说，访问和处理速度是比大数据存储更大的问题。随着 Hadoop 平台的迅速发展，一些基于 Hadoop 平台的挖掘算法油然而生，在本章中介绍了基于 Hadoop 平台的关联挖掘算法、聚类算法、分类算法。

本章首先介绍了 Hadoop 平台的基本内容(13.1)节，然后介绍了基于 MapReduce 数据挖掘算法(13.2 节)。

13.1　Hadoop 介绍

本节首先介绍了 Hadoop 的基本概念，然后阐述了 Hadoop 框架的基本内容，然后通过对 Hadoop 平台中最重要的两个组件(MapReduce、HDFS)的展开介绍，让读者能够对 Hadoop 平台进一步了解，进而掌握 Hadoop 的工作的基本流程。

13.1.1　Hadoop 的基本概念

Hadoop 是较早用来处理大数据集合的分布式存储计算基础架构，最早由 Apache 软件基金会开发。利用 Hadoop，用户可以在不了解分布式底层细节的情况下，开发分布式程序，充分利用集群的威力，执行高速运算和存储。简单地说，Hadoop 是一个平台，在它之上可以更容易地开发和运行处理大规模数据的软件。Hadoop 软件库是一个计算框架，在这个框架中可以使用一种简单的编程模式，通过多台计算机构成集群，分布式处理大数据集。Hadoop 架构图如图 13 - 1 所示。Hadoop 主要由四个模块组成：

(1) Hadoop 基础功能库：包含其他 Hadoop 模块的通用程序包。

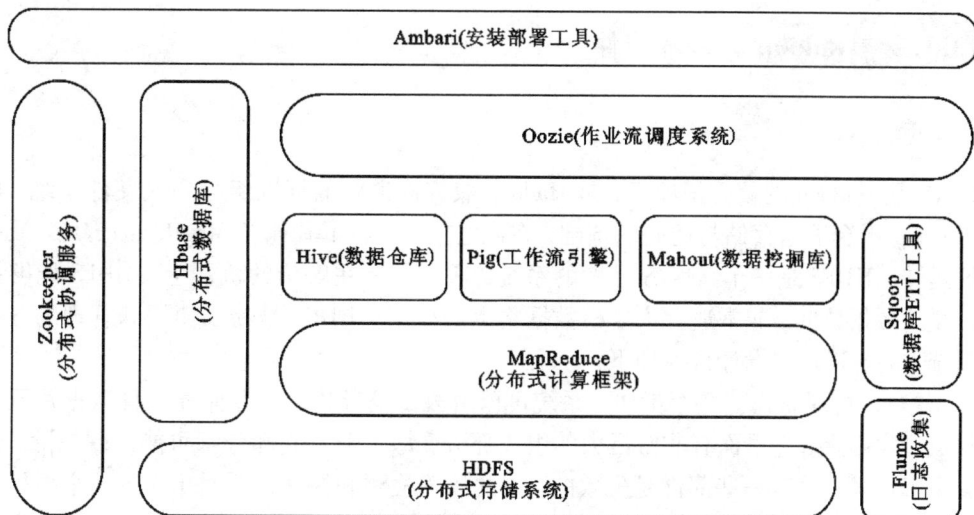

图 13-1　Hadoop 架构图

（2）HDFS：一个分布式的文件系统，能够以高吞吐量访问应用数据。

（3）YARN：一个作业调度和资源管理框架。

（4）MapReduce：一个基于 YARN 的大数据并行处理程序。

除了基本模块外，Hadoop 相关的其他项目还包括：

（1）Ambari：一个基于 Web 的工具，用于配置、管理和监控的 Hadoop 集群。支持 HDFS、MapReduce、Hive、HCatalog、Hbase、Zookeeper、Oozie、Pig 和 Sqoop。Ambari 还提供显示集群健康状况的仪表盘，如热点图等。

（2）Oozie：一个 JavaWeb 的作业流调度系统。

（3）Zookeeper：一个应用与分布式应用的高性能协调服务。

（4）Habse：一个可扩展的分布式数据库，支持大表的结构化数据存储。

（5）Hive：一个数据仓库基础架构，提供数据汇总和命令行的即席查询功能。

（6）Pig：一个用于并行计算的高级数据流语言和执行框架。

（7）Mahout：一个可扩展的机器学习和数据挖掘库。

（8）Sqoop：将数据从传统数据库导入到 HDFS 的工具。

（9）Flume：分布式的海量日志采集、聚合和传输的系统。

Hadoop 的主要特点有：

（1）扩容能力：能可靠地存储和处理 PB 级的数据。

（2）成本低：可用廉价通用的机器组成服务器群分发、处理数据。这些服务器群总计可达上千节点。

（3）高效率：通过分发数据，Hadoop 可以在数据所在的节点上并行的处理他们，这使得处理的非常快。

（4）可靠性：Hadoop 能自动地维护数据的多份复制，并且在任务失败后能自动地重新部署计算任务。

13.1.2 Hadoop 的基本组件

1. HDFS

HDFS 是 Hadoop 的核心子项目，是 Hadoop 兼容性最好的标准级分布式文件系统，也是整个 Hadoop 平台数据存储与访问的基础，在此之上，承载了其他如 MapResuce，HBase 等子项目的运转。HDFS 是一个高度容错性的系统，适合部署在廉价的机器上。HDFS 能够提供高吞吐量的数据访问，非常适合大规模数据集上的应用。HDFS 是易于使用和管理的分布式文件系统，主要特点和设计目标如下：

(1)硬件故障是常态。整个 HDFS 系统可以由数百或者数千个存储着文件数据片段的服务器组成。实际上，它里面有非常巨大的组成部分，每一个组成部分都可能出现故障，这就意味着 HDFS 里总是有一些部件是失效的，因此故障检测和快速恢复是 HDFS 一个很核心的设计目标。

(2)流式数据访问。HDFS 被设计成适合批量处理的，而不是用户交互式的。POSIX 的很多硬性需求对于 HDFS 应用都是非必需的，HDFS 放宽了 POSIX 的要求，这样，可以流的形式访问文件系统中的数据。同时去掉 POSIX 一小部分关键语义，可以获得更好的数据吞吐率。

(3)简单的一致性模型。大部分的 HDFS 程序对文件操作需要的是一次写、多次读取的操作模式。HDFS 假定一个文件一旦创建、写入、关闭之后就不需要修改了。这简化了数据一致性的问题，并使高吞吐量的数据访问变成可能。

(4)名字节点和数据节点。HDFS 是一个主从结构，一个 HDFS 集群包括一个名字节点，它是一个管理文件命名空间和调节客户端访问文件的主服务器，当然，还有一些数据节点，通常是一个节点一个机器，它来管理对应节点的存储。HDFS 对外开放命名空间，并允许用户数据以文件形式存储。内部机制是将一个文件分割成一个或多个块，这些块被存储在一个数据节点中。名字节点用来操作文件命名空间的文件或目录操作，如打开关闭、重命名等。它同时确定块与数据节点的映射。数据节点负责来自文件系统客户的读写请求。数据节点同时还要执行块的创建、删除，以及来自名字节点的块复制指令。

(5)大规模数据集。HDFS 被设计为 PB 级以上存储能力，单个的存储文件可以是 GB 或者 TB 级。因此，HDFS 的一个设计原则是支持成千上万的大数据文件的存储，即将单个文件分成若干标准数据块，分布存储于多个节点上，当用户访问整个文件时，由这些节点集群向用户传输所拥有的数据块，由此可以获得极高的并行数据传输速率。

(6)可移植性。HDFS 在设计之初，就考虑到异构软硬件平台间的可移植性，能够适应于主流硬件平台。它基于跨操作系统平台的 Java 语言进行编写，这有助于 HDFS 平台的大规模应用推广。

HDFS 架构如图 13-2 所示，它采用的是主从架构。一个典型的 HDFS 集群包含一个 NameNode 节点和多个 DataNode 节点。NameNode 节点负责整个 HDFS 文件系统中的文件的元数据保管和管理，集群中通常只有一台机器上运行 NameNode 实例，DataNode 节点保存文件中的数据，集群中的机器分别运行一个 DataNode 实例。在 HDFS 中，NameNode 节点被称为名称节点，DataNode 节点被称为数据节点。DataNode 节点通过心跳机制与 NameNode 节点进行定时的通信。

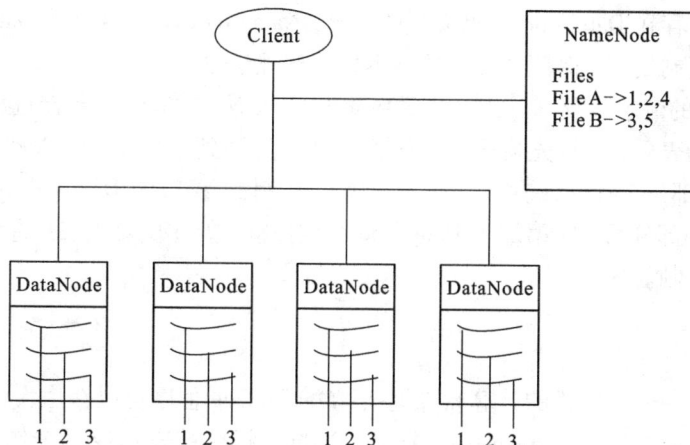

图 13-2　HDFS 架构图

NameNode 的主要功能：

（1）管理元数据信息。元数据信息包括名字空间、文件到文件块的映射、文件块到数据节点的映射三部分。管理文件包括创建新文件块、文件复制、移除无效文件块以及回收孤立文件块等内容。

（2）管理文件系统的命名空间。任务对文件系统元数据产生修改的操作，NameNode 都会使用日志记录来表示；同样地，修改文件的副本系数也将往日志记录中插入一条记录，NameNode 将日志记录存储在本地操作系统的文件系统中。同时，文件系统的命名空间被存储在一个称为映像文件的文件中，包括文件的属性、文件块到文件的映像以及文件到数据节点的映像等内容。

（3）监听请求。指监听客户端事件和 DataNode 事件。客户端事件包含名字空间的创建和删除，文件的创建、读写、重命名和删除，文件列表信息的获取等信息。DataNode 事件主要包括文件块信息、心跳响应、出错信息等。处理请求指处理上面的监听请求事件并返回结果。

（4）心跳检测。DataNode 会定期将自己的负载情况通过心跳查询向 NameNode 汇报。NameNode 全权管理数据块的复制，它周期性地从集群中的每个 DataNode 节点接收心跳信号和块状态报告。接收到心跳信号意味着该 DataNode 节点工作正常。块状态报告包含了一个该 DataNode 上所有的数据块的列表。

DataNode 的主要功能：

（1）数据块的读写。一般是文件系统客户端需求请求对指定的 DataNode 进行读写操作，DataNode 通过 DataNode 的服务进程与文件系统客户端打交道。同时，DataNode 进程与 NameNode 统一结合，对文件块的创建、删除、复制等操作进行指挥和调度，当与 NameNode 交互过程中收到了可以执行文件块的创建、删除或复制操作命令后，才开始让文件系统客户端执行指定的操作。具体文件的操作并不是 DataNode 来实际完成的，而是经过 DataNode 许可后，由文件系统客户端进程来执行实际操作。

（2）向 NameNode 报告状态。每个 DataNode 会周期性地向 NameNode 发送心跳信号和文件块状态报告，以便 NameNode 获取到工作集群中 DataNode 节点状态的全局视图，从而掌握它们的状态。如果存在 DataNode 节点失效的情况，NameNode 会调度其他 DataNode 执行失效节点上文件块的复制处理，保证文件块的副本数达到规定数量。

（3）执行数据的流水线复制。当文件系统客户端从 NameNode 服务器进程中获取到要进行复制的数据块列表后，会首先将客户端缓存的文件复制到第一个 DataNode 节点上，此时，并非整个数据块都复制到第一个 DataNode 后再复制到第二个 DataNode，而是由第一个 DataNode 接收一小部分后，向第二个 DataNode 节点传输，如此反复下去，直到完成文件块及其副本的流水线复制。

2. MapReduce

MapReduce 是一个分布式的计算软件框架，MapReduce 程序可以在由大量计算机（节点）组成的集群上的并行执行。Hadoop 中每个 MapReduce 程序被表示成一个作业，每个作业被分为多个任务。应用程序向框架提交一个 MapReduce 作业，作业一般会将输入的数据集合分成互相独立的数据块，然后由 Map 任务以并行的方式对数据分块处理。框架对 map 输出进行排序之后输入到 Reduce 任务。MapReduce 作业的输入输出都存储在一个如 HDFS 的文件系统上。

MapReduce 处理数据分为输入分片（input split）、Map 阶段、Shuffle 阶段和 Reduce 阶段。其中 Split 阶段和 Shuffle 阶段由框架自动完成。MapReduce 处理数据的流程如图 13 - 3 所示。

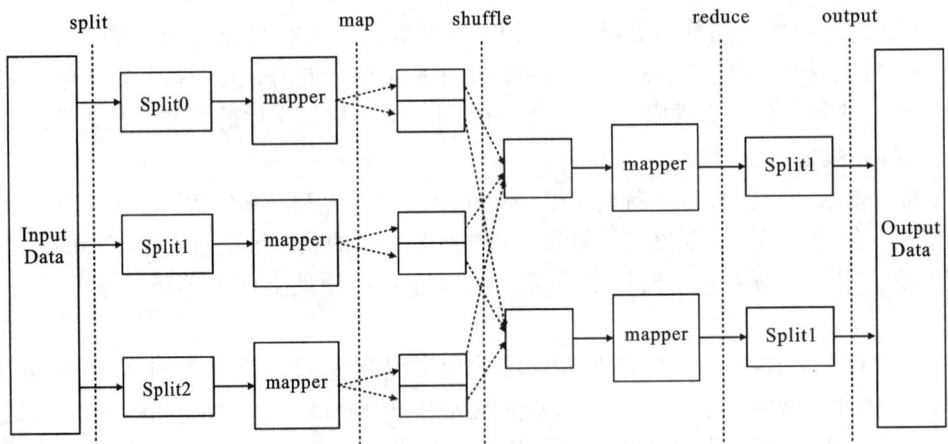

图 13 - 3 HDFS 架构图

（1）输入分片（input split）

在进行 Map 计算之前，MapReduce 会根据输入文件计算输入分片（input split），每个输入分片（input split）针对一个 Map 任务，输入分片（input split）存储的并非数据本身，而是一个分片长度和一个记录数据的位置的数组，输入分片（input split）往往和 HDFS 的 block（块）关系很密切。设定 HDFS 的块的大小是 64MB，如果输入有三个文件，大小分别是 3MB、65MB 和 127MB，那么 MapReduce 会把 3MB 文件分为一个输入分片（input split），65MB 则是两个输入分片（input split）而 127MB 也是两个输入分片（input split）。如果在 Map 计算前做输入分片调整，例如合并小文件，那么就会有 5 个 Map 任务将执行，而且每个 Map 执行的数据大小不均，这个也是 MapReduce 优化计算的一个关键点。

（2）Map 阶段

一个 MapReduce 应用逐一处理 input splits 中的每一条记录。Input splits 在上一步骤完成后，Map 任务便开始处理它们，此时，Resource Manage 的调度器会给 Map 任务分配他们处理数据所需的资源。对于文本文件，默认为文件里的每一行是一条记录，一行的内容是键值对中的值，从 split 的起始位置到每行的字节偏移量，是键值对中的键。Map 任务处理每一个记录时，会生成一个新的中间值键值对，这个键值对可能与输入键值对完全不同。Map 任务的输出就是这些中间键值对的全部集合。为每个 Map 任务生成最终的输出文件前，先会依据键进行分区，以便同一分组的数据交给一个 Reduce 任务处理。

（3）Shuffle 阶段

Map 步骤之后，开始 Reduce 处理之前，还有一个重要的步骤是 Shuffle。MapReduce 保证每一个 Reduce 任务的输入都是按照键排序好的。系统对 Map 任务的输出执行排序和转换，并保证映射为 Reduce 任务的输入，此过程就是 Shuffle，它是 MapReduce 的核心处理过程。在 Shuffle 中，会把 Map 任务输出的一组无规则的数据尽量转化成一组具有一定规则的数据，然后把数据传递给 Reduce 任务运行的节点。

（4）Reduce 阶段

Reduce 步骤负责数据的计算和归并，它处理 Shuffle 后的每个键及其对应的值的列表，并将一系列键值对返回给客户端用户使用。有些情况下只需要 Map 步骤的处理就可以为应用生成输出结果，这时就没有 Reduce 步骤。例如，将全部文本转换成大写这种基本的转化操作，或者从视频文件中抽取关键帧等，这些处理只需要一个 Map 阶段就够了，因此又叫 Map − only 作业。但在大多数情况下，到 Map 任务输出结果只完成了一部分工作。剩下的任务就是对所有的中间结果进行归并、聚合等操作，最终生成一个汇总的结果。与 Map 任务类似，Reduce 任务也是逐条处理每个键。通常 Reduce 为每个处理的键返回单一的键值对，但是这个结果键值对可能会比原始的键值对小得多。当 Reduce 任务完成后，每个 Reduce 任务的输出会写入一个结果文件，并将结果文件存储到 HDFS 中，HDFS 会自动生成结果文件数据块的副本。

13.2　基于 MapReduce 数据挖掘算法

通过前面章节的学习，我们知道 MapReduce 能够解决的问题有一个共同特点：任务可以被分解为多个子问题，且这些子问题是相对独立、彼此之间不会牵制的，待并行处理完这些子问题后，任务便被解决。随着在数据时代的到来，不仅互联网会遇到海量数据的处理和计算难题，数据挖掘领域也经常会遇到同样的问题，这使得许多传统的数据挖掘算法面临很大的限制，无法处理输入数据量或是计算量巨大的情况。而 MapReduce 擅长解决这类问题，因此，基于 MapReduce 的数据挖掘算法应运而生。本节主要介绍了基于 MapReduce 的 K − means 并行算法（13.2.1 节）、基于 MapReduce 的分类算法（13.2.2 节）、基于 MapReduce 的序列模式挖掘算法（13.2.3 节）。

13.2.1　基于 MapReduce 的 K – means 并行算法

本节将介绍一种面向大数据应用场景的聚类分析方法：K – means Ⅱ，是对前面第 7.3.2 节中提到的基于分割的 K – means 算法的一种改进，也是基于 MapReduce 的 K – means 算法。在 7.7.1 节介绍了基于大数据聚类的时代应用背景，7.7.2 节简要介绍了一下 K – means + + 算法流程，7.7.3 节介绍 K – means Ⅱ算法流程。

现在的社会是一个信息高速发展、数据呈爆炸性增长的年代，那么之前使用的传统的平台满足不了处理爆炸性数据的要求，亟须一个适合应用于超大数据处理的新平台出现。云计算的出现很好满足了这个需求，天才般的 MapReduce 计算框架的出现和开源的 Hadoop 平台的应用，使得对大数据进行聚类变得可能。数据越大，聚类的效果会越好。

K – means 聚类的目标是选取一组 k 个中心 C 使得 $\varPhi_Y(C)$ 最小。优势在于它很简单，它的算法过程也称为 Lloyd 迭代过程，这种局部搜索方法不断迭代直到连续两轮内解都没有改变才停止。初始化的过程决定了 K – means 算法最终是否能取得好的结果，现在，根据一些研究，学习一种简单算法：K – means + + 算法既可以在理论上保证结果的质量，又可以借助于初始化结果来改进 Lloyd 迭代运行的时间。

为了便于后面的算法理解，现在对一些基本概念进行一些说明：

$X = \{x_1, \cdots x_n\}$ 是 d 维欧几里德空间中的一组点集，k 是指定的簇数量。$\|x_i - x_j\|$ 代表 x_i 和 x_j 的欧几里得距离。对一个点 x 和一个点子集 $Y \subseteq X$，距离 $d(x, Y) = \text{Min}_{y \in Y}\|x - y\|$。对于点子集 $Y \subseteq X$，其簇中心为

$$\text{Centroid}(Y) = \frac{1}{|Y|}\sum_{y \in Y} y \tag{13.14}$$

$C = \{c_1, \cdots, c_k\}$ 是一组点集，对于 $Y \subseteq X$，定义 Y 对于 C 的损失是

$$\varPhi_Y(C) = \sum_{y \in Y} d^2(y, C) = \sum_{y \in Y} \min_{i = 1, \cdots, k} \|y - ci\|^2 \tag{13.15}$$

K – means + + 算法只从数据集中均匀随机选取一个簇中心，随后的每一个簇中心都依照它对前一轮选择下总误差的贡献值，以一定的概率比例被选取。直观上，这一初始化算法的依据是："一个好的聚类结果相对来说更分散，因此在选择新的簇中心时应倾向于选择那些远离之前簇中心的点。"

K – means + + 算法可以得到一组被证明和最优解十分接近的初始簇中心集合，然而，K – means + + （初始化）算法最大的不足之处在于它固有的顺序迭代性质，这限制了它在大规模数据上的应用，因为必须在数据上迭代 K 轮才能得到好的初始簇中心集合。即，在 R^d 空间内对 n 个点进行 K 聚类时，该算法总运行时间是 $O(nkd)$。K – means + + 原始实现需要对数据迭代 k 次来挑选初始簇中心点集。这一缺陷在大规模数据的使用场景中更为严重。首先，数据集增大，簇的数量也随之增大。例：将上百万的数据点聚类到 $k = 100$ 或是 $k = 1000$ 是很常见的，而 K – means + + 初始化在这些情形下非常慢。当算法的剩余部分都可以在并行化环境下运行，例如 MapReduce，这种速度的降低就更为不利。很多应用都需要一个可以和 K – means + + 一样既有理论保证，又可以有效并行化的算法。

下面列出了 K – means + + 算法的具体流程：

算法: $K-\text{means}++(K)$ 初始化

输入: C 点集。

输出: 初始簇中心集合。

方法:

① C: 从 X 中均匀随机选取一个点;

② 当 $|C|<k$ 时;

③ 以概率 $\dfrac{d^2(X, C)}{\varphi_x(C)}$ 从 X 中选取 x;

④ C: $C\cup\{x\}$;

⑤ 结束循环。

为了适应大数据聚类的要求,接下来,根据参考文献,学习一种对 $K-\text{means}++$ 算法改进的并行化实现算法: $K-\text{means}\,\mathrm{II}$。其可在对数级别的迭代次数内取得接近最优的解,并且在实际应用中,常数级别的迭代次数已经足够。从许多大规模数据的实验结果可以发现,$K-\text{means}\,\mathrm{II}$ 在顺序和并行两种情况下都比 $K-\text{means}++$ 表现效果更好。

在 $K-\text{means}\,\mathrm{II}$ 算法中,首先选取一个簇中心集 C,然后计算选定后的初始聚类代价 Ψ,接着进行 $\log\Psi$ 次迭代,在每一轮迭代中,对于当前的簇中心集 C,以(**有公式,软件不显示**)的概率选取每一个点,被选取的点加入到 C,更新 $\Phi_x(C)$ 的值,结束该轮迭代。每一轮迭代选取的点期望数量是 l,当迭代过程结束后,C 中点的期望数量是 $l\cdot\log\Psi$,通常大于 K。在第 7 步中将权重赋给 C 中的每个点,第⑧步将这些带权重的点重新聚类得到 K 个中心。

下面列出了 $K-\text{means}\,\mathrm{II}$ 算法的具体流程:

算法: $K-\text{means}\,\mathrm{II}\,(k, l)$ 初始化

输入: C 点集。

输出: k 个聚类中心。

① C: 从 X 中均匀随机选取一个点;

② Ψ: $\Phi_x(C)$;

③ 迭代 $O(\log\Psi)$ 次;

④ C': 对于每一个 $x\in X$, 以 $P_x=\dfrac{l\times d^2(x, c)}{\Phi_x(C)}$ 的概率独立地进行选取;

⑤ C: $C\cup C'$;

⑥ 迭代结束;

⑦ 对每一个 $C\in C$, 定义每一个点的权重 w_x 为 X 中距离 x 比距离 C 中其他任意点近的点的数量;

⑧ 对 C 中带权重的点重新聚类成 K 个类。

值得注意的一点是: C 的规模比初始输入的点集规模小得多,因此,可以很快完成重新聚类的过程。比如在 MapReduce 中,因为中心点的规模很小,可以在单个机器上运行,任何已证明可以近似的算法(如之前提到的 $K-\text{means}++$)都可以用来重新聚类成 K 个中心。

基于 MapReduce 的 K-means II 算法设计：

只需要关心上面算法流程中的第①～第⑦步。第④步在 MapReduce 下很简单：每一个 mapper 都可以独立取样。对于给定的一组簇中心集合 C，⑦步同样很简单。给定一组（小规模）簇中心集合 C，很容易计算 $\Phi_x(C)$：每一个 mapper 在一组输入点的划分 $X' \subseteq X$ 上计算 $\Phi'_x(C)$，然后 reducer 可以很容易地将所有 mapper 得到的值相加，计算出 $\Phi_x(C)$。这就帮助了第②步的计算，并且更新了第③～⑥步迭代过程所需要用到的 $\Phi_x(C)$。

接下来用一个流程图讲解 MapReduce 的流程：

> Job：计算新的聚类中心
>
> Map：
>
> 输入：<Object，一条数据>
>
> 输出：<所属类 c_i，数据>
>
> Reduce：
>
> 输入：<c_i，相应数据的集合>
>
> 输出：<c_i，新的聚类中心>
>
> Job 连续迭代，直至相连两次的聚类中心小于阈值为止

图 7-13 所示是基于 MapReduce 的整个聚类流程。

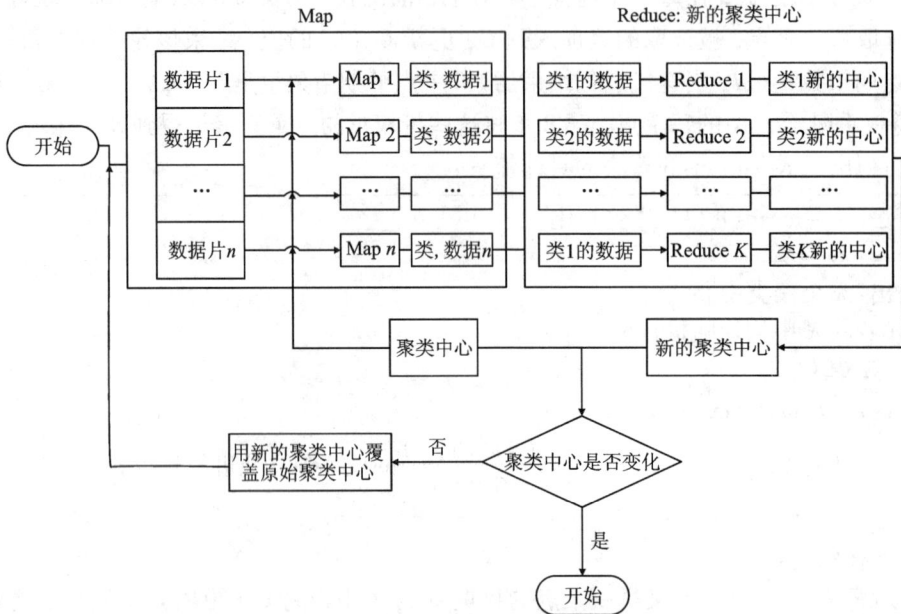

图 7-13 MapReduce 聚类流程

通过图 7-13，可以清楚地看到整个 MapReduce 的聚类流程，通过与前面第 7.3.2 节介绍的 K-means 算法的比较可以得出结论：这是基于多类大数据的聚类，利用 Map 和 Reduce 不同的算法将聚类中心的计算进行改进，通过不断地迭代得到新的聚类中心。

13.2.2　基于 MapReduce 的分类算法

前几节介绍了几种十分经典的分类算法，然而在大数据时代，面对海量的数据，集中式的分类算法无法处理超大量的数据，如何用分布式计算的方法来实现分类算法成为目前研究的热点，本节介绍一种基于 MapReduce 分布式的 C4.5 集成分类算法——MReC4.5。

C4.5 是数据挖掘算法中代表性的决策树分类算法，它在 2006 年 10 月由 ICDM 确定的前十大数据挖掘算法中排名第一。作为 CLS 和 ID3 算法的继承者，C4.5 使用信息增益比来选择属性，克服了使用信息增益带来的问题，避免了选择多属性的偏差，在构建决策树的过程中，C4.5 通过减枝以避免过度拟合。它还具有离散连续属性和处理缺失值的能力。而且，其分类模型易于理解，精度较高。C4.5 是一种不稳定的分类方法，集成学习可以有效地提高其稳定性和泛化性能。

集成学习适用于自然界的并行和分布式计算模型。目前，支持分布式计算的技术有很多，如集群、网格、P2P 等。分布式计算可以打破桌面计算模式或多核技术的一些限制，并且将数据挖掘分配调度到开放分布式系统中可能有望实现可扩展的数据挖掘。

MapReduce 是 Google 为大数据集上的并行和分布式处理而提出的一种新的分布式编程模型。MapReduce 不仅易于用户使用，同时提供负载均衡和容错机制。MapReduce 采用"分而治之"的思想，把对大规模数据集的操作，分发给一个主节点管理下的各个分节点共同完成，然后通过整合各个节点的中间结果得到最终结果。简单地说，MapReduce 就是"任务的分解与结果的汇总"。在分布式计算中，MapReduce 框架负责处理了并行编程中分布式存储、工作调度、负载均衡、容错均衡、容错处理以及网络通信等复杂问题，把处理过程高度抽象为两个函数——map 和 reduce，map 负责把任务分解成多个任务，reduce 负责把分解后多任务处理的结果汇总起来。

最近，集成学习在数据挖掘和机器学习中是一个颇受欢迎的重要研究课题。它培养了许多学习系统并结合了它们的成果。通过这种方式，学习系统的泛化能力得到了显著的提高，集成学习被认为是一种被广泛使用的计算技术。另外，集成学习机制适合并行和分布式计算。利用 C4.5，集成学习机制和 MapReduce 计算范例的优点，提出了一种新的分类方法 MReC4.5，以 MapReduce 计算框架实现集成 C4.5 分类。

1. MReC4.5 的构造

图 8 – 15 给出了由 Master，几个 Mapper 和一个 Reducer 组成的 MReC4.5 算法的体系结构。整个过程分为三个阶段：分区阶段，Map/Build Based – classifier 阶段和 Reduce/Ensemble 阶段。在第一阶段，根据替换自举抽样的方式，将数据集 D 划分为 m 个子集 $\{D1, \ldots, D_m\}$，用户确定 m 的值。在 Map / Build Base 分类器阶段，每个 Map 任务使用 C4.5 算法在数据集 D_i 上构建一个基本分类器 C_i，$1 \leqslant i \leqslant m$；在 Reduce / Ensemble 阶段，我们组装 m 个基本分类器，依靠集成策略生成最终的分类器 C。

2. Map / Build Base – classifier 阶段

图 8 – 15 说明了 Mapper 的工作过程，其中每个 Mapper 都负责构建一个基本分类器模型——key 是与输入数据集 D 相关联的文件名；value 是由自举采样生成的数据集中的格式化

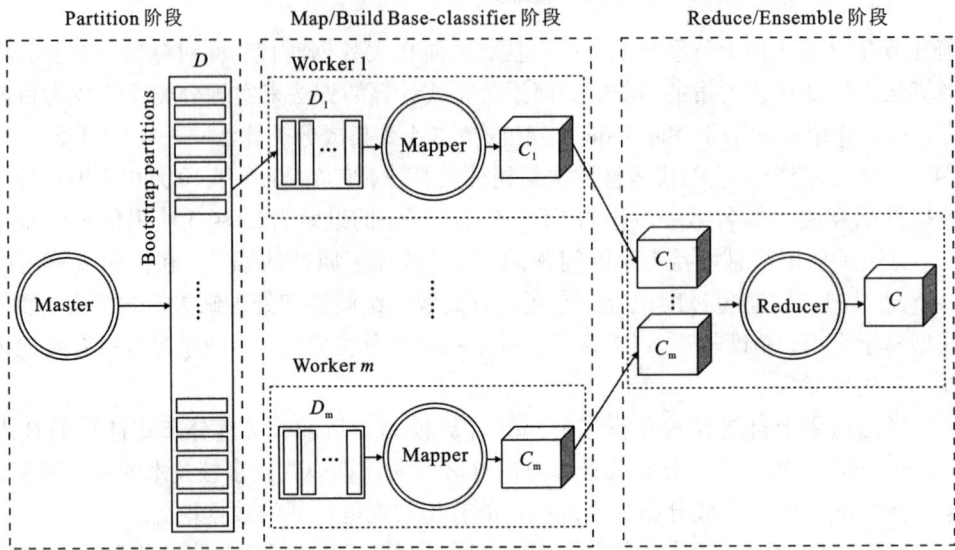

图 8 – 14   **MapReduce** 过程示意图

文本。使用 C4.5 算法, Map 从一个值构建分类器 c, 并将中间结果提交给 MapReduce 计算体系结构。发射功能用于提交中间结果。

Function mapper(key, value)
/＊构建分类器 ＊/ 　1：用数据集值构建 C4.5 分类器 c; 　/＊提交中间结果 ＊/ 　2：　Emit(key, c);

图 8 – 15   **MReC4.5 的 Map** 过程

3. Reduce/Ensemble 阶段

图 8 – 16 显示了 Reducer 的工作过程：key 是与输入数据集 D 关联的文件名；value_list 然后根据 bagging 集合机制, Reduce 操作构造一个集成分类器 c, 并调用 Emit 函数将最终结果提交给 MapReduce 计算框架。

```
Function reducer(key, value_list)
/*获取每个分类器模型*/
    1: foreach value in value_list
    2:     classifiers[i++] = getClassifier(value);
    /*运行 bagging emsemble*/
    3: c = baggingEnsemble(classifier)
    4:     Emit(key, c)
```

图 8-16   MReC4.5 的 Reduce 过程

以上就是 MReC4.5 的构建和运行过程，经试验验证，此算法可胜任大规模数据挖掘和机器学习任务。另外依靠在模型层面的序列化操作，MReC4.5 实现了"一次构建，随处使用"，因此构建在群集或云计算平台上的分类器可用于其他环境。

13.2.3   基于 MapReduce 的序列模式挖掘算法

无论是基于支持度框架的序列模式挖掘算法还是基于效用值框架的高效用序列模式挖掘算法，当面对大规模数据集的输入时，算法的运行效率会严重下降，并且在大数据环境下，算法无法在单机上完成挖掘的任务。面对大数据环境和单机性能瓶颈的问题，目前已有一些使用 MapReduce 框架实现的基于支持度框架的序列模式挖掘算法的研究成果。下面介绍 MapRduce 框架实现基于效用值框架的高效用序列模式挖掘算法。该方法采用效用矩阵、随机映射策略和基于领域知识的剪枝策略。效用矩阵用于过滤无用的单项序列、产生序列候选项；随机映射策略用于均衡计算量；基于领域知识的剪枝策略用于过滤序列候选项。

效用矩阵将 q-序列以矩阵形式存储，通过对矩阵序列化和压缩的操作降低存储空间；此外，效用矩阵还可用于过滤无用的单项序列并产生序列候选项。表 6-6 为 q-序列 $<[(b,2)(e,2)][(a,7)(d,3)][(a,4)(b,1)(e,2)]>$ 的效用矩阵。其中表 6-6 中 $(0,50)$ 表示 q-itemset 1 中没有项 a，剩余效用值为 50。

表 6-6   单项利润表

Items	q-itemst1	q-itemst2	q-itemst3
a	(0, 50)	(14, 24)	(8, 7)
b	(10, 40)	(0, 24)	(5, 2)
d	(0, 40)	(9, 15)	(0, 2)
e	(2, 38)	(0, 15)	(2, 0)

根据效用矩阵，给出单项序列效用值上界与松弛率的定义。

定义 6.17(单项序列效用值上界)：若序列 t 只含项 i，那序列 t 的可用效用值表示为 $u_{\text{remain}}(t) = \sum_{s\in s}[u_{rest}(i,s) + u(i,q)]$，$u\,rest(i,s)$ 为单项 i 对 q-序列 s 的最大剩余效用值，$u_{rest}(i,s)$ 为取得最大剩余效用值时，项 i 的效用值，$u_{\text{remain}}(t)$ 为单项序列 t 效用值的上界。

定义 6.18(松弛率)：给定效用值的阈值 ξ 时，当且仅当 $u_{\text{remain}}(t) \geqslant u, \xi, u \geqslant 1$ 时，称单

项序列 t 为可用的单项序列，u 称为松弛率。当 $u = 1$ 时，若不是以 t 为起始的序列模式，那么这些序列模式结果不可能是高效用序列模式。

在 MapReduce 过程中，采用效用矩阵可快速提取可用的单项序列。利用可用的单项序列集合，过滤 q – 序列数据库中的单项序列，避免无用的单项序列产生候选项时带来系统资源的消耗和算法效率的降低。候选项的产生可以通过效用矩阵、项集内拼接和序列间拼接完成。

随机映射策略以均衡每一个分组中的序列数，防止单个分组计算资源消耗过大，充分利用集群的计算能力为目的。基于 Random(K) 的随机分配算法为每一个 q – 序列 s 分配键值，均衡地将 q – 序列数据库 S 中所有的 q – 序列进行分组，均衡集群中节点的任务数量。合理地分配分组中 q – 序列 s 的数量，不仅可以加快算法执行效率，同时还可以防止单个计算节点出现内存溢出的现象。

1. 剪枝策略

（1）基于序列结构复杂度的剪枝：在拼接的过程中，拼接效用值高且剩余效用值高的前 M 个项。

序列候选项的结构复杂度和尺度与 q – 序列相关。复杂的 q – 序列会产生很多的序列选项，降低查询的效率，同时结构复杂的序列候选项得出的序列模式不易于解释。因此基于实际应用中结构简单的模式易于解释的领域经验，通过控制 M 的大小来控制序列模式结构的复杂度。

（2）基于 q – 序列的尺度的剪枝：若候选项的尺度大到 N，则停止拼接。

当给定一个 q – 序列数据库 S，最大尺度为 L。挖掘所有尺度小于等于 L 的候选项集合为 C_L，则 C_L 的容量为 $|C_L|$，所需时间为 T_L；挖掘所有尺度小于等于 N 的候选项集合为 C_N，则 C_N 的容量为 $|C_N|$。因为 $T_N < T_L$，令 $\lambda = |C_L| - |C_N| / |C_L|$，$\lambda < \beta$，$\beta \in (0, 1)$ 成立，则称 N 为算法可接受的序列模式长度，其中 λ 为算法的模式丢失率，β 为算法的容忍率。该剪枝策略以牺牲覆盖率的方式来提升时间效率。

这两种剪枝策略组合起看，通过限制条件来挖掘特定的序列模式，并且序列模式结果集是可接受的。

2. 算法并行化

基于序列效用值的定义可知，序列 t 的效用值与 q – 序列数据库里每个 q – 序列 s 有关，若序列 t 匹配到 q – 子序列 s'，取 $u_{max}(s')$，最后累加得到序列 t 的 $u_{max}(t)$。

这种批处理式的计算模式非常适合使用 MapReduce 框架。整个过程采用逆向实现，q – 序列 s 使用效用矩阵产生序列候选项，得到所有的 q – 子序列 s' 和 $u_{max}(s')$，q – 子序列 s' 反向替代序列 t，累加所有的 $u_{max}(s')$，得到 $u_{max}(t)$。图 6 – 9 中给定输入 q – 序列数据库 S，经过三次 MapReduce 过程并行计算高效用序列模式，最后将结果输出。

（1）步骤 1：可用的单项序列生成：将 S 分片，每个 Map 将输入的 q – 序列 s 作为 value，构建 value 的效用矩阵，得出每个单项序列 t 的 $u_{rest}(i, s) + u(i, q)$ 后以键值对形式输出。在 Reduce 端，输入为 $<t, \text{List} <u_{rest}(i, s) + u(i, q)>>$，合并 List 中的值，得到序列 t 的可用效用值，若大于阈值 ξ，则输出该单项序列 t。

（2）步骤 2：候选项生成：将 S 分片，每个 Map 将输入的 q – 序列 s 作为 Value，用随机映

射策略确定 s 的键值作为 Map 输出的键，s 作为输出的值；这样 Reduce 端得到的输入为 $< outkey, List < s >>$，之后 Reduce 端利用可用单项序列的信息，结合 UtilityMaxtrix(s) 的方法可生成相应经过剪枝后的候选项 $< s', u_{max}(s') >$ 的集合，最后合并输出到文件系统。

（3）步骤 3：合并候选项：步骤 2 中 S 生成了很多候选项，候选项可表示为 $< t, utility >$，每个 Map 以此为输入，经过 Map 处理后形成输出 $< t, List < utility >>$ 作为 Reduce 端输入。根据 $u_{max}(t)$ 式子，输出结果以 $< t, u_{max}(t) >$ 的形式写入文件系统。

习　题

1. Hadoop 框架的基本模块是哪几个？
2. HDFS 有什么特点？
3. MapRedeuce 处理数据分为哪几个骤，shuffle 的作用是什么？
4. 列举大数据时代的数据挖掘算法，并简述其步聚。

参考文献

[1] 袁汉宁,王树良,程永,等. 数据仓库与数据挖掘[M]. 北京:人民邮电出版社,2015.

[2] 王会举. 大数据时代数据仓库技术研究[M]. 武汉:武汉大学出版,2016.

[3] 周英,卓金武,卞月青,等. 大数据挖掘:系统方法与实例分析[M]. 北京:机械工业出版社,2016.

[4] 苏新宁,杨建林,江念南,等. 数据仓库和数据挖掘[M]. 北京:清华大学出版社,2006.

[5] Famili A, Shen W M, Weber R, et al. Data preprocessing and intelligent data analysis[J]. Intelligent Data Analysis, 1997, 1(1):3 – 23.

[6] Gutierrezosuna R, Nagle H T. A method for evaluating data – preprocessing techniques for odour classification with an array of gas sensors. [J]. IEEE Transactions on Systems Man & Cybernetics Part B Cybernetics A Publication of the IEEE Systems Man & Cybernetics Society, 1999, 29(5):626 – 632.

[7] Munk M, Kapusta J, Svec P. Data preprocessing evaluation for web log mining: reconstruction of activities of a web visitor[J]. Procedia Computer Science, 2010, 1(1):2273 – 2280.

[8] Papadias D, Kalnis P, Zhang J, et al. Efficient OLAP Operations in Spatial Data Warehouses[C]. International Symposium on Spatial and Temporal Databases. Springer, Berlin, Heidelberg, 2001:443 – 459.

[9] Gupta H, Harinarayan V, Rajaraman A, et al. Index selection for OLAP[C]. International Conference on Data Engineering, 1997. Proceedings. IEEE, 1996:208 – 219.

[10] 刘云霞. 数据预处理[M]. 厦门:厦门大学出版社,2011.

[11] 刘明吉,王秀峰,黄亚楼. 数据挖掘中的数据预处理[J]. 计算机科学,2000,27(4):54 – 57.

[12] 宋杰,郭朝鹏,王智,张一川. 大数据分析的分布式 MOLAP 技术[J]. 软件学报,2014,25(4):731 – 752.

[13] 张淼. 基于 OLAP 技术的产险业务分析系统[D]. 青岛:中国海洋大学,2008.

[14] 李於洪. 数据仓库与数据挖掘导论[M]. 北京:经济科学出版社,2012.

[15] 康晓东. 基于数据仓库的数据挖掘技术[M]. 北京:机械工业出版社,2005.

[16] 陈志泊. 数据仓库与数据挖掘[M]. 北京:清华大学出版社,2009.

[17] Pang – NingTan, Michael Steinbach, Vipin Kumar 著. 数据挖掘导论[M]. 范明,范宏建等译. 北京:人民邮电出版社,2011.

[18] Agrawal R, Srikant R. Mining Sequential Patterns. In:Yu PS, Chen ALP, eds. Proceedings of the 11th International Conference on Data Engineering. Taipei, Taiwan:IEEE Computer Society, 1995:3 – 14.

[19] Yin J, Zheng Z, Cao L. USpan:an efficient alogorithm for mining high utility usequential patterns[C]. Proceedings of the 18th ACM SIGKDD international conference on Knowledge discovery and data mining. ACM, 2012:660 – 668.

[20] Ayres J, Flannick J, Gehrke J, et al. Sequential pattern mining using a bitmap representation[C]. Proceedings of the eighth ACM SIGKDD international conference on Knowledge discovery and data mining. ACM, 2002:429 – 435.

[21] 崔妍,包志强. 关联规则挖掘综述[J]. 计算机应用研究,2016,33(2):330 – 334.

［22］熊赟，朱扬勇，陈志渊. 大数据挖掘［M］.上海:上海科学技术出版社,2016.

［23］黄德才.数据仓库与数据挖掘教程［M］.北京:清华大学出版社,2016.

［24］J Weston , C Watkins. Multi – Class Support Vector Machine［J］. Proc Europ Symp Artificial Neural Networks, 1998.

［25］Burges C J C. A Tutorial on Support Vector Machines for Pattern Recognition［M］. Kluwer Academic Publishers, 1998.

［26］AM Andrew. An Introduction to Support Vector Machines and Other Kernel - based Learning Methods. Kybernetes, 2000, 32（1）:1 – 28

［27］Cristianini N, Shawe – Taylor J. An introduction to support Vector Machines:and other kernel – based learning methods［M］. Printed in the United Kingdom at the University Press, 2000.

［28］周志华,陈世福. 神经网络集成［J］.计算机学报,2002,25(1):1 – 8.

［29］白鹏. 神经网络算法的软件应用研究［J］.机械管理开发,2012(1):201 – 203.

［30］关朋. 一类双向联想记忆神经网络的稳定性分析［D］.成都:电子科技大学,2011.

［31］李文秀. 自然纹理图像生成技术研究［D］.哈尔滨:哈尔滨工程大学,2005.

［32］韩征. 神经网络级连识别手写体数字的研究与实现［D］.北京:北京邮电大学,2010.

［33］郭路易. 基于服务端反馈的服务质量评价与推荐技术研究［D］.上海:上海交通大学,2008.

［34］王云艳. 基于多层网络模型的全极化 SAR 图像分类［D］.武汉:武汉大学,2015.

［35］张云涛,龚玲. 数据挖掘原理与技术［M］.北京:电子工业出版社,2004.

［36］MartinT. Hagan, Hagan, 戴葵. 神经网络设计［M］.北京:机械工业出版社,2002.

［37］Bishop C. Pattern Recognition and Machine Learning［J］. Springer, 2006.

［38］McLachlan G,Krishnan T. The EM Algorithm and Extensions［J］. New York:John Wiley & Sons, 1996.

［39］Mitchell TM. Chapter 1:Generative and discrimination classifiers:Na? ve Bayes and logistic regression［J］. In Machine Learning Draft, 2005.

［40］Wu CFJ. On the convergence properties of the EM algorithm［J］. The Annals of Statistic, 1983.

［41］李万武.基于贝叶斯理论的数据挖掘在高校信息管理的应用研究［C］.哈尔滨:哈尔滨工程大学硕士论文, 2005.

［42］于飞.基于距离学习的集成 KNN 分类器的研究［C］.大连:大连理工大学,2009.

［43］汤贤娟. Apriori 算法和贝叶斯分类器在多标记学习中的应用［C］.合肥:安徽工业大学,2013.

［44］王静龙,濮晓龙.高等数理统计［M］.北京:高等教育出版社,1998.

［45］韩家炜. 数据挖掘:概念与技术［M］.北京:机械工业出版社,2012.

［46］李航.统计学习方法［M］.北京:清华大学出版社,2013.

［47］Gloria.大数据快速计算方法研究与应用［J］.互联网论文库,2015.

［48］Buch B. Text Mining［M］. VDM Verlag Dr. Miller Aktiengesellschaft & Co. KG, 2008.

［49］Chen Hsinchun, Chau Michael. Web Mining:Machine Learning for Web Applications［J］. Annual Review of Information Science and Technology, 2010, 38(1): 289 – 329.

［50］Zhang Z, Zhang R. Multimedia Data Mining［J］. Data Mining and Knowledge Discovery Handbook, 2009, 28 （8）: 1081 – 1109.

［51］Valery A. Petrushin MS, PhD, Latifur Khan BS, MS, PhD. Multimedia Data Mining and Knowledge Discovery［J］. Journal of Electronic Imaging, 2015, 5(17): 049901.

［52］Ding Zhaoyun, Jia Yan, Zhou Bin. Survey of Data Mining for Microblogs［J］. Journal of Computer Researchs&sdevelopment, 2014, 51(4): 691 – 706.

［53］宋擒豹,沈钧毅. 基于关联规则的 Web 文档聚类算法［J］. 软件学报,2002,13(3): 000417 – 423.

［54］林海文.文本挖掘技术研究［J］. 电脑知识与技术,2008,4(34): 1711 – 1712.

［55］薛为民，陆玉昌.文本挖掘技术研究［J］.北京联合大学学报，2005，19（4）：59－63.

［56］蒋望东，黄发良.基于 WEB 的数据挖掘研究综述［J］.湖南工程学院学报（自科版），2007，17（1）：61－64.

［57］高玉娟. Web 数据挖掘研究综述［J］.工业控制计算机，2016，29（1）：113－115.

［58］康健辉.多媒体数据挖掘技术浅析［J］.重庆科技学院学报：自然科学版，2007，9（4）：85－88.

［59］袁军鹏，朱东华，李毅等.文本挖掘技术研究进展［J］.计算机应用研究，2006，23（2）：1－4.

［60］Guoliang Ji，Kang Liu，Shizhu He，Jun Zhao. Distant Supervision for Relation Extraction with Sentence－Level Attention and Entity Descriptions［C］. CHINA：Chinese Academy of Sciences，2016：3060－3065

［61］Zhen Wang，Jianwen Zhang，Jianlin Feng，Zheng Chen. Knowledge Graph Embedding by Translating on Hyperplanes. Guangzhou：Department of Information Science and Technology，1112－1118

［62］Fan L，Li B. Blog－based online social relationship extraction［C］// IEEE International Conference on Cognitive Informatics. IEEE，2009：457－463.

［63］Giles C B，Wren J D. Large－scale directional relationship extraction and resolution［J］. Bmc Bioinformatics，2008，9 Suppl 9（S9）：S11.

［64］Hienert D，Wegener D，Paulheim H. Automatic classification and relationship extraction for multi－lingual and multi－granular events from Wikipedia［J］. 2012，23（8）：372－3.

［65］Chen M，Liu X，Qin J. Semantic Relation Extraction from Socially－Generated Tags［J］. New Technology of Library & Information Service，2008，69（12）：847－853.

［66］Wei C H，Peng Y，Robert L，et al. Assessing the state of the art in biomedical relation extraction：overview of the BioCreative V chemical－disease relation（CDR）task［J］. Database the Journal of Biological Databases & Curation，2016，2016.

［67］袁伟，邓攀，闫碧莹，等.一种基于深度学习的命名实体关系抽取与构建方法：CN 104199972 A［P］. 2014.

［68］刘知远，孙茂松，林衍凯，等.知识表示学习研究进展［J］.计算机研究与发展，2016，53（2）：247－261.

［69］杜婧君，陆蓓，谌志群.基于中文维基百科的命名实体消歧方法［A］.杭州：杭州电子科技大学学报，2012.06－015

［70］孙镇，王惠临.命名实体识别研究进展综述［J］.现代图书情报技术，2010，26（6）：42－47.

［71］杨博，蔡东风，杨华.开放式信息抽取研究进展［J］.中文信息学报，2014，28（4）：1－11.

［72］陈钰枫，宗成庆，苏克毅.汉英双语命名实体识别与对齐的交互式方法［J］.计算机学报，2011，34（9）：1688－1696.

［73］http://blog. csdn. net/ycy258325/article/details/52811013

［74］http://blog. csdn. net/dufufd/article/details/78621158

［75］http://blog. csdn. net/lantian0802/article/details/39756207？utm_source＝tuicool

［76］http://blog. itpub. net/16502878/viewspace－739999/

［77］http://blog. csdn. net/xbwer/article/details/36908231

［78］http://blog. csdn. net/zhucanxiang/article/details/9843901

［79］https://baike. baidu. com/item/CLARANS/ 233299.

［80］http://blog. csdn. net/ zhangyi880405/article /details/39781817

［81］http://blog. csdn. net/magic_andy/article/details/44944643

［82］http://blog. csdn. net/roger__wong/article/details/43374343

［83］http://blog. csdn. net/lee_cv/article/details/10188683

［84］http://geek. csdn. net/news/detail/124602

图书在版编目（CIP）数据

数据仓库与数据挖掘 / 龙军，章成源编著. —长沙：中南
大学出版社，2018.12（2021.1 重印）
ISBN 978-7-5487-3171-9

Ⅰ.①数… Ⅱ.①龙… ②章… Ⅲ.①数据库系统 ②数据采集
Ⅳ.①TP311.13 ②TP274

中国版本图书馆 CIP 数据核字（2018）第 071236 号

数据仓库与数据挖掘

龙 军　章成源　编著

□ **责任编辑**　韩　雪
□ **责任印制**　周　颖
□ **出版发行**　中南大学出版社
　　　　　　　社址：长沙市麓山南路　　　　邮编：410083
　　　　　　　发行科电话：0731-88876770　　传真：0731-88710482
□ **印　　装**　长沙德三印刷有限公司

□ **开　　本**　787 mm×1092 mm　1/16　□ **印张** 17.25　□ **字数** 435 千字
□ **互联网+图书**　二维码内容　图片 3 张　视频 57 分 30 秒
□ **版　　次**　2018 年 12 月第 1 版　　□ **印次**　2021 年 1 月第 2 次印刷
□ **书　　号**　ISBN 978-7-5487-3171-9
□ **定　　价**　52.00 元